Материалы III международной научно-практической конференции

21 век: фундаментальная наука и технологии

23-24 января 2014 г.

Москва

УДК 4+37+51+53+54+55+57+91+61+159.9+316+62+101+330

ББК 72

ISBN: 978-1495436062

В сборнике представлены материалы докладов III международной научно-практической конференции " 21 век: фундаментальная наука и технологии "

Все статьи представлены в авторской редакции.

Содержание

Биологические науки

Географические науки

Искусствоведение

Исторические науки

Культурология

Медицинские науки

Науки о земле

Педагогические науки

Политические науки

Содержание

Юридические науки

Бирюкова И.В., Андрусенко С.Ф.

Бирюкова И.В., к.т.н., доцент кафедры биомедхимии, клинической лабораторной диагностики и фармации, Андрусенко С.Ф. к.б.н., доцент кафедры биомедхимии, клинической лабораторной диагностики и фармации, институт Живых систем, ФГАОУ ВПО Северо-Кавказский Федеральный университет, г.Ставрополь

РОЛЬ МОЛОЧНОЙ СЫВОРОТКИ В РЕШЕНИИ ПРОБЛЕМ РАЦИОНАЛЬНОГО ПИТАНИЯ СПОРТСМЕНОВ

Доктрина продовольственной безопасности Российской Федерации (Указ Президента Российской Федерации от 30 января 2010 года № 120), определяющая в качестве стратегической цели продовольственной безопасности формирование в Российской Федерации основ и индустрии здорового питания, обозначает в числе приоритетных задач увеличение производства новых обогащенных, диетических и функциональных пищевых продуктов. Исходя из этого, государственная политика в области здорового питания связывает приоритеты, обеспечивающие сохранение и укрепление здоровья населения, а также профилактику заболеваний, обусловленных неполноценным и несбалансированным питанием, с развитием производства трех новых категорий пищевых продуктов, в числе которых и функциональные. Спортсмены-профессионалы и тем более спортсмены - любители, или физкультурники представляют собой весьма значительную и активную часть нашего общества.

Адаптация к систематическим физическим нагрузкам у профессионального спортсмена или любителя всегда проходит в несколько стадий, на каждой из которых потребности в пище неодинаковы. Современные знания биохимических и физиологических процессов одновременной адаптации к характеру питания и режиму физических нагрузок позволяют определить адекватные схемы питания. Однако эти схемы рассчитаны чаще всего на среднестатистического человека и не вполне учитывают индивидуальные особенности физиологии спортсмена-профессионала и конкретные условия тренировок. В любительском спорте также немало проблем, связанных с личными, иногда неизвестными самому физкультурнику аспектами здоровья, — возрастными, хроническими, приобретенными или наследуемыми.

Таким образом, необходимо подобрать питание, которое будет рациональным, сбалансированным и адекватным.

Всегда остается сложным вопрос об уровне энерготрат у спортсменов в определенных видах спорта. Ориентировочные величины для одного вида спорта, например волейбола, для равных по силе национальных команд из разных стран колеблются в широких пределах:

Япония — от 13 200 до 16 100 кДж, Болгария — от 17 600 до 19 200 кДж, Россия — от 18 800 до 23 000 кДж (мужчины, 70 кг). Вероятные причины указанных различий могут заключаться в содержании тренировочного процесса, характере питания и, возможно, особенностях обмена веществ. Полное покрытие расходов энергии у спортсменов есть необходимое требование. При организации рационального питания спортсменов в период напряженных физических нагрузок в условиях учебно-тренировочного сбора или в сложных условиях соревнований появилась необходимость использовать специальные продукты повышенной биологической ценности.

Сыворотка молочная – один из перспективных возобновляемых биоресурсов на основе универсального сельскохозяйственного сырья, с точки зрения использования в питании спортсменов и физкультурников, является составной частью молока и получается при производстве творога, сыра. В процессе производства сыра и творога в сыворотку переходит 50% сухих веществ молока, кроме жира и казеина, которые переходят в сыр и творог. Сывороточные протеины относятся к ценным белкам для человека. Состав сыворотки: Белки 0,8-1%, Жиры 0,05-0,4%, Витамины группы В, С, А, Е. Калорийность - 35% калорий от молока. Сухие вещества молока составляют 12-13 % от массы молока, а в сыворотке сухая масса составляет около 6%. Из всех групп элементов необходимых для питания в ней не хватает только жиров, уходит тяжелый казеин и остаются чрезвычайно ценные, с точки зрения физиологии питания сывороточные протеины.

Сывороточный протеин является наиболее легкоусвояемым и по составу он наиболее близок к белку женского молока. Иммуностимулирующее действие сыворотки связано с наличием незаменимых аминокислот сывороточного протеина, он содержит по сравнению с казеином в 4 раза больше цистеина и в 19 раз больше триптофана, что обеспечивает регенерацию белков печени, образование гемоглобина и белков плазмы крови. Было доказано, что сывороточный протеин повышает уровень глутатиона – одного из важнейших антиоксидантов в организме. Сывороточный протеин содержит минимальное количество лактозы, которая является питанием для молочнокислых бактерий (лакто и бифидобактерий) и в процессе приготовления напитка она утилизируется до моносахаридов. Основным компонентом сухих веществ сыворотки является молочный сахар - лактоза. Гидролиз лактозы в кишечнике протекает медленно, в связи с чем, ограничиваются процессы брожения и нормализуется жизнедеятельность полезной кишечной микрофлоры. В результате замедляются гнилостные процессы, газообразование и всасывание токсических гнилостных продуктов. В молочной сыворотке содержится небольшое количество жира 0,05—0,4%, однако качество его высокое. Ценность молочного жира сыворотки определяется наличием фосфолипидов, служащих передатчиками кислорода и благотворно влияющих на свертывание крови, окисление жирных кислот, усиление деятельности ферментов. Жир молочной сыворотки имеет высокую усвояемость за счет наличия мелких жировых шариков. В молочную сыворотку переходят практически все соли и микроэлементы. Используя сыворотку и продукты из нее, можно добиться не только успокаивающего эффекта, но и нормализации нервно-психического состояния и эмоциональной реактивности современного человека. Необходимо отметить важную роль сыворотки в борьбе с развитием скрытых форм витаминной недостаточности, что может способствовать формированию и развитию ряда патологических состояний – атеросклероза, сердечнососудистых заболеваний, нервно-эмоциональных расстройств, неврозов и стрессов.

Исследования, проводимые в пищевой промышленности, открывают всё новые и новые возможности применения сыворотки, как ценного сырья. Современные способы переработки пищевого сырья позволяют удовлетворять становящиеся всё более разнообразными запросы покупателей и расширять области применения сыворотки. Поэтому, без всякого сомнения, можно сказать: сыворотка - это продукт будущего.

Литература:

1. Диагностика и коррекция перенапряжения центральной нервной системы у спортсменов циклических видов спорта: Метод. реком. для врачей сборных команд СССР. Кукес В.Г., Рудаков А.Г., Качугин Л.А. и др. М., 1986. - 26 с.
2. Жуков О. С. К вопросу о функциональных свойствах молочных белков // Продукты питания и рациональное использование сырьевых ресурсов Сборник научных работ - Кемерово, 2007 - КемТИПП - Выпуск 13. – С. 12-15.
3. Жуков О. С. Направления исследований по использованию технологических свойств молочных белков /ОС Жуков, М С Литвинов // Продукты питания и рациональное использование сырьевых ресурсов Сборник научных работ - Кемерово, 2007 - КемТИПП - Выпуск 13. – С. 10-12.
4. Макарова Г.А. Фармакологическое обеспечение в системе подготовки спортсменов. - М.: Советский спорт, 2003.-160с.
5. Молоко и молочные продукты, как источник витаминов/ Р.Б. Давидов, Л.Е. Гулько, Л.А. Круглова, Б.И. Файнгар.—М.: Пищевая промышленность, 1972.—182с.
6. Тёпел А. Химия и физика молока. - М.: Пищевая промышленность, 1979. - 622 с.
7. Храмцов А.Г. Молочная сыворотка. - М.: Пищевая промышленность, 1979. - 272с.
8. Храмцов А.Г. Феномен молочной сыворотки. – СПб.: Профессия, 2011. – 804 с.

Евдокимов И.А. - докт. техн. наук
Куликова И.К. - канд. техн. наук
Володин Д.Н. канд. техн. наук
Асланова М.Н. – аспирант
Никель В.А
Северо-Кавказский Федеральный университет, Ставрополь, Россия

ИЗУЧЕНИЕ ВЛИЯНИЯ БЕЛКОВЫХ ДОБАВОК НА ПРОЦЕСС СКВАШИВАНИЯ СМЕСИ ДЛЯ МОРОЖЕНОГО ПРОБИОТИЧЕСКИМИ МИКРООРГАНИЗМАМИ

Для улучшения органолептических и физико-химических показателей функционального кисломолочного мороженого производители используют стабилизаторы и эмульгаторы, зачастую являющиеся веществами немолочного происхождения [1]. К одной из актуальных тенденция, при разработке новых видов функционального кисломолочного мороженого относится применение белковых молочных компонентов, обладающих теми же или схожими свойствами. Белки молока, и особенно сывороточные белки, по своему аминокислотному составу относятся к наиболее ценным белкам животного происхождения и являются источником незаменимых аминокислот [2;3].

В проведенных нами исследованиях, в качестве белковых добавок использовали концентрат сывороточных белков (КСБ) и микропартикулят сывороточных белков (МПСБ)[4;5]. Изучение влияния КСБ и МПСБ в смесях для мороженого на физико-химические свойства во многом позволяет прогнозировать качество готового продукта. В связи с этим целью исследования являлось изучение влияния КСБ и МПСБ на скорость прироста титруемой кислотности и органолептические показатели мороженого. Оба белковых компонента обладают высокой пищевой ценностью, помимо этого размеры белка МПСБ соответствуют размеру гомогенизированных жировых шариков в молочных продуктах. Поэтому для исследования была составлена смесь низкожирного мороженного, с массовой долей жира 2% (таблица 1).

Таблица 1. Рецептура низкожирного мороженого

Наименование продукта и характеристики	Количество вносимого компонента для составления 1000 кг смеси мороженого, кг		
	1	2	3
Молоко коровье (жир 2,5%;СОМО 8,2%)	758	758	758
Молоко коровье сухое обезжиренное (СОМО 94%)	50	50	50
Сахар-песок	100	100	100
КСБ	-	-	-

МПСБ	-	-	-
Стабилизатор «Cremodan»	4	4	4
закваска(жира 2,5%, СОМО 8,2)	30	30	30
Вода питьевая	87,9	87,9	87,9
Ванилин	0,1	0,1	0,1
Итого	1000	1000	1000
Массовая доля сухих веществ, %, не менее	20	20	20
В том числе: жира, %, не менее	2	2	2

Полученную смесь охладили до температуры 37±1°С и внесли закваску в количестве 3-5 %. Для эксперимента использовали серийно-выпускаемые культуры заквасок, с заявленными производителем пробиотическими свойствами, а именно LbS 22.11(ф) ООО «Зеленые линии», Россия и LAT BY AC «Ekokom», Болгария. Сквашивание смеси микроорганизмами проводили при температуре 37±1°С в течение 8 и 7ч соответственно. Влияние состава нормализованной смеси на динамику нарастания титруемой кислотности при использовании разных видов закваски представлено на рисунке 1 и 2.

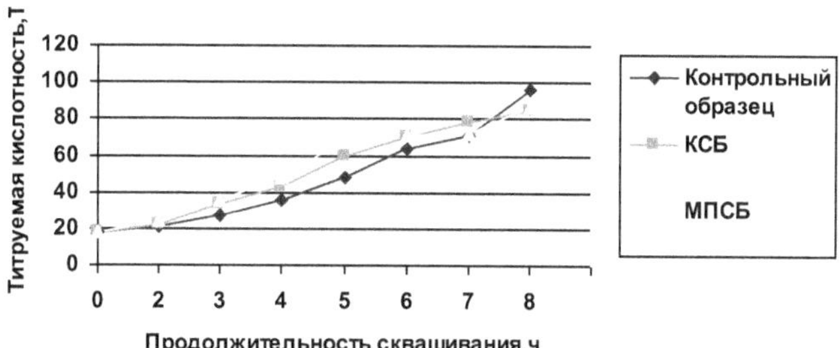

Рисунок 1 – Динамика изменения титруемой кислотности при использовании закваски LbS 22.11(ф) ООО «Зеленые линии»

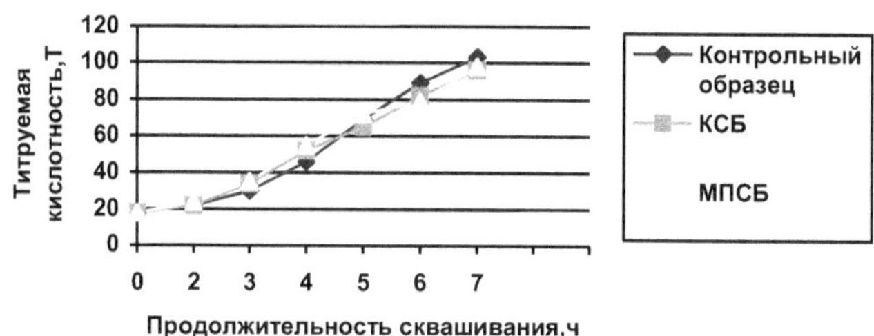

Рисунок 2 – Динамика изменения титруемой кислотности при использовании закваски LAT BY AC «Ekokom»

При сквашивании образцов с КСБ и МПСБ наблюдается более активная продуцирующая способность симбиотической закваски, что вероятно сказано с избыточным количеством белка в смеси. Полученные данные показывают, что процесс ферментации целесообразно проводить до достижения титруемой кислотности 75-85°Т. Количество клеток молочнокислых микроорганизмов при использовании в смеси КСБ и МПСБ было на порядок больше (таблица 2).

Таблица 2- Количество молочнокислых микроорганизмов в смесях для мороженого после сквашивания

Наименование белковых компонентов, добавленных в состав смеси	Количестно молочнокислых микроорганизмов, КОЕ/г	
	LbS 22.11(ф) ООО «Зеленые линии»	LAT BY AC «Ekokom»
Контрольный образец	$1*10^8$	$2,5*10^8$
КСБ	$13*10^8$	$1*10^9$
МПСБ	$25*10^8$	$7*10^9$

Таким образом, проведенные исследования дают возможность говорить о том, что применение белковых добавок, таких как МПСБ и КСБ, в производстве низкожирного мороженого является весьма перспективным направлением. Помимо ряда экономических преимуществ, расширения ассортимента выпускаемых видов функционального мороженого, использование МПСБ и КСБ положительно влияет на физико-химические свойства, которые в свою очередь отражаются в технологическом процессе и показателях качества мороженого в целом.

Литература:

1. ГОСТ 52175 – 2003 Мороженое молочное, сливочное и пломбир. Технические условия. – Введ. 2005 – 01 – 01. – М.: Госстандарт России: ИПК Издательство стандартов, 2004. – 27 с

2. Храмцов, А. Г. Справочник технолога молочного производства. Технология и рецептуры. Т. 5. Продукты из обезжиренного молока, пахты и молочной сыворотки /А. Г. Храмцов, С. В. Василисин. – СПб. : ГИОРД, 2004. – 576 с.

3. Храмцов, А. Г. Технология продуктов из молочной сыворотки / А. Г. Храмцов, П. Г.Нестеренко. – М.: ДеЛи Принт, 2004. – 587 с.

4. Kathleen Meister, M.A. and Marjorie E. Doyle, Ph.D. Obesity and food technology //American Council on Science and Health, 2009.- pp19-36

5. Muditha Dissanayake, Alan L. Kelly and Todor Vasiljevic Gelling Properties of Microparticulated Whey Proteins // J. Agric. Food Chem., 2010, 58 (11), pp 6825–6832

Утешова А.М. - магистрант 2-курса, **Исенгалиева Г.А. -** к.т.н.
Актюбинский Региональный Государственный Университет
им. К. Жубанова
isengul@mail.ru

ЭКОЛОГИЧЕСКАЯ ОЦЕНКА ВОЗДЕЙСТВИЯ ИОНОВ ХРОМА(VI) НА ПОЧВУ И ВОДНЫЕ ОБЪЕКТЫ ГОРОДА АКТОБЕ

Хром – элемент с глобальным рассеянием. Содержание в земной коре составляет $8{,}3\text{x}10^{-3}$%, однако в элементарном состоянии в природе не встречается. Содержание хрома в виде соединений в аэрозолях над континентами составляет $240\text{-}310\text{x}10^{-4}$%.

Соединения хрома, седиментирующие из воздуха, загрязняют в первую очередь почву и водоемы. Избыток хрома в почвах вызывает различные заболевания у растений. Присутствие хрома в почвах (до 50-70 мг/кг сухой почвы) обуславливает его передвижение по пищевой цепочке: почва-растение-животное-человек. Это будет приводить к увеличению поступления хрома в организм человека с пищевыми продуктами [1].

Увеличение содержания металлов в почве отражается на ее биологической активности и, естественно, росте и развитии растений. Хром, внесенный в почву из расчета 1 мг/кг, угнетает нитрификацию органических веществ. Орошение почв сточными водами, содержащими хром, сопровождается увеличением его накопления в овощах (моркови, капусте, помидорах) по сравнению с этими культурами, выращенными с использованием обычной воды.

Поступление хрома в составе промышленных сточных вод, смывов почв, содержащих хром, является важным источником загрязнения водоемов. Открытые водоемы и подземные воды загрязняются и атмосферными осадками, с которыми выпадают растворимые соли хрома. Хром обладает высокой мигрирующей способностью из почвы в растения, подземные и поверхностные воды. Он может поступать в почву вследствие разрушения хромсодержащих руд, отмирания и распада растений и микроорганизмов.

В результате естественных природных процессов, таких как эрозия и выщелачивание минералов, хром активируется и физически присутствует в почве, воде и воздухе [2].

Содержание хрома в наружной оболочке земного шара (литосфере) составляет порядка 0,0055%, причем основной природной формой является окись хрома. Содержание хрома в почвах, незагрязненных техногенным путем, подвержено колебаниям в зависимости от вида почвы. Распределение хрома в профилях различных подтипов черноземов зависит от количества органического вещества в них, глубины залегания карбонатного горизонта и обогащения породы этим элементом. В указанных почвах большая часть хрома приходится на илистую фракцию; хром, как правило, аккумулируется в верхних гумусовых горизонтах [3,4].

Выполненные нами анализы показали, что хром (VI) в почве накапливается в разных количествах в зависимости от места отбора проб. Каждый квартал производился анализ почв с трех мест с использованием атомно-абсорбционный метода.

Результаты анализа почв за последний квартал:

№	Наименование	Содержание хрома
1	Точка отбора проб №1 (поверхностный слой)	34,12 мг/кг
	10 см	34,25 мг/кг
	20 см	32,22 мг/кг
	30 см	32,20 мг/кг
2	Точка отбора проб №2 (поверхностный слой)	26,91 мг/кг
	10 см	26,68 мг/кг
	20 см	26,00 мг/кг
	30 см	26,04 мг/кг
3	Точка отбора проб №3 (поверхностный слой)	15,91 мг/кг
	10 см	15,51 мг/кг
	20 см	14,83 мг/кг
	30 см	14,76 мг/кг

Точками отбора проб проводился по 3-м контрольным точкам: №1-завод АЗХС, №2-промзона, №3-8 мкр-н города.

Очень высокис уровни загрязненности хромом поверхностных и подземных вод города и области обусловлены, прежде всего, инфильтрацией шестивалентного хрома из хромсодержащих шламов прудов-накопителей. Самые высокие концентрации шестивалентного хрома в речной воде р.Илек наблюдались ниже устья р.Дженишке, где максимальные концентрации достигали 5 мг/л, при среднегодовых - 2,1-2,4 мг/л. Попавший в реку шестивалентный хром обнаруживался ниже по течению на расстоянии 380 км у сел Чилик и Георгиевка, концентрации которого превысили гигиенические нормативы соответственно в 9-53 и 175-503 ПДК. Результаты анализа проб почвы из поймы р.Илек, тестированной на содержание подвижного хрома и хрома шестивалентного, показали, что валовое содержание подвижной формы хрома в среднем составляло 511,08 ± 249 мг/кг, при превышении ПДК в отдельных точках - в 16-142 раза, хрома шестивалентного - 4,5 ± 3,2 мг/кг, при превышении ПДК в 5-197 раз.

В нормальных естественных условиях содержание хрома в водных объектах широко колеблется в связи с изменениями температуры, влажности и активной реакции почвы. Воды поверхностных и подземных вод и источников питьевого водоснабжения содержат хром в концентрациях 0,01-0,001 мг/л, максимальная его концентрация достигает 0,112 мг/л. В водопроводной воде средняя концентрация хрома составляет 0,0023, максимальная - 0,079 мг/л. Хром природного происхождения находится в воде в виде элементарного или трехвалентного хрома. Более высокие концентрации хрома в природных водах встречаются в зонах хромитовых карьеров и сбросов промышленных сточных вод. В сточных водах предприятий, занятых производством хрома, содержатся его шестивалентные соединения, которые могут сохраняться без изменений неопределенно долгое время. Среднее содержание хрома в морской воде составляет 0,05 мкг/л; в водах океанов - 0,28 мкг/л, в том числе 88% от общего количества - в виде растворенных в воде соединений; во взвешенном состоянии [5].

Результаты анализа снега за последний квартал 2013г.:

№	Наименование	Содержание ионов хрома (VI)
1	Точка отбора проб №1	24,27 мг/дм3
2	Точка отбора проб №2	20,15 мг/дм3
3	Точка отбора проб №3	13,41 мг/дм3

В результате проведенных нами исследований стало известно, что содержание ионов хрома (VI) в снежном покрове меньше, чем в сточных водах.

Таким образом, проблема загрязнения хромом поверхностных и подземных вод города и области является все еще актуальной и имеет первостепенное значение, требующее особого внимания.

Литература

1. Смит С., Петерсен П.Д., Кван К.Н.М. // Токсичный химический состав, оказывающий воздействие на окружающую среду. – 1989. – 24. – С.241-251.
2. Кимброу Д.Е., Коген Я., Виннер А.М., Крилман М. Критическая оценка хрома в окружающей среде. Критические обзоры технологий охраны окружающей среды. – 1999. – 29(1)/1-46.
3. Смагулов А.С., Яковлев Н.А. Влияние загрязнения окружающей среды хромом на здоровье населения. // В кн. Информационное обеспечение генетического мониторинга. – 1979. – С.39-41.
4. Суворов А.В. Справочник по клинической токсикологии. – Нижний Новгород. – Изд. НГМА. – 1996. – 180 с.
5. Каримова И.Т., Мамырбаев А.А., Каримов Т.К. Приоритетные экологические проблемы Актюбинской области. // Актуальные проблемы профилактической медицины и естественных, социально-гуманитарных наук XXI века. – Актобе. – 2007. – С.49-52.

Ilinich V.V.
Professor, Ph. Doctor,
Moscow State University of Environmental Engineering; Moscow, Russia 127550.
Department: Hydrology, hydrogeology and management by river flow.
email address: vv_ilinitch@mail.ru

EVALUATION OF ASYMMETRY FOR RANKS OF EXTREME HYDROLOGICAL VALUES

Probabilistic distributions are used in practice for hydrological characteristics in different kinds of human activity [1,1025 etc]. Usually the chosen probabilistic distributions for characteristic of extreme hydrological values (for example – maximum water discharges on the rivers) have asymmetry. Their statistic parameters are defined on the base of observed hydrological ranks which are limited (30 – 100 years of observation) and consequently we have statistic errors. The biggest error has place for skew coefficient which is calculated according to classic formula (moment method). The formula contains a sum of deviations between observed values and their average raised to the third degree.

A main hypothesis of the research is next: is there a possibility to use of nonstandard parameters for evaluation of asymmetry on the example of three-parametrical gamma distribution, which is applied in Russia and some other countries for extreme hydrological values. Accordingly, main aim of the research is evaluation of use of the nonstandard parameters for characterization of the asymmetry respecting to probabilistic distributions of observed hydrological ranks. The aim has required the solving of next problems:

- to define a value of skew coefficient respecting to observed maximum water discharges according to dependence between new nonstandard asymmetry parameter and skew coefficient;

- to analyze possible statistic errors of new nonstandard parameter of asymmetry comparatively with traditional formula of skew coefficient.

The objects of research were the observed hydrological ranks of maximum and pentad flood discharges of Cuban river [1,1025]. .

Equation of the probabilistic (p) distribution has next view:

$$p(Q, Qm, \gamma, b) = [\Gamma(\gamma+b)/\Gamma(\gamma)]\gamma/b/(\Gamma(\gamma)|b|Qm)(Qi/Qm)\gamma/$$

$$/(b-1)\exp\{[Q/Qm\Gamma(\gamma+b)/\Gamma(\gamma)]1/b\} \qquad (1)$$

Here:

Qi– the river discharges or any other hydrological values, i-numbers of years;

Qm – average mean of Qi; γ and b – parameters, Γ – gamma function.

For every attitude of the parameters γ and b there is concrete attitude of skew coefficient (Cs) to variation coefficient (Cv). The coefficients are expressed by next equations:

$$Cv = [\Gamma(\gamma)\,\Gamma(\gamma+2b)/\,\Gamma 2(\gamma+b)-1]0,5\,; \qquad (2)$$

$$Cs=[\Gamma 2(\gamma)\Gamma(\gamma+3b)/\Gamma 3(\gamma+b)-3\Gamma(\gamma)\Gamma(\gamma+2b)/\Gamma 2(\gamma+b)+2]/$$
$$/[\Gamma(\gamma)\Gamma(\gamma+2b)/\Gamma 2(\gamma+b)-1]1,5 \qquad (3)$$

The equations (2) and (3) contain gamma-functions: $\Gamma(\gamma)$, $\Gamma(\gamma+b)$. Usually represented distribution is characterized by parameters Qm, Cv and Cs (with consequent connections between Cv and Cs) instead parameters γ and b.

There are tables of integral functions of special three-parametrical gamma distribution for different attitudes between Cv and Cs (Cs=0,5Cv; Cs=Cv; Cs=1,5Cv and far – until Cs=6Cv). Preliminarily evaluations of Cv and Cs were estimated according to traditional formulas. Statistic errors of Cv and Cs depend on: chosen probabilistic distribution, values of parameters, long time series of hydrological observations.

There is classical moment method among ahead to evaluation of Cs that uses next formula:

$$Cs = n\sum(Qi - Qm)^3/(n-1)(n-2)\,\sigma^3 \qquad (4)$$

Here:

Qi –observed means of the river flow; Qm – average mean; n-amount of observed rank means; σ – middle square deviation.

Among the researched nonstandard parameters for evaluation of asymmetry [2,71] was chosen parameter $A3 = 1/n\sum(1/\exp[Ki-1])$, where Ki – coefficient (Ki = Qi/Qm). Preliminarily, graphic dependencies Cs=f(A3) were defined for different values Cv, for example – graph 1.

Evaluations of possible statistical errors of parameters A3, and Cs was made with help of modeled artificial hydrological ranks by Monte-Carlo method [2,71] according to the probabilistic distribution and parameters Cv and Cs. Long time ranks of coefficients (Ki = Qi/Qm) have been simulated until 1000 means. The artificial hydrological ranks were got identical observed data. The deviations of new statistic parameters (average, Cv and Cs) respecting of the parameters of observed data were not greater A3 in comparison with statistical errors of the observed ranks.

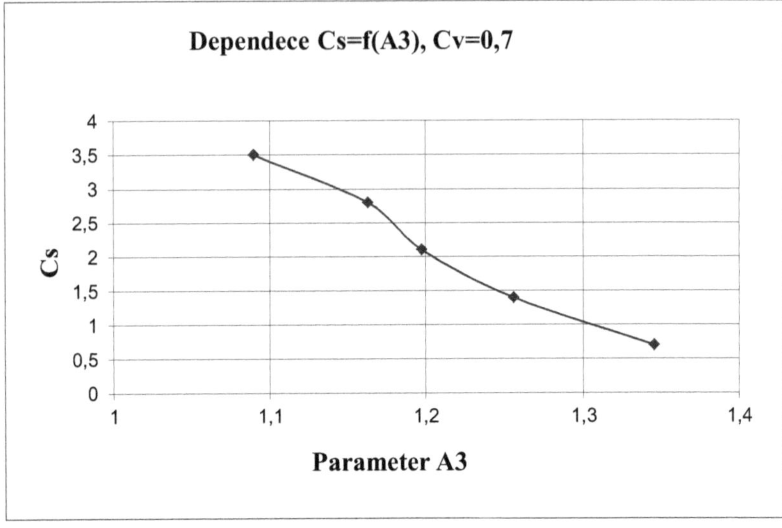

Graph. 1. Dependence Cs=f(A3) for value Cv=0,7.

Stabilization of parameter A3 has place during 40 year accurate to 10% (Graph. 2).

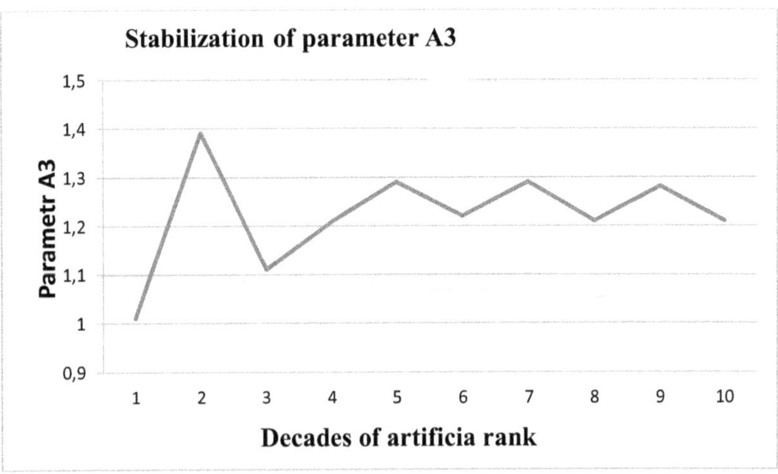

Graph. 2. Stabilization of parameter A3 depended on length of the rank.

Values of skew coefficient (Cs) are stabilized after 300 years only accurate to 10% [2,71] . According to graph 2 – value of parameter A3 is equal

1,25, then we have approximately Cs=1,45 from graph 1, but the artificial rank have been simulated according to Cs=1,4 and Cv=0,7. So we can use parameter A3 for evaluation Cs enough successfully with help of short hydrological observed ranks (30-40) years.

References

1. Ilinich V.V. Search of Anti-Accident Function for Flood Flow Management by Water Reservoir // V.V. Ilinich. – Proceedings of 7-th International Conference on Hydroinformatics. – Nica. – 2006. – p. 1025 -1031.

2. Iljinich V. V.Assessment of skew in the frames of three-parametric gamma distribution.- Prirodoobustroestvo, Moscow- № 5, -2011.-p. 71-75.(Rus).

Кречетова М.А.
старший преподаватель кафедры Рисунок и живопись
Московский государственный университет печати имени Ивана Федорова
соискатель степени кандидата наук по специальности 17.00.04.
Изобразительное и декоративно-прикладное искусство и архитектура
krechetova_mary@mail.ru

СТАНОВЛЕНИЕ ТВОРЧЕСКОГО ПУТИ ХУДОЖНИКА.

Предпосылки формирования художественного языка книжной графики А.Д. Гончарова

Серия гравюр А.Д. Гончарова к произведению С. Есенина «Пугачев» была выполнена в 1927 году и являлась его дипломной работой. Гончаров, получивший разностороннее художественное образование, продемонстрировал в этой работе не только мастерство как ксилограф, но и понимание основных концепций построения художественной формы новой для своего времени школы ВХУТЕМАСа. В образовательном фундаменте Гончарова лежит обучение у Ильи Ивановича Машкова, самобытного художника, состоявшего в обществе «Бубновый валет». Гончаров начал посещать мастерскую Машкова в 1917 году, в 1920-м перешел к Александру Васильевичу Шевченко, у которого проучился год. В 1921 году Гончаров поступил во ВХУТЕМАС.

Влияние Машкова на творчество Гончарова очевидно в этих его ранних работах. Внимательное и серьезное отношение к ремесленной стороне искусства, к гравировальному штриху, было явным откликом ученика на призыв Машкова к ремеслу и труду как к основе изобразительного искусства. Машков отвергал эстетскую утонченность представителей «Золотого руна» и мирискусников, был увлечен, наряду со своими соратниками по цеху, членами общества «Бубновый валет» А.В. Лентуловым и М.П. Кончаловским, красотой «примитивного искусства» – фольклорных росписей и лубочных картинок. Это увлечение имело влияние как на творчество самого Машкова, так и его учеников. У Гончарова оно нашло отражение в умении отсекать лишнее во имя основной формы, в стремлении к лаконизму и чистоте изображения. Обучение в мастерской Машкова закрепило у него ответственность за свою работу и дало стимул для поиска индивидуальности композиции.

Курс «Теория композиции», преподаваемый В.А.Фаворским во ВХУТЕМАСе, предопределил дальнейший творческий путь Гончарова. В статье «Моя работа над книгой» Андрей Дмитриевич вспоминал: Владимир Андреевич Фаворский «...начал чтение совершенно нового, им самим созданного курса «Теории композиции», который устанавливал основные законы восприятия, рассматривал различные виды и формы композиции в связи с этими законами и подвергал разбору изобразительные возможности различных материалов. Большая часть этого курса строилась на примерах из графики и была посвящена проблемам композиции книги и ее графических элементов. Для многих то, что преподносил в своих практических и теоретических курсах В.А. Фаворский, казалось и странным, и слишком неожиданным. Но я, подготовленный обучением у И.И. Машкова, как и большинство моих новых товарищей, был увлечен и ясной методикой его уроков и железной логикой теоретических суждений. Мы все чувствовали, что перед нами раскрываются самые широкие горизонты». [1,4]

Сам В.А.Фаворский В 1923 году работал над иллюстрациями к книге А. Глобы «Фамарь». [илл.1]. Почти в то же время, в 1924 году, студент Андрей Гончаров становится ассистентом Фаворского по курсу Графические дисциплины. Юному Гончарову представилась возможность воочию наблюдать за рождением ксилографий в руках художника, видеть создание книжной формы как целостного, учиться у мастера пластической основе композиции, гравировальному языку — воплощению творческой мысли в материале.

Илл.1. В.А. Фаворский. «Фамарь»

Прослеживается очевидная преемственность Гончарова в иллюстрациях к «Пугачеву» С.Есенина – двойное пространство и схожесть в трактовке и монументальности проработки фигур, выразительности силуэта, в сохранении белого, его значении. В работах мастера и ученика – два типа пространственных решений композиций.

Отсутствие линейной перспективы дает новое понимание пространства, оно становится условным. Но у В.А. Фаворского пространство приобретает метафизическую окраску, становится потусторонним, нереальным, сравнимым со сновидением, тогда как у Гончарова пространство при всей своей условной трактовке остается реалистичным. Когда в изображении Гончаров выделяет из массы серой толпы главного героя, как солиста на фоне хора, он почти всегда сохраняет для него глубину пространства, и это или река вдали, или ветки деревьев, либо колосья уходящего к горизонту поля. Так, ученик, переняв основные теоретические и практические уроки ксилографии Фаворского, интерпретировал их, придавая своей работе особое, свойственное только ему самому, пространственное звучание.

Пластический язык в рассматриваемой нами серии гравюр Гончарова к «Пугачеву» также явно имеет сходство с «Фамарью» Фаворского. Трактовка силуэта, роль жеста и ракурса, мастерство гравировальной резки, разные движения штриха, конструирование белого.

В исследовании «Московская книжная ксилография 20-30-х годов» Н.Н.Розанова [2] выявляет два типа иллюстраций у Фаворского к «Домику в Коломне» А.С. Пушкина — динамичные иллюстрации на полях (отсылающие зрителя к рукотворному образу авторских рисунков Пушкина) и статичные — страничные, в подавляющем большинстве весьма отвлеченные от сюжета. И отмечает, что эта двойственность изобразительного ряда напрямую связана с трактовкой литературного текста художником. Розанова сравнивает этот прием с полифонией в музыке, когда возникает синтез двух художественных структур – литературной и изобразительной. Художествен-ное единение между писателем и художником в оформленном издании. Отступления в литературном тексте Пушкина «затормаживают движение вдоль основной фабульной оси, у Фаворского, напротив, полны динамизма, и остановки в восприятии книжного пространства в целом предопределяются страничными иллюстрациями». [2, 51]

Два типа решений так же явно присутствуют в серии иллюстраций А.Д. Гончарова к «Пугачеву» — плотные полосные «закрытые» и лаконичные светлые «открытые». [илл.2] Сложно предположить, какую роль тогда отводил Гончаров иллюстрациям открытого типа, так как, к сожалению, книжный макет дипломного проекта не сохранился. Можно сделать два предположения. Либо, следуя учителю, светлым «открытым» иллюстрациям отводилась роль заставок, сопровождающих текст, либо их надо расценивать как эксперимент с разного типа рисующим штрихом – черным или белым. В статье «Моя работа над книгой» Гончаров упоминал о стоявшей перед его современниками в то время дилемме – каким штрихом должен гравировать ксилограф – черным или белым. Вполне вероятно, что в этих двух типах гравюр к «Пугачеву» – «закрытых» и «открытых», Гончаров пытался, в рамках одного произведения, в одной серии гравюр помирить оба принципа, работая и черной, и белой штриховками. И успешно доказал, что художник свободен в выборе изобразительного языка и средств, его воплощающих.

Илл.2.Гончаров А.Д. Иллюстрации к произведению Есенина «Пугачев»

«Работа черным штрихом, – позже объяснял Гончаров, – означала тогда активный подход к изображению, стремление к композиционной цельности; работа белым штрихом указывала на зависимость от репродукционной гравюры, композиционно-пассивной и иллюзорной. Такая узкая постановка весьма важного для ксилографа вопроса материала приводила порой к схемам и догмам, мешающим живому развитию художника». [1.4] В ранних работах Гончаров старался более работать черным штрихом – во фронтисписах к поэме А. Блока «Двенадцать» (1924) и к роману «Салават Юлаев» Ст. Злобина (1928). Но в иллюстрациях к есенинскому «Пугачеву» (1926-1927) он смело экспериментирует и с черным штрихом, и с белым, подступая к общей цельности серии иллюстраций. Скупо данная характеристика окружающей среды, экономия выразительных средств во имя композиции, построенной на элементарных предметных отношениях, стимулировала его к лаконичным принципам иллюстрирования, где главное не бытовой жанр или детали костюма (этого нет и у Есенина), но выразительность сюжета, пластика и монументальность художественных форм.

Во всех ранних работах Гончарова сложно найти свет и тень. Объемы фигур и предметов трактуются моделирующей штриховкой, условной, не ориентированной на какой-либо источник света. «Свет и тень я тогда старательно обходил, полагая, что они являются принадлежностью иллюзорного искусства. Естественно, что отвлеченные элементы изображения – штрих, пятно, черный цвет – получали самостоятельное значение, и что-то выходило схематичным» – записал Гончаров. [1, 2]

Вернемся еще раз к оформлению В.А. Фаворским книги А. Глобы «Фамарь», которая имела непосредственное влияние на дипломные ксилографии Гончарова. Очевидно, что пытливый ученик не оставался равнодушным к работе учителя – прослеживается стилистическая схожесть в трактовке фигур, в пластике гравировального штриха, в легкости прочтения форм. В данной работе Н.Н. Розанова отмечает вторичность стиля по отношению ко времени действия произведения, что, в свою очередь, характеризует В.А. Фаворского-художника как тончайшего интерпретатора литературного текста, объясняет тот глубокий философский подтекст, что вложил художник в свое произведение. Фаворский условностью изображаемых сцен дает понимание и относительной условности текста, написанного в псевдоклассическом стиле: «это только изображение библейской эпохи, но не сама эпоха» [2, 52]. Весьма вероятно, что, создавая особый, замкнутый мир произведения, целостный, с глубоко продуманным подтекстом, художник ориентировался на русскую иконопись и миниатюру XVII века, что прослеживается в построении основных композиционных элементов и трактовке фигур.

В работе талантливого ученика над дипломным проектом к произведению Есенина, помимо названных выше усвоенных им художественных принципов и приемов мастера, проступает некий диссонанс между стилем литературного произведения и оформлением. Иконописная прорисовка фигур в работе Фаворского к библейскому сюжету книги весьма уместна и органична, она играет важную роль в придании особой атмосферы произведению. В иллюстрациях Гончарова используется подобная трактовка фигур, их постановка на плоскости, пластическая выразительность поз, свойственная учителю. Гончаров ещё не задумывается о неуместности выбранного им стиля изображения к оформляемому литературному произведению С. Есенина. При всем мастерстве студента-дипломника Андрея Гончарова следует отметить его незрелость в умении своей оформительской работой полностью соответствовать литературному произведению автора. Потребовался творческий опыт, наращиваемый в течение последующих лет, колоссальный художественный труд, осмысление поставленных и оценка реализованных задач, чтобы добиться того гармоничного созвучия литературного и изобразительного, что мы наблюдаем в зрелых ксилографиях Андрея Дмитриевича. «В те времена (имеется ввиду период с 1923 по 1928 гг. – отст. автора), – писал об этом сам Гончаров, – поиски основных композиционных закономерностей были важнее умения прочесть рукопись. Теперь понятие «прочитать» рукопись мы раскрываем как умение понять заложенные в ней идеи, найти те реальные основания, которые обусловили ее появление, увидеть, как отразилась в ней породившая ее жизнь, вскрыть цели, которые она преследует. Но тогда, в молодости, на все это мы смотрели значительно примитивнее. Увлекаясь проблемой материала, мы старались раскрыть его изобразительные возможности, … но не всегда это делали в связи с другими проблемами искусства. Иной раз это мстило нам: излишне выделяя частности и упуская общее, мы забывали героев, их взаимоотношения, их внутренние и внешние черты». [1, 3]

В том, столь значимом для Гончарова 1924 году, состоялась Первая дискуссионная выставка объединений активного революционного искусства в Москве, в которой принимали участие студенты ВХУТЕМАСа. Сорганизовались три группировки – «проекционисты», «конкретивисты» и «группа трех», в составе последней были А. Дейнека, Ю. Пименов и А. Гончаров. В последующем, 1925 году эти группировки основали ОСТ – Общество художников-станковистов, объединившее студентов и выпускников ВХУТЕМАСа, остро переживавших и активно обсуждавших проблемы и судьбы русского искусства. Многие живописцы стали отвергать традиционные станковые формы искусства, отводя определяющую роль деятельности художественно-производственной. Остовцы принципиально придерживались своей позиции, считая, что нужно способствовать производственному искусству, не отвергая плодотворной значимости станковизма. Члены группы ОСТ, несколько ориентируясь на экспрессионизм, возникший в то время в Европе, выступали за реалистическую живопись в обновленной ее форме, стремились выработать новый художественный язык, лаконичный по форме и звучный по выразительности. В этом стремлении важная роль отводилась человеку – в изобразительном и смысловом плане. Фигуры монументальны, контрастны, с подчеркнутым приоритетом над окружающей средой, с мощной динамикой внутренней формы. Критик Я. Тугендхольд писал: «Сплав современной сюжетики с современными формальными средствами – таков .....курс, взятый ОСТом. Курс – принципиально совершенно правильный, от которого можно ожидать плодотворных результатов». [3. 21]

Андрей Гончаров, молодой художник, разносторонне одаренный и обладающий врожденным артистизмом, работал во многих техниках и различных жанрах и в дипломной серии гравюр к «Пугачеву», сумел воплотить весь свой творческий опыт, почерпнутый в годы обучения. Членство в группе ОСТ также оказало очевидное влияние на ксилографическую работу. Это особенно заметно по монументальной трактовке фигур в иллюстрациях, где в небольшом формате как бы «языком» учителя он пытается передать звучную выразительность есенинского стиха и динамику внутренней формы.

Именно начало, становление творческого пути художника вызывает исследовательский интерес, движение от юношеских поисков и экспериментов к становлению личности. Касаясь лишь самой первой серьезной работы А.Д. Гончарова над книгой, убеждаемся в том, насколько значимы были исторические, социальные, теоретические и философские аспекты тех лет для художника, и как восприимчивость к обучению у Фаворского определила мастера советской книжной ксилографии.

Литература:

1. Гончаров А.Д. Моя работа над книгой. В сб.: Книга. Исследования и материалы. М.: 1959. http://www.a-goncharov.ru/article/01.html

2. Розанова Н.Н. Московская книжная ксилография 20-30-х годов. М.: Книга, 1982.

3. Тугендхольд Я.А. Из истории западноевропейского, русского и советского искусства. Избранные статьи и очерки. М.: Советский художник, 1987.

Gella Tamara
Doctor of History, Professor
Orel State University

WESTERN HISTORIANS ABOUT THE ENGLISH LIBERAL PARTY OF THE LATE NINETEENTH CENTURY

The Liberal Party adjustment to new conditions arising out of 'new imperialism' was rather a painful process. Colonial and imperial issues were a stumbling-block for the Liberals. The Irish Home Rule and fear of break up of the empire were the main reasons for the split in the Party in 1886. The late 1880s and the 1890s saw growing differences among the Liberals on imperial issues.

These years saw the development of the imperialist wing within the party, which was headed by Lord Rosebery. Previously the delimitation between the supporters of 'small' and 'great' England was an issue of debate between the Liberals and the Conservatives, but in the 1880–1890s the Liberal Party itself divided on this question. Liberals sharing imperialist views advanced ideas of strengthening the British Empire on the basis of 'free will' and 'self-government' but didn't reject the very concept of expanding the imperial borders and recognized colonial expansion as an important means of strengthening British position in the world. The differences reached its peak during the Anglo-Boer War of 1899–1902, at this time there emerged the Liberal-imperialist movement headed by Lord Rosebery.

The period from the late eighties to the mid-nineties of the nineteenth century in the history of European colonial policy is marked by a full-scale expansion in Africa, Asia and the Pacific Ocean. These years compared to the previous ones are noted for dramatic escalation of colonial rivalry between the oldest and greatest colonial power – Great Britain, its old rival – France, and rapidly developing Germany, which was one of the last capitalist countries to step upon the path of colonial conquest.

In the eighties and early nineties the practice of colonial seizures assumed new forms, of which we should first of all name the emergence of privileged private companies, which enjoyed state-given authority to exploit certain territories. The practice of bilateral agreements between European superpowers on delimitation of their territorial claims was no less effective [1].

The last decades of the nineteenth century saw the development of imperialist ideology, which influenced all strata of British society. The Liberal Party contributed to the process. Historians still argue about the influence of imperialist ideas upon the British Liberals. Western historiography discusses the question of chronological limits and the essence of Liberal Imperialism. Some historians date it from the eighties of the nineteenth century. Thus, R. James, Lord Rosebery's biographer, dates the Liberal Party split-up over imperial issues to 1885, whereas P. Thornton links the early development of the 'liberal-imperialist platform' to Rosebery's speech in 1888 in which he welcomed a wide-scale imperial policy. B. Semmel is inclined to date the emergence of Liberal imperialism back to the early eighties of the nineteenth century [5, 158; 10, 57; 11, 93-94]. Other historians consider its birth to have occurred in the years of Anglo-Boer War when the Liberal Party developed three distinct trends: radical, central and liberal-imperialist. J. Butler associated the emergence of Liberal imperialism with the Anglo-Boer War. The American historian R. Jacobson also deems that 'liberal imperialism was the product of wartime'. The state of war, according to his words, led Rosebery to advance the slogan of 'Liberal Imperialism' [2, 282-283; 4, 87]. The question of chronological limits of this trend remains open.

The essence of Liberal imperialism is another debatable issue. B. Semmel regards the liberal-imperialist ideology as a variety of social imperialism because it linked the solution of social reforms with imperial matters. J. Searl is quite positive about the fact that liberal-imperialist ideas were part of 'national efficiency' ideology. H. Matthew is convinced that the term 'Liberal imperialism' was deliberately provocative [7, 45; 9, 107-141; 10, 13-4, 24, 52-84]. These historians view Liberal imperialism as a number of principles employed by some Liberals for the purpose of reorganizing the party in accordance with new ideas. It's quite common among contemporary historians to interpret the emergence and the essence of Liberal imperialism from the inner-party struggle perspective.

Thus S. Koss, the biographer of G. Asquith, considers that the supporters of Liberal imperialism regarded it as 'a means of achieving their aims'. P. Jacobson emphasizes that liberal imperialism should be treated not as an ideology but as an articulate expression of the struggle between the parties during the Anglo-Boer War [4, 83; 5, 45].

Historians are also interested in liberal imperialists' positions in colonial and foreign policy matters. It's typical of English historical literature to idealize expansionist aspirations of liberal imperialists.

J.Butler believes that Lord Rosebery's imperialism was of 'consolidationist nature' in the 1880s and only later it assumed the form of expansionist imperialism[2, 23]. R. Faber finds 'romantic' and 'patriotic' features in Lord Rosebery's imperialism. B. Semmel supposes that liberal imperialists tried to stay away from 'the ideas of violence and aggression' and supported the imperialism based on the feelings of 'love, pride and faith'. The majority of Western historians describe liberal imperialists as peacemakers, opposed to war defenders of the suppressed peoples. K. Robbins, Grey's biographer, presents him as an opponent to continuing colonial expansion of Britain, as the main supporter of improving English-Russian relations through settling controversies in Asia. Still historians have to admit that liberal imperialists did support England's expansionist policy, wherever British interests were jeopardized [3, 69; 8, 135; 10, 62].

Western historians involvement with the assessment of the imperial positions of the right wing of the Liberal party, however, may narrow the view of the whole liberal-imperialist trend. It seems to us that the question of the ideological roots of the trend, its social representation, the relation between 'social' and 'imperial' aspects of its theoretical foundations require a more profound study.

The question of the English liberals and the Empire was not subject to a special research in Russian historical literature. Most Russian works devoted to British imperialism are informative rather than analytical by nature. For the most part they just present facts connected with the history of British colonial seizures in different areas of the world, particularly in Asia and Africa. But focusing mainly on the plots of peripheral history, these works don't offer any deep analysis of the imperialist position of the Liberal leaders.

Literature:

1. Парфенов И.Д. Монополия и империя. Английские привилегированные компании и колониальная экспансия 80-90-х годов XIX в. Саратов, 1980.
2. Butler J. The Liberal Party and the Jameson Raid. Oxford. 1968
3. Faber R. The Vision and the Need. Late Victorian Imperialist Aims. London, 1966.
4. Jacobson P.D. 'Rosebery and Liberal-Imperialism. 1899-1903', Journal of British Studies, 13 (1), 1973.
5. James R.R. Rosebery. London, 1963.
6. Koss S. Asquith. London, 1976.
7. Matthew H. The Liberal Imperialists. The Idea and Politics of a Post-Gladstonian Elite. Oxford, 1973.
8. Robbins R. Edward Grey. London, 1971.
9. Searle F. The Quest for National Efficiency. A Study of British Politics and Political Thought. 1899-1914. Berkeley-Los, 1971.
10. Semmel B. Imperialism and Social Reform. English Social-Imperial Thought. 1895-1914. London, 1960.
11. Thornton A.P. The Imperial Idea and its Enemies. A Study in British Power. London, 1963.

Мельникова Л.А.
старший преподаватель кафедры сервисных технологий, Владивостокский государственный университет экономики и сервиса, г. Владивосток, cepheay@rambler.ru
Коноплева Н.А.
доктор культурологии, профессор кафедры сервисных технологий, Владивостокский государственный университет экономики и сервиса, г. Владивосток

ТАТУИРОВКА В РЕПРЕЗЕНТАЦИИ ТЕЛЕСНОСТИ СОВРЕМЕННОЙ МОЛОДЕЖИ

В последние десятилетия на пике моды находится татуировка. Люди разных возрастов, национальностей используют татуировку как средство для создания определенного образа или другими словами имиджа. Имидж - это «символический образ субъекта, создаваемый в процессе субъект – субъектного взаимодействия» [1]. Согласно этому определению имидж есть не просто образ субъекта, а символический образ, который составляет одну из самых выраженных тенденций социального поведения человека. Более того, лишь при помощи символов может быть построен образ социальной группы и осуществлена идентификация индивида с этой группой. «В любом образе социальной группы заложена система символов, отражающих основные идею, на которых строятся соответствующие групповые взаимоотношения. Знаки же, которые сопровождают восприятие социальных групп, такие например, как графические изображения, текстовые материалы, атрибуты внешнего вида, стереотипные динамические блоки группового поведения и т.д., должны в любом исследовании или практике обязательно соотноситься с тем символическим полем, в котором конкретные социальные группы существуют» отмечает И.Р. Сушков [2].

Визуальные знаки внешнего облика человека играют особую роль в общении и межличностном познании. Они являются важным средством (инструментом) невербального общения, реализующим аффективно-коммуникативную, регуляторно-коммуникативную и информационно-коммуникативную функции, становятся главными источниками визуальной информации о человеке, индикаторами его личности. Значения отдельных визуальных знаков интерпретируются взаимосвязано: пополняя друг друга, либо порождая новую информацию, либо оказываясь малозначимым нюансом общения. Кинетические знаки чаще всего являются психосемиотической определяющей в визуальном тексте общения. При нейтральной или позитивной информации, передаваемой ими, эту роль выполняют знаки «габитуса» или «костюма». Визуальные средства невербального общения, репрезентируясь в функции индикации социально-психологических характеристик человека, становятся инструментом самоподачи своего образа в общении - подчеркивает исследовательница знаков общения Е.А. Петрова [3].

Современный исторический этап характеризуется индустриальной культурой. Индустриальное развитие, все повышающийся темп жизни, технократическая идеология не дают человеку удовлетворить свои специфические потребности в общении, уединении, принадлежности, сообщности и так далее. В традиционных обществах дефицит общения, эмоциональности во многом преодолевался в коллективных ритуалах. Важнейшим следствием их была психотерапевтическая компенсация, состоявшая в коммуникации, объединении людей, преодолении одиночества, тревожности, отчужденности, дававшая ощущение принадлежности к группе. В современную эпоху преодоление дефицита общения, эмоционального отчуждения, чувство общности люди приобретают в субкультурах разной направленности. Символическим связующим звеном являются зрительно воспринимаемая информация, которая передается знаками трех визуально-коммуникативных систем: габитуса (физический облик, анатомические особенности лица, других частей тела, конституция и пр.), костюма (социальное оформление внешности: одежда, обувь, украшение, аксессуары, прическа, татуировки и пр.), кинесики (любые значащие движения: мимика, жестикуляция, походка, позы) [4]. Это подтверждается и наиболее четко видно на примере молодежных субкультур.

Молодежные субкультуры практически всегда отличаются стремлением закрепить наиболее важные для них мировоззренческие смыслы в яркой экспрессивной форме, возможно, непонятной основной массе людей в обществе, но вызывающей интерес. Молодежь, организованная в общность в результате единения вокруг какой-либо идеи, достаточно часто проявляет склонность к созданию новой эстетической реальности. Она естественным образом, по-своему осмысливает и эстетические качества мира, наполняя новым смыслом старые понятия, такие, как красота, художественный вкус, эстетический идеал. Она пытается изменить пространство, в котором существует, эстетизировать его с позиции ее представлений о прекрасном. Выраженное эстетическое начало в молодежной субкультуре воплощается в его игровой природе. В молодежной субкультуре нередко слияние границ между игрой и деятельностью. Эстетическая игра в молодежной среде становится способом самовыражения членов субкультурных групп. Как в театральном искусстве, так и деятельности молодежных групп существует некоторая драматургия. Отдельные исследователи считают, что эта драматургия складывается их различных письменных источников, близких по идеологии молодежным субкультурным группам. Артизация как форма эстетической игры в жизнедеятельности различных молодежных субгрупп (хиппи, панки, рокеры, металлисты) находит свою актуализацию в демонстративно-эпатажной манере поведения, в особенном стиле, включающем не только особенности поведенческих норм, но и специфические пристрастия в одежде, прическах, аксессуарах.

При этом следует подчеркнуть, что яркая внешность представителей субкультур – не естественная агрессивность молодости, а скорее – мимикрия под вкусы большинства. Вызывающая внешность этой категории молодежи – следование «мировым» стандартам. В рамках этого стандарта становятся неразличимы национальные и культурные особенности, а культура полностью поглощается цивилизацией.

Радикально-эстетические, не скованные жесткой дисциплиной субкультуры своими сюжетами и рисунками проявляют скорее свои внутренние искания и неудовлетворенности существования в обществе. Наличие таких знаков помогает достижению большей условности во внутриорганическом функционировании человека и интеграции между прошлым и настоящим человека.

Таким образом, татуировка является той формой репрезентации телесности, которая идентифицирует человека, определяет его место в обществе, служит своеобразным опознавательным знаком для социума, помогает утвердиться своей индивидуальности и является частью имиджа.

Литература:

1. Перелыгина Е.Б. Психология имиджа: Учебное пособие - М.: Аспект Пресс, 2002.
2. Сушков, И.Р. Психология взаимоотношений / И.Р. Сушков.- М.: Акад. Проект, 1999. –448 с.
3. Петрова Е.А. Знаки общения. Серия визуальная психосемиотика. М.: ГНОМ иД, 2001.
4. Карабанова С.Ф., Мельникова Л.А.. От маски к имиджу.- Владивосток: Дальнаука, 2009.-164 с.

Комиссарова Е.В.
канд. ист. наук, Волгоградский государственный медицинский университет, museum@volgmed.ru

КОЛЛЕКЦИОНИРОВАНИЕ КАК КУЛЬТУРООХРАННАЯ ФОРМА ДОСУГА

Досуг как возможность человека заниматься в свободное время разнообразной деятельностью по своему выбору – центральный элемент культуры, позволяющий личности реализовать свой творческий потенциал. Досуговая деятельность, являющаяся показателем уровня развития личности в определенной социокультурной ситуации, чрезвычайно разнообразна. [4] Одной из форм культурного досуга, увлечением (хобби), уже много веков является коллекционирование.

Истоки коллекционирования уходят в глубокую древность. Исследователи относят зарождение данного феномена к периоду античности. Его природа обусловлена как психологическими, так и социально-культурными причинами. [9] Исследователь высшей нервной деятельности и коллекционер-филателист академик И.П.Павлов дал определение страсти к коллекционированию: «Из всех форм обнаружения рефлекса цели в человеческой деятельности самой чистой, типичной и потому особенно удобной для анализа является коллекционная страсть – стремление собрать части или единицы большого целого или огромного собрания, обыкновенно остающееся недостижимым». [8]

Феномен коллекционирования явился объектом исследований представителей различных научных дисциплин: философов, искусствоведов, психологов, социологов, культурологов, музееведов. [6]

Коллекционирование определяют как «выявление, сбор, изучение, систематизацию материалов, чем оно отличается от простого собирательства». [2]

У исследователей имеются различные точки зрения, по вопросу о том, является ли коллекционирование синонимом собирательства, или более высокой стадией его развития, но это процесс составления коллекции. В Российской музейной энциклопедии М.Е.Каулен определяет коллекцию как «систематизированное собрание объектов, связанных общностью одного или нескольких признаков и представляющее научный, познавательный или художественный интерес». [3]

В отличие от музейных собраний, формируемых на научной основе, состав, степень научности систематизации частных коллекций, обеспечения сохранности, доступности и т.д. определяются личными пристрастиями коллекционера, обусловленными социальной принадлежностью, этно-культурными традициями или модой. [13]. В XIX веке в Старом и Новом Свете было модно иметь мумии, которые привозили из Египта в качестве сувениров.

Обращаясь к истокам возникновения феномена коллекционирования как предшественника музея, В.П.Грицкевич анализирует мотивации предмузейного собирательства, выделяя среди мотивов собирательства: сакральные, экономические, социально-престижные, групповой самоидентификации, любознательности и исследования, эстетические. [1]

Уже в традиционных обществах архаической, древней и средневековой эпох формируется ценностное отношение к определенным предметам, которые изымались из обихода, утрачивая утилитарное значение и обретая статус культурной ценности, памятника с мемориальными свойствами.[11] Коллекционирование связано с естественнонаучными исследованиями, археологическими, этнографическими, искусствоведческими и т. д. [12]

Виды коллекционирования, тематика коллекций чрезвычайно многообразны: от спичечных этикеток (филумения) и винных пробок до предметов антиквариата и таких памятников науки и техники как автомобили и самолеты. Л.И.Брежнев имел страсть к автомобилям. В коллекции жителя г. Ковентри (Великобритания) Эндрю Бейкера 80 танков и бронетранспортеров, изготовленных на местном заводе, в том числе большой британский танк «Челленджер», но он мечтает о советском Т-72. [14]

В России возникновение коллекционирования и музейного дела связано с преобразованиями Петра I, познакомившегося в Европе с естественнонаучными, художественными и антикварными коллекциями, получившими там в XVII веке широкое развитие. [10] По примеру императора его преемники и многие российские вельможи собрали крупные художественные и нумизматические коллекции. В конце XIX века обедневшая аристократия передала эстафету коллекционирования нарождавшейся буржуазии, а затем и разночинцам, не только в обеих столицах, но и в провинции. Эти коллекции составили впоследствии основу многих музеев Санкт-Петербурга, Москвы, Самары, Иркутска и других городов.

Коллекционирование в советский период истории России вследствие всеобщего (за редким исключением) равенства в бедности граждан приобретает демократический характер. Популярными видами коллекционирования являлись филателия, нумизматика, этикетки всевозможные: спичечные, алкогольной продукции, конфетные обертки.

Историю коллекционирования на территории современной Волгоградской области можно проследить с конца XIX века, если не считать началом краеведческой коллекции петровские реликвии – картуз и трость, хранившиеся в разное время то в Царицыне, то в Саратове, которые в настоящее время экспонируются в Волгоградском областном краеведческом музее.

Первые шаги по созданию музеев местного края в уездных городах Саратовской губернии были инициированы провинциальной интеллигенцией при поддержке предпринимателей, заинтересованных в изучении ресурсов региона и развитии образования. К концу XIX века относится первое упоминание о музее в Камышине. Царицынский музей местного края создан Царицынским обществом содействия внешкольному образованию в 1914 году на основе коллекций местных краеведов, среди которых были члены Саратовской ученой архивной комиссии. Формирование музейных коллекций и развитие краеведения было взаимообусловленным, коэволюционным, процессом

Исследования краеведов конца XIX – первой трети XX века заложили основы формирования естественнонаучных и археологических коллекций, формируется художественное собрание Сталинградской картинной галереи. Однако приоритетными коллекциями в 1920—1930-е годы становятся документальные, изобразительные и вещественные коллекции, отражающие становление Советской власти и процесс социалистического строительства.

В период Сталинградской битвы были практически полностью утрачены как государственные, так и частные коллекции.

В послевоенный период собрания государственных музеев пополнялись в значительной степени за счет поступления частных коллекций. Среди приобретений Волгоградского областного краеведческого музея 1970-80-х годов: коллекция нумизматики и фалеристики кавалера ордена Ленина железнодорожника П.С.Гайворонского, филателистическая коллекция Г.Н.Малахова, коллекция значков работника культуры В.В.Костылева, уникальная коллекция бабочек, собранная театральным художником Н.Н.Медовщиковым, коллекция морской фауны бывшего механика Новороссийского порта А.А.Фролова, палеонтологическая коллекция А.А.Яркова.

Н.А.Арнинг-Зайцева завещала Волгограду коллекцию произведений живописи, включавшую произведения Ф.А.Малявина, Н.К.Рериха В.А.Серова, И.И.Шишкина, которая является украшением собрания Волгоградского музея изобразительных искусств им. И.И.Машкова.

Бухгалтер Е.Н.Пушкин передал Волгограду коллекцию, ставшую Музеем музыкальных инструментов.[7]

Благодаря общественной инициативе в 1960-1980- е годы открылось множество музеев истории предприятий, организаций, образовательных учреждений, в основе которых лежат личные коллекции земляков. Один из таких музеев группа энтузиастов при поддержке ректората создала в 1981 году в Волгоградском медицинском институте.[5]

Популярным увлечением является коллекционирование открыток с фотографиями Царицына. Собрав виды старого города, врач А.Лапинский сделал к 400-летию Волгограда фотографии современного города с того же ракурса и создал фотовыставку, пользовавшуюся большой популярностью.

В Волгограде и Волжском у ветеранов геологии хранятся интересные геолого-минералогические коллекции. Проявлением естественнонаучных интересов являются таксидермические коллекции. Имеются частные коллекции икон, часов, самоваров, нумизматики, бонистики и т.д.

Предметами коллекционирования представителей советской партийно-государственной элиты являлись оружие, иконы, нумизматика. В условиях дефицита советские дамы собирали гжель, хохлому, хрусталь.

В период перестройки конца 1980-х годов источником пополнения коллекций стали проводимые Волгоградским отделением Советского Фонда культуры аукционы, через которые шло перераспределение икон, фарфора и т.п. Уродливым явлением постсоветского периода стала открытая купля-продажа наград.

Поля сражений Сталинградской битвы стали неиссякаемым источником пополнения коллекций военно-исторического характера. Раскопками на местах боев занимаются как поисковики, так и черные копатели. Коллекция военных трофеев периода Сталинградской битвы А.Е.Епифанова активно экспонируется в музеях. Приметой последнего времени стало развитие контактов учреждений культуры и частных коллекционеров, которые стали публично представлять свои коллекции. В этой связи можно отметить выставку «Денежные знаки периода Гражданской войны» из частного собрания в ВОКМ, а также совместный проект Волгоградской областной библиотеки им. М.Горького и частных коллекционеров, предоставивших документы для выставки о Царицыне.

Лучшие традиции частных собирателей, делавших свои собрания достоянием публики, продолжаются и в наши дни. Всех, кто попадает в Волгоградский государственный медицинский университет, поражает выставленная на обозрение коллекция произведений живописи лучших волгоградских художников, собранная ректором академиком РАН В.И.Петровым. Городские пейзажи А.Прокопенко, натюрморты Ф.Суханова. Чудом сохранившаяся довоенная работа Тихона Петрова «Маевка в Царицыне в 1905 году».

Таким образом, частное коллекционирование как вид неформальной социально-культурной деятельности выполняет функции сохранения культурного наследия, удовлетворения культурно-образовательных и эстетических потребностей развития личности.

Литература

1. Грицкевич В.П. История музейного дела до конца XVIII века. – СПб.: СПбГУКИ, 2004. – С. 60-100.

2. Дьячков А.Н. Коллекционирование // БСЭ. – 3-е изд. – М., 1973. – Т.12.- С. 435.
3. Каулен М.Е. Коллекция // РМЭ. М.: 2001. – Т.1. – С.278.
4. Комиссарова Е.В. Досуг как объект культурологического исследования / Известия ВолгГТУ: межвуз. сб. науч. ст. № 3 (90)/ ВолгГТУ.– Волгоград, 2012. (Серия Проблемы социально-гуманитарного знания. Вып. 11). – С. 40-43.
5. Комиссарова Е.В., Петрова И.А., Кибасова Г.П. Волгоградский государственный медицинский университет:у истоков традиций / Вестник Волгоградского государственного медицинского университета. 2012. № 1. С. 95-99.
6. Малинкин А.Н. Коллекционер. Опыт исследования по социологии культуры / Гос. Ун-т – Высшая школа экономики. – М.: Изд. Дом Гос. Ун-та – Высшей школы экономики, 2011. – (Исследования культуры). – С. 6-9.
7. Материкин А.В., Комиссарова Е.В. Волгоградский областной краеведческий музей: 90 лет служения Отечеству. 1914-2004: Очерк истории. Под ред. И.О.Тюменцева.– Волгоград: «Панорама», 2005. С. 102-132.
8. Павлов И.П. Рефлекс цели // Павлов И.П. Полн. собр. соч. Т. 3. Кн.1. – М.: 1951. – С.307.
9. Петрова И.А., Комиссарова Е.В. «Этническое время» в контексте категории «время» в истории философии.// Известия Волгоградского государственного педагогического университета, 2012, т.75, №11, с.67-70.
10. Россия в мировой цивилизации. [под общ. ред. Петровой И. А.]. Волгоград, 2004., с 18-24 (2-е изд., доп. и испр.)
11. Саверкина И.В. История частного коллекционирования в России. СПБ.: СПбГУКИ, 2006 – 208 с.
12. Сотникова С.И. Музеология. – М.: Дрофа, 2004. - С. 11-22.
13. Черемушникова И.К. Имидж в культурном пространстве: между «миром кодов» и «миром смыслов» / Вестник Волгоградского государственного университета. Серия 7: Философия. Социология и социальные технологии. 2011. Т. 1. № 7-13. С. 32-37.
14. ТВ. 1 канал. Программа «Время». 27.12.2013.

Косибород О.Л., Рыкунина Н.Н.
к.п.н., доцент кафедры культурно – досуговой деятельности Социального института ГБОУ ВПО МГПУ / магистрант, ассистент кафедры культурно – досуговой деятельности Социального института ГБОУ ВПО МГПУ
gofman_choir@mail.ru / natulia-r@mail.ru

ИННОВАЦИОННЫЕ ФОРМЫ ОРГАНИЗАЦИИ МЕЖКУЛЬТУРНОЙ КОММУНИКАЦИИ

Проект: Поликультурный информационный портал. В последние десятилетия во многих крупных городах России с традиционным преобладанием русского населения произошло существенное изменение этнодемографической ситуации - значительно увеличилось число инонациональных диаспор, которые продолжают пополняться за счет притока мигрантов. Термин «толерантность», сегодня прочно вошел в нашу жизнь, он активно используется политиками, журналистами, проблемы этнической толерантности в поликультурном обществе разрабатываются учеными во всем мире. На данном этапе развития общества, с целью повышении уровня толерантности и развития мультикультурализма необходима взаимная инкультурация. Только культура обладает безусловной объединяющей силой, вызывая взаимный интерес людей друг к другу, тем самым расширяя грани культурного сотрудничества между народами. И никакие политические договоренности, не смогут повлиять на межнациональные взаимоотношения, так как духовное взаимообогащение, через знакомство с чужой культуры. Такая взаимная инкультурация, наиболее эффективно может происходить по средствам СМИ, в частности национальной прессы. На сегодняшний день в России газеты и журналы зарегистрированы более чем на 59 языках российских этносов. К сожалению национальная печатная продукция, в частности газетная, в отличии от других периодик, является менее доступной, основные причины заключаются в недостаточном финансировании и издании большинства газет и журналов только на национальном языке, без перевода на русский язык, что, безусловно, еще больше сокращает и так узкий круг читателей. **Создание «информационного поликультурного портала»** - это создание современной модели образовательно – просветительской организации информационного пространства, база для инновационных научных подходов к созданию и применению поликультурных технологий, способствующих освоению и развитию мультикультурного пространства. **Главная цель** создания «поликультурного информационного портала» - формирование единого национального культурного пространства для информирования населения мегаполиса о истории народов, лучших образцах национальной культуры, современном национальном молодежном и семейном досуге, национальном образовании, о национальных культурных событиях мегаполиса. Популяризация и помощь в развитии национальных СМИ, путем создания условий для реализации печатных изданий, путем внедрения через портал, платной электронной подписки на национальные издания, как в электронном, так и в печатном варианте. **Основными целями** создания портала являются: концентрация и систематизация информации обо всех сторонах культурной жизни поликультурного общества мегаполиса; обеспечение эффективного взаимодействия национальных организаций г. Москвы; повышение результативности работы национальных СМИ; создание условий для повышения авторитета и популяризации национальных СМИ; обеспечить открытый доступ к изолированным моделям национальных информационных ресурсов. Предоставить возможность активного использования потребителями национальных информационных услуг необходимых им ресурсов. Обеспечить всем пользователям, в том числе мобильным, полноценный доступ к ресурсам национальных СМИ 24 часа в сутки 7 дней в неделю независимо от их места пребывания. Поставленные цели достигаются путем построения единой поликультурной информационной системы. **Создание поликультурного информационного** портала, способствуя повышению интереса к чужой культуре, является значимым шагом в решении вопроса о взаимной инкультурации. Проект находится в стадии разработки, идея проекта была одобрена и поддержана на заседании Комиссии Общественной палаты по межнациональным отношениям и свободе совести. **Проект «Студенческий поликультурный центр»** Современный мегаполис многомерен и многообразен, его населяют представители разных рас, национальностей и конфессий, с разными национальными или этническими культурами, нормами поведения, со своими ценностями и привычками. Вместе с эти неуклонно повышается уровень экстремизма, непонимания и неприятия иных культур в молодежной среде. Подобный настрой негативно отражается на взаимоотношениях в многонациональной студенческой среде и проецируется в дальнейшем на общество целом. Сегодня, государственная политика направлена укрепление межэтнического доверия и взаимопонимания, предотвращение конфликтов, улучшение социокультурной среды в стране. Создаются программы по укреплению толерантности в молодежной среде, в образовательный стандарты включены предметы изучающие историю культур и религий, поликультурные технологии. Понимание основано на знании, соответственно принятие и понимание других национальностей невозможно без знания о их истории, религии, языке, культурных и духовных ценностях. Однако на наш взгляд изучение теоретических основ поликультурных технологий, недостаточно для формирования толерантной студенческой среды, необходим комплексный подход, создание возможности живого межкультурного диалога с представителями разных национальностей, активное использование наглядных примеров национальной культуры, для достижения этой цели должен быть раскрыт и использован социально - культурный потенциал диаспор, национальных учреждений культуры мегаполиса. **«Студенческий поликультурный центр»** позволит создать единое поликультурное студенческое пространство, в котором буду реализовываться образовательные и культурные программы программы, в рамках будет организовано проведение мастер-классов, семинаров, конференций, фестивалей, языков курсов, с целью информирования студентов высшего и среднего профессионального образования о истории народов, лучших образцах национальной культуры, современном национальном молодежном и семейном досуге, национальном образовании, о национальных культурных событиях мегаполиса, популяризации национальных языков, национального творчества и сохранения самоидентичности представителей разных национальностей. **Создание «Студенческого поликультурного центра»,** это организация целостного студенческого поликультурного пространства, где выступая в роли организационно - координационного звена «Студенческий поликультурный центр» осуществляет активное взаимодействие между студенческими советами и организациями Вузов и ССУзов города, национальными общественными организациями, диаспорами, национальными учреждениями культуры города и использования их социокультурного потенциала с целью совершенствования студенческой толерантной среды, расширения границ взаимной инкультурации, снижения уровня национальной вражды и нетерпимости, сохранения самоидентичности студенческой молодежи разных национальностей, помощь в адаптации студентов приезжающих на обучение, поддержка студенческих инициатив в области развития национальной политики, культуры и спорта. **Основными целями создания « Студенческого поликультурного центра»** являются: обеспечение эффективного взаимодействия вузов, ссузов и национальных организаций; создание национальной студенческой газеты; формирование условий для развития и повышения интереса к изучению истории культуры, творчества и религии разных народов; развитие и повышение личных качеств студентов; создание образовательных программ по изучению национальных культур; формирование национальных студенческих творческих коллективов; организация информационного обмена и партнерства между учебными заведениями разных стран; обучение основам успешной коммуникации и организаторской деятельности.

УДК: 616-71; 616-072.7-9.

Буреев А.Ш. - директор ООО «Диагносика +»,
Жданов Д.С. - ведущий программист ООО «Диагностика +»
Земляков И.Ю. - к.м.н., доцент СибГМУ,
Светлик М.В. - к.б.н, доцент НИ ТГУ,
Сырямкин В.И. - д.т.н., профессор, НИ ТГУ
e-mail: d_s_zhdanov@mail.ru

РЕГИСТРАЦИЯ И АНАЛИЗ БРОНХОФОНОГРАММ В УСЛОВИЯХ ВЫСОКОГО УРОВНЯ ПОМЕХ

Метод бронхофонографии позволяет объективно оценить параметры дыхательных шумов. В настоящее время для увеличения информативности регистрируемых бронхофонограмм применяется метод, основанный на регистрации звучания форсированного выдоха. В дальнейшей обработке бронхофонограммы требуется участие врача, который вручную определяет границы выдоха. Данная технология не позволяет признать данный метод объективным, особенно в условиях высокой зашумленности регистрируемых сигналов [2]. С целью объективизации метода аускультации специалисты Европейского респираторного общества издали методическое пособие «Computerized Respiratory Sound Analysis» (CORSA). В данном пособии изложены принципы стандартизированного анализа дыхательных шумов [6], разработаны указания для стандартизации планирования и проведения исследований в области анализа дыхательных шумов, определены условия проведения измерений и процедур проводимых с пациентом, даны рекомендации для публикации результатов исследований и клинических испытаний.

При выполнении Госконтракта 2013-1.4-14-514-0132-026, «Разработка и исследование методов построения информационных образов бронхофонографических сигналов и алгоритмов распознавания признаков патологий для объективизации диагностики бронхо-легочных заболеваний в педиатрии» [4] были проведены несколько серий экспериментов по регистрации дыхательных шумов в норме и ряде заболеваний бронхо-легочной системы. Эксперименты проводились согласно существующим этическим требованиям, с учетом рекомендаций изложенных в CORSA [6].

Запись бронхофонограмм проводилась в условиях педиатрического отделения, в обычных палатах, где размещалось 6 – 8 пациентов в возрасте от 3 до 14 лет. Записанные бронхофонограммы содержали наряду с полезным сигналом — помехи и сторонние шумы, диапазон которых частично совпадал с диапазоном полезных сигналов [3]. Для выделения диагностически значимых фрагментов бронхофонограмм была предложена авторская методика автоматического выделения шумовых паттернов вдохов и выдохов.

В качестве акустического датчика использовался бинауральный педиатрический стетофонендоскоп, в звукоулавливающую головку которого был вмонтирован измерительный микрофон Panasonic WM-61[5]. Для исключения тресков от трения звукоусиливающей мембраны о кожу ребенка использовалась открытая олива головки стетофонендоскопа. Микрофон вклеивался в отверстие, просверленное в месте бифуркации звукопроводящих каналов, перпендикулярно их оси. Затем к микрофону подпаивался экранированный провод, и весь узел заливался силиконовым герметиком слоем толщиной 5 – 8 мм. Подобная конструкция акустического датчика снижала уровень внешних помех в диапазоне частот от 200 до 1000 Гц на 10-12 дБ. Регистрация дыхательных звуков проводилась с поверхности грудной клетки ребенка.

Сигнал с датчика поступал на микрофонный (аналоговый) вход ноутбука, где оцифровывался звуковым АЦП 16 бит с частотой 44,1 кГц (качество компакт-диска) и записывался на жесткий диск в виде звукового файла формата PCM (wav) без потери качества. Для записи сигналов использовались штатные средства Windows.

Для полной обработки бронхофонограммы на языке C++ было разработано приложение функционирующее в операционной системе Windows. Полезный сигнал выделялся полосовым КИХ-фильтром с диапазоном пропускания от 170 Гц до 4,5 кГц. Отфильтрованная бронхофонограмма, с помощью анализа спектра, подвергалась автоматизированному анализу выделения дыхательных циклов, которые формировали матрицу сигналов. Матрица анализировалась фазовременным методом, в результате которого получался набор коэффициентов, уникальных для данного типа сигнала [1]. Результат выделения полезного сигнала показан на рис. 1.

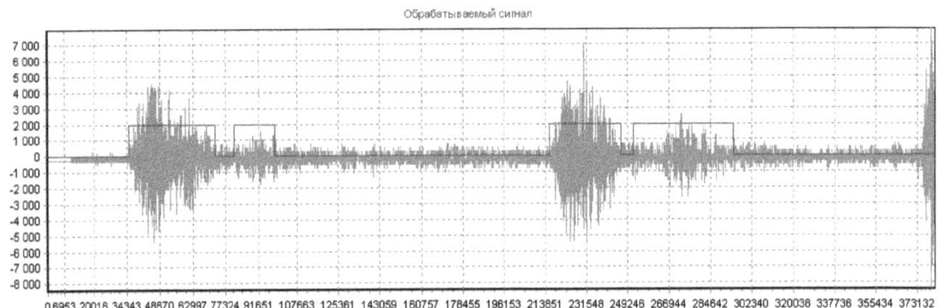

Рис. 1. Отфильтрованная бронхофонограмма везикулярного дыхания (норма) с автоматически выделенными участками фаз вдоха и выдоха.

Метод автоматического выделения фаз вдоха и выдоха при многократном повторении на одной и той же бронхофонограмме давал устойчивые параметры. Результаты анализа дыхательных циклов фазовременным разложением в пределах одной бронхофонограммы отличались незначительно ($P > 0.05$). Коэффициенты корреляции между коэффициентами фазовременного разложения для фаз вдоха и выдоха составляли соответственно $r_1 = 0{,}735$и $r_2 = 0{,}812$, что позволяет говорить об определенной стационарности акустических характеристик дыхания при неизменных условиях эксперимента. Наиболее пригодной для идентификации уникальных акустических параметров полученных сигналов оказалась простая свертка вида

$$\lambda = \sum_i \left(i k_i^2 \right),$$

где i – порядковый номер коэффициента, k – значение коэффициента фазовременного разложения. Для везикулярного дыхания (норма, количество опытов 4) значение $\lambda_1 = 14570 \pm 560$ для вдоха и $\lambda_2 = 15840 \pm 580$ для выдоха. Для шума трения плевры (патология, количество опытов 4) значения свертки соответственно равнялись $\lambda_1 = 28048 \pm 620$ и $\lambda_2 = 40404 \pm 290$.

Предложенный метод регистрации и анализа бронхофонограммы в условиях повышенного уровня помех оказался эффективен для анализа бронхофонограмм и идентификации дыхательных шумов.

Литература

1. Горбачев С. В., Жданов Д. С., Земляков И. Ю., Светлик М. В., Сырямкин В. И. Улучшение точности распознавания бронхо-легочных заболеваний на основе фазовременного анализа бронхофонограмм. // Известия высших учебных заведений. Физика, 2013, т. 56, №10/2. – С.18-25.
2. Гусейнов А. А. Акустические характеристики дыхания у больных легочными заболеваниями. / Автореф. дисс. д. м. н., ВАК РФ 14.01.04 // Махачкала, 2011. 18 с.
3. Ицкович А. И., Шумарова Е. Ю., Коренбаум В. И. Современные проблемы анализа дыхательных шумов. // Тиохоокеан. мед.жур., 2005, №2. С.11-13.
4. Отчет о НИР шифр Госконтракта 2013-1.4-14-514-0132-026, «Разработка и исследование методов построения информационных образов бронхофонографических сигналов и алгоритмов распознавания признаков патологий для объективизации диагностики бронхо-легочных заболеваний в педиатрии». – Томск, ООО «Диагностика +», 2013. – 169 с.
5. Panasonic Omnidirectional Back Electret Condenser Microphone Cartridge WM-61A/B. – Panasonic Co., 2008. – 1 p.
6. Sovijarvi, A., Vanderschoot J., Earis J. Computerized Respiratory Sound Analysis (CORSA): recommended standards for terms and techniques // EurRespir Rev. 2000. V. 10. № 77. P. 585-649.

Билалова Э.Р.
врач-невролог отделения для больных с ОНМК НИИ СП им И.И. Джанелидзе
Тетерина О.А.
логопед, младший научный сотрудник отделения для больных с ОНМК НИИ СП им И.И. Джанелидзе.
alonso075@rambler.ru
Вознюк И.А.
заместитель директора по научной и учебной работе НИИ СП им. И.И. Джанелидзе, руководитель отдела острой цереброваскулярной патологии и неотложной неврологии, д.м.н., профессор

ВЛИЯНИЕ ТРОМБОЛИТИЧЕСКОЙ ТЕРАПИИ НА ВОССТАНОВЛЕНИЕ ПАЦИЕНТОВ, ПЕРЕНЕСШИХ ОСТРОЕ НАРУШЕНИЕ МОЗГОВОГО КРОВООБРАЩЕНИЯ

Острое нарушение мозгового кровообращения (ОНМК) - актуальная медико-социальная проблема, представляющая собой заболевание сосудов головного мозга, клиническая картина которого зависит от размеров и локализации очага. В связи с увеличением в популяции лиц пожилого возраста, количество больных с инсультом увеличивается год от года.

По данным статистики, сегодня на Земле живут более 50 млн человек, перенесших инсульт. Профилактика и лечение инсультов давно стали для России общегосударственной медико-социальной проблемой. В стране ежедневно фиксируется до 2000 случаев инсульта (заболеваемость в среднем составляет 3,5 промили). 10-15% - люди моложе 45 лет, а летальность среди заболевших к концу года достигает 45-50%[1]. Цереброваскулярные болезни прочно обосновались на первом месте среди всех причин инвалидности, при этом треть всех перенесших ОНМК – люди трудоспособного возраста. Мозговой инсульт это критическое состояние, подобное острому инфаркту миокарда. Концепция того, что инсульт - это острое состояние, является основной для успешного лечения таких больных. Эффективность лечения в значительной степени определяется фактором времени. Терапевтическое окно для предоставления неотложной помощи больному является узким: особенно важны первые минуты и первые 4.5 ч после начала инсульта. Современные подходы к лечению при мозговом инсульте предусматривают: максимально быструю госпитализацию больных, ранние сроки начала терапевтического вмешательства после развития заболевания, когда в поврежденных клетках начинается регенерация пораженных участков, а другие нейроны образуют новые синаптические связки для компенсации потерянных [2]. Пациенты с геморрагическим и ишемическим инсультом подлежат госпитализации в специализированное нейрососудистое отделение городской (районной) больницы. В настоящее время основным лечением ишемических инсультов является использование тромболитической терапии.

В НИИ Скорой помощи им И.И. Джанелидзе с 2010 года открыто нейрососудистое отделение для пациентов с ОНМК. Активно используются: тромболизисная терапия, реабилитационные мероприятия, включающие в себя лечебную физкультуру, физиотерапию, восстановление речевой функции.

Почти у всех пациентов, перенёсших инсульт, отмечаются нарушения речи. К концу первого периода у 36 % больных отмечается та или иная форма афазии, в зависимости от локализации и тяжести процесса; дизартрия отмечается у 14 % пациентов. Одни не могут вспомнить названия предметов и действий, выразить свою мысль, другие не в состоянии понять, что говорят окружающие. Однако сохраняется интеллект и память, в порядке артикуляционный аппарат, зрение и слух. Используя эти «каналы», можно многое восстановить и поэтому огромное значение приобретает комплексная реабилитация этих пациентов. Главной целью логопедического восстановительного обучения является максимальное восстановление речи пациента. Это является одним из важных аспектов социальной адаптации больных с инсультом и возвращение их к полноценному образу жизни.

При поступлении в центр проводится оценка состояния пациента с помощью шкал. Неврологический дефицит оценивается по шкале Nihss, активность повседневной жизни по шкалам Рэнкин и Ривермид. Степень выраженности речевых расстройств определяется логопедом с помощью шкалы Цветковой Л. С. [3]. Нами было продиагносцированы 20 пациентов, получивших ТЛТ и 20 пациентов, получающие терапию согласно сосудистой программе без ТЛТ. В эти группы пациентов входили лица от 50 до 80 лет с ишемическим инсультом в бассейне левой средней мозговой артерии, имеющие двигательный дефицит и речевые расстройства, поступившие в первые 4 часа от момента развития заболевания. В той и другой группе при поступлении состояния больных было практически одинаковым. Пациенты, которым по тем или иным причинам не был показан тромболизис (см критерии включения), получали нейропротекторную, антиоксидантную, антиакогулянтную , симптоматическую терапию. В обеих группах имели место ранние реабилитационные мероприятия.

Как показано на предоставленных графиках

Влияние ТЛТ на восстановление двигательной функции.

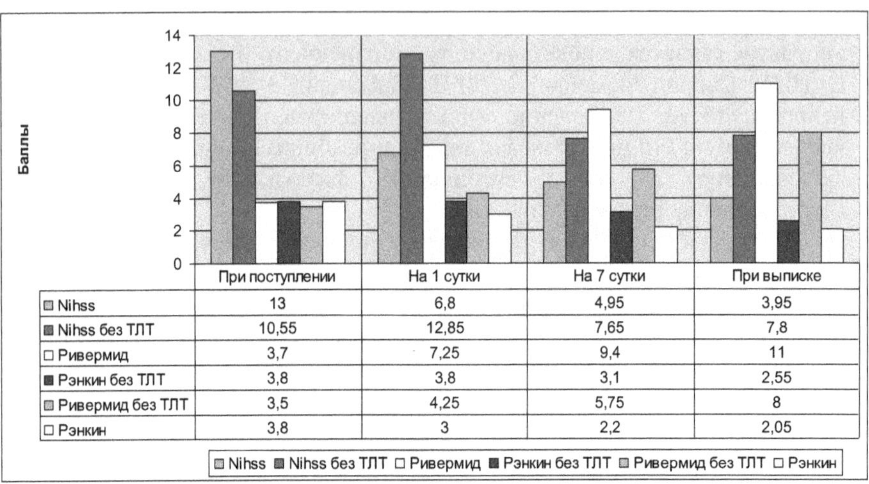

	При поступлении	На 1 сутки	На 7 сутки	При выписке
Nihss	13	6,8	4,95	3,95
Nihss без ТЛТ	10,55	12,85	7,65	7,8
Ривермид	3,7	7,25	9,4	11
Рэнкин без ТЛТ	3,8	3,8	3,1	2,55
Ривермид без ТЛТ	3,5	4,25	5,75	8
Рэнкин	3,8	3	2,2	2,05

В группе пациентов, получивших ТЛТ, восстановление неврологического дефицита по шкале Nihss в среднем от 13 баллов до 6.8 идет к концу первых суток, во второй группе пациентов, не получивших ТЛТ от 10.55 баллов до 7.65 только к 7 суткам, в среднем пациенты с ТЛТ восстанавливаются к концу выписки (14-18 сутки) до 3.95 баллов, а пациенты без ТЛТ лишь до 7.8 баллов.

По шкале Рэнкин (измерение степени инвалидизации) в группе пациентов с ТЛТ от 3.8 баллов до 2.05 баллов к концу срока госпитализации, в группе без ТЛТ от 3.8 баллов до 2. 55 баллов. Положительная динамика отмечается также к первым суткам.

По шкале Ривермид (степень повседневной активности) в группе пациентов с ТЛТ от 3.7 баллов до 11 баллов, значительное улучшение происходит к концу первых суток (от 3.7 до 7.25 баллов), в группе пациентов без ТЛТ от 3.5 до 8 баллов , улучшение отмечается на 7 сутки (от 3.5 до 5.75 баллов).

Как видно из предоставленной диаграммы, эффективность реабилитационных программ, направленных на коррекцию речи , также зависит от проведённого тромболизиса.

В группе пациентов, которым не проводился тромболизис, восстановление речи начиналось к 7 суткам, и уровень выраженности варьировал в диапазоне от тяжёлой до нижней границы умеренной степени выраженности.

Пациентам, которым был проведён тромболизис, уже в первые сутки отмечалась положительная динамика и степень выраженности афазии соответствовала верхней границе умеренной.

Таким образом, мы можем сделать вывод , что эффективность реабилитационных мероприятий, направленных на восстановление двигательных и речевых расстройств значительно выше у пациентов, которым был проведена ТЛТ (уже к первым суткам отмечается значительная положительная динамика) в отличие от пациентов, которым была применена стандартная терапия . Применение тромболизисной терапии ведет к более быстрому восстановлению двигательного и речевого дефицита, уменьшению степени инвалидизации, что позволяет сократить сроки госпитализации в стационаре для пациентов с острым нарушением мозгового кровообращения и способствует быстрой успешной социальной адаптации пациентов и возвращению их к полноценному образу жизни.

Литература

1. Дадашева М.Н. //Медицинский вестник № 14 (441), 18 апреля 2008; 7-8.
2. Гусев Е.И. Проблема инсульта в России//Журнал неврологии и психиатрии
им .С. С. Корсакова (ИНСУЛЬТ приложение к журналу).2003; 9: 3-7.
3. Цветкова Л.С. Мозг и интеллект. Нарушение и восстановление интеллектуальной деятельности. — М: Просвещение, Учебная литература, 1995. – 304 с.
4. Цветкова Л.С. Нейропсихология счета, письма и чтения: нарушение и восстановление
. -- М.: «Юристъ», 1997. – 256 с.
5. Цветкова Л. С. Ц27 Афазия и восстановительное обучение: Учеб. пособие для студентов дефектол. фак. пед. ин-тов. — М.: Просвещение, 1988.— 207 с
6. Цветкова Л. С. Восстановительное обучение при локальных поражениях мозга. М.: Педагогика, 1972

Шайхразиева Н.Д.
кандидат медицинских наук, доцент кафедры эпидемиологии и дезинфектологии ГБОУ ДПО «Казанская государственная медицинская академия», заведующая эпидемиологическим отделом, врач-эпидемиолог ГАУЗ «Городская клиническая больница №7», Казань
epid-gkb7@mail.ru
Аухадеева Х.Р.
врач эпидемиолог ГАУЗ "РБСМЭ МЗ РТ", г. Казань
Якимова Э.В.
врач-эпидемиолог ГАУЗ "Городская поликлиника №6", г. Казань

СОВРЕМЕННЫЕ МЕТОДЫ И РЕЖИМЫ СТЕРИЛИЗАЦИИ В МНОГОПРОФИЛЬНОМ СТАЦИОНАРЕ

Введение. Внутрибольничные, или, госпитальные инфекции (ВБИ) являются в настоящее время одной из наиболее значимых проблем здравоохранения. Существенное значение имеют строгое соблюдение санитарных норм и правил, дезинфекционные и стерилизационные мероприятия, входящие в систему мер неспецифической профилактики внутрибольничных инфекций[1,74; 2,5; 3,8; 4,57; 8,6].

Проблема ВБИ в настоящий момент приняла глобальный характер. Особенно остро она стоит для экономически развитых стран с широкой сетью лечебных учреждений. По данным зарубежных исследований, проведенных в 14 странах, установлено, что в среднем у 8,7% больных во время пребывания в стационаре развиваются ВБИ, при этом в стационарах различного профиля колебание показателей заболеваемости составляет от 3 до 20,7% [2,5; 3,4].

Вступление нашей страны в международный альянс «За безопасность пациентов» поднимает проблему борьбы с внутрибольничными инфекциями на государственный уровень.

Цель. Снижение уровня внутрибольничных инфекций в многопрофильном стационаре путем внедрения современных методов стерилизации изделий медицинского назначения.

Задачи.

Обеспечить высокоэффективную предстерилизационную очистку и стерилизацию изделий медицинского назначения высококвалифицированным медицинским персоналом;

Значительно повысить качество и надежность стерилизации;

Наиболее рационально использовать высокоэффективное технологическое оборудование;

Наиболее эффективно осуществлять контроль за стерилизацией;

Освободить значительную часть медицинского персонала в клинических отделениях, занимающегося вопросами стерилизации при децентрализованной системе;
Повысить культуру обслуживания больных;
Упростить организацию и повысить качество обслуживания технологического оборудования;
Сократить эксплуатационные расходы, упростить процессы замены оборудования, и затраченные капиталовложения сравнительно быстро окупить;
Материальные расходы на проведение стерилизации при централизованной системе снизить примерно в 2,8 раза по сравнению с децентрализованной;
За счет внедрения взаимозаменяемого персонала легко компенсировать отсутствие внезапно выбывших сотрудников;
Использовать широкие возможности стерилизации современными методами термолабильного лечебно-диагностического оборудования, что в значительной степени продлевает сроки его использования;
Упростить составление заявок и приобретение больших партий расходных материалов и их рациональное использование, что повлечет за собой снижение капиталовложений [4,55; 8,55].

Материалы и методы исследования. Капитальное строительство современного стерилизационного отделения, отвечающим современным санитарно-эпидемиологическим требованиям. Проведение производственного контроля в полном объеме (бактериологического контроля эффективности стерилизации, а также оперативного контроля с помощью физических и химических методов, бактериологический контроль объектов внешней среды и т.д.).

Наша клиника является многопрофильным медицинским учреждением, имеющим в своем составе два стационара, два родильных дома с общим количеством коек 1164, два поликлинических отделения, три женских консультации, два травмпункта. В основном все изделия медицинского назначения проходят обработку в центральном стерилизационном отделении (ЦСО), которое открылось 2013 году и оснащено самым современным оборудованием Германии.

ЦСО располагается на первом этаже хирургического корпуса и имеет удобные подъездные пути для специализированного автотранспорта, общая площадь составляет 1000 м^2. Центральное стерилизационное отделение согласно современным санитарно-эпидемиологическим требованиям, располагает полным набором помещений, которые разделяются на три зоны; «грязная», «чистая», «стерильная». Помещения располагаются таким образом, что потоки грязных, чистых и стерильных изделий медицинского назначения (ИМН) не пересекаются.

«Грязная» зона сообщается с «чистой» только через моечно-дезинфицирующие машины проходного типа и посредством передаточного окна.

Также у нас широко используются три автоматические моечно-дезинфицирующие машины проходного типа с запрограммированной сушкой модель BHT INNOVA 5, с 16 режимами обработки ИМН. Кроме обычных программ, можно обеспечить дополнительную предварительную мойку или сушку. Длительность программ – от 49 минут до 1ч 20 мин. За одну рабочую смену можно выполнить 8-9 рабочих циклов.

В чистой зоне медицинский персонал проводит осмотр ИМН прошедших предстерилизационную обработку (качество оценивается путем постановки азопирамовой пробы), комплектование, упаковку, загрузку в корзины и подготовку к стерилизации.

Установлены и работают современные упаковочные машины роторного типа, где сразу на упаковке пропечатывается дата стерилизации и сроки годности стерильных изделий мед. назначения. Для упаковки ИМН используются современные упаковочные материалы – крепированная бумага, комбинированный прозрачный пакет (слоистая комбинированная упаковка, одна сторона которой состоит из полимерных материалов, другая - из специальной бумаги).

Стерилизация ИМН в нашем ЦСО проводится на двух паровых и одном газовом стерилизаторах.

Паровые стерилизаторы представлены немецкой компанией «Lautenschlager» серии Magnocert 8000-24000 проходного типа, рабочий объем каждого из них составляет 1060 литров. Установлено несколько видов программ стерилизации 134^0 – 5 мин, 134^0 – 20 мин, 121^0 – 15 мин, 121^0 – 20 мин. Весь цикл стерилизации отображается на цветном экране и протокол стерилизации записывается на бумажном носителе.

Паровым методом стерилизуются общие хирургические и специальные инструменты, детали приборов, аппаратов из стойких к коррозии материалов, изделия из резины, латекса, стекла, перевязочный материал, белье.

Качество стерилизации паровым методом оценивается при помощи термоиндикаторных тестов 4 и 6 классов.

Также у нас используется газовый стерилизатор/аэратор «Steri-Vac^{TM}8XL» проходного типа, где стерилизация проводится оксидом этилена. Рабочий объем стерилизатора 215 литров. Установлено два низкотемпературных режима стерилизации 37^0 – 2 ч, 55^0 – 1 ч. Окись этилена – это золотой стандарт низкотемпературной стерилизации. Позволяет стерилизовать в лечебно-профилактическом учреждении около 200 наименований изделий, среди них такие как детали аппарата сердце-легкие, имплантируемые изделия, эндоскопическую аппаратуру, режущие, колющие инструменты, электроинструменты, коагуляторы, электроды, электронные водители ритма и другие изделия [4,56; 6,58].

Качество стерилизации оценивается при помощи термоиндикаторных тестов. На упаковочной бумаге имеются наружные тесты 1 класса, внутрь упаковки кладутся тесты 4-6 классов.

Мощность нашего стерилизационного оборудования позволяет за рабочую смену выполнить 8-9 циклов стерилизации и простерилизовать примерно 2-3 тысячи инструментов и 1 тысячу комплектов текстильного материала.

Отдельно хотим выделить, что в нашем централизованном стерилизационном отделении на чистой и стерильной зонах предусмотрена и функционирует вентиляционная система «чистый воздух».

Заключение. Таким образом, открытие нашего современного централизованного стерилизационного отделения, позволило поднять на новый уровень проведение стерилизационных мероприятий, повысило их надежность, позволило получить значительную экономическую эффективность и снизить уровень заболеваемости внутрибольничными инфекциями в 1,8 раза.

Литература:

1.Бабицкая О.П. Передовые технологии дезинфекции и очистки медицинских инструментов // Глав. Медсестра- 2010.-№12. – С74-77.

2.Венцель Р. Внутрибольничные инфекции. – М.: Медицина, 2004. – С. 5-7.

3.Гажева А.В., Кожевников В.В. Инфекционная безопасность в медицинских учреждениях. Руководство для медицинских работников. – М: ЦНИИ организации и информатизации здравоохранения Росздрава, 2005. – 46 .

4.Корнев И.И., Баранов Г.А., Ульянов В.И., Кузин К.Л., Бескровнов Ф.В. Новая технология низкотемпературной стерилизации ИМН// Стерилизация и госпитальные инфекции – 2007. – №3(5). – С56-59.

5.Корнев И.И., Логвинов Н.Л. Безопасное использование окиси этилена для стерилизации изделий медицинского назначения в ЛПУ: научные принципы и практические рекомендации Часть I// Стерилизация и госпитальные инфекции – 2009. – №3(13). – С52-58.

6. Корнев И.И., Логвинов Н.Л., Савенко С.М. Безопасное использование окиси этилена для стерилизации изделий медицинского назначения в ЛПУ: научные принципы и практические рекомендации Часть II// Стерилизация и госпитальные инфекции – 2009. – №4(14). – С56-59.

7.Корнев И.И., Савенко С.М. Современные методы предстерилизационной обработки изделий медицинского назначения: монография. Миле СНГ (ООО), 2011. – 156 с.

8.Корнев И.И. Стерилизация изделий медицинского назначения в лечебно-профилактических учреждениях: монография. М.: АНМИ, 2000. – 175 с.

Шайхразиева Н.Д.
кандидат медицинских наук, доцент кафедры эпидемиологии и дезинфектологии ГБОУ ДПО «Казанская государственная медицинская академия», заведующая эпидемиологическим отделом ГАУЗ «Городская клиническая больница №7», Казань
epid-gkb7@mail.ru

АКТУАЛЬНЫЕ ПРОБЛЕМЫ ЭПИДЕМИОЛОГИЧЕСКОЙ СИТУАЦИИ В МНОГОПРОФИЛЬНОМ СТАЦИОНАРЕ

Госпитальные инфекции – это широкое понятие, объединяющее инфекционные заболевания, заражение которыми произошло в стационаре (внутрибольничные инфекции - ВБИ) и инфекции, приобретенные вне стационара, но проявившиеся в нем (заносы) [1,176; 2,55; 3,4].

По данным официальной статистики, в стране ежегодно регистрируется 40-50 тыс. внутрибольничных инфекций, однако по экспертной оценке специалистов, основанной на выборочных исследований, эти инфекции переносят до 6-8% пациентов [3,5; 4,2].

Госпитальные инфекции, в том числе гнойно-септические инфекции, не только затрудняют проведение лечебно-диагностического процесса, резко снижают эффективность стационарного лечения, но и повышают летальность, увеличивают длительность стационарного лечения, приводя в целом к увеличению экономических затрат и нанося существенный социальный ущерб [3,4].

Проблема распространения внутрибольничных инфекций (ВБИ) в крупных многопрофильных стационарах является, несмотря на достижения в современном здравоохранении, первостепенной и значимой [4,3; 5,122].

Цель. Оценка эпидемиологической ситуации в хирургических отделениях многопрофильного стационара и выявление эпидемиологических особенностей госпитальных инфекций.

Материалы и методы: комплексное эпидемиолого-микробиологическое исследование заболеваемости ВБИ, а именно гнойно-воспалительных заболеваний, за 9 лет, включающее микробиологический мониторинг с использованием компьютерной программы WHONET 4.5, а также изучение антибиотикорезистентности диско-диффузным методом (согласно МУК 4.2.1890-04 и стандартам NCCLS). Чувствительность к хлорсодержащим дезинфектантам исследовалась в соответствии с «Методическими рекомендациями по ускоренному определению устойчивости бактерий к дезинфекционным средствам» Московского городского центра дезинфекции от 10.01.2000 г. за №1100-26-0-117.

Результаты и обсуждение. Среднемноголетний показатель гнойно-воспалительных заболеваний составил 18,03 на 100 оперированных. В многолетней динамике заболеваемости ГВЗ в целом, пик ее был зарегистрирован в 2003г. и составил 28,58±2,83 на 100 оперированных, затем наблюдалось снижение до 14.79±2.23 на 100 оперированных в 2008г. В 2010г. уровень заболеваемости достиг 5,54±1,43 на 100 оперированных, т.е. произошло снижение заболеваемости по сравнению с 2008г. более чем в 2 раза (P<0,05), а с 2003г. в 5,2 раза (P<0,05). Показатель заболеваемости ГВЗ по данным официальной статистики за анализируемый промежуток времени составил 0,11 на 100 оперированных больных, исходя из которого, можно сразу же сделать вывод, что он недостоверен. При анализе заболеваемости по нозоформам установлено, что ведущими были поражения мочеполового тракта (50,2%), инфекции области хирургического вмешательства составили 32,3%, ВБИ дыхательного тракта 16,0%, прочие 1,5%. Генерализованные формы ГГСИ не регистрировались.

В этиологической структуре в разные годы превалировали S.aureus, S.epidermidis, P.aeruginosa, E. Coli, Enterococcus. Если в 2002-2004гг. доминировал S.aureus (27%), то в 2005 г. соотношение микроорганизмов изменилось, и стали преобладать E. Coli (22%) и P. Vulgaris (12%). В 2008 г. произошла к смена ведущего патогенна на S.epidermidis (26%)., в 2010 г Kl. Pneumonia (28%).

При сравнении антибиотикорезистентности установлено, что среди S.epidermidis преобладали штаммы, устойчивые к амоксициллину, эритромицину (в 65% случаев), в 57% штаммы были устойчивы в клиндамицину. Минимальным был удельный вес штаммов, устойчивых в ванкомицину (8%). Штаммы Kl. Pneumonia в подавляющем большинстве случаев проявляли резистентность ко всем цефалоспоринам (87%), оставаясь чувствительными лишь к имипенемам и меропенемам в (98%).

Выявлена высокая доля штаммов, устойчивых к хлорсодержащим дезинфекционным средствам – в среднем 16,3±3,7%. Устойчивость микрофлоры отмечалась по отношению ко всем изучаемым дезинфекционным средствам: к «Жавель-Клейд» были устойчивы 12,4±,5,6%, к «Жавелиону» 9,8±7,6%, к «Пюржавелю» 10,5±4,7% штаммов.

Чувствительные микроорганизмы были неоднородны по характеристике действия на них дезинфекционных средств. Доля полностью чувствительных к действию «Септустина М» штаммов – наибольшая (65,4±6,1%).

Устойчивость к хлорсодержащим дезинфектантам зависела от вида микроорганизма. Наименьший удельный вес устойчивых штаммов отмечен среди S.aureus – 24,4±,5,4%. Особое внимание обращает высокая доля по сравнению с другими культурами устойчивых штаммов Kl. Pneumonia (79,6±,9,5%), P<0,05, т.к. именно этот микроорганизм превалирует в структуре возбудителей госпитальных гнойно-септических инфекций.

Выводы:

1.Выявлены штаммы, полирезистентные к антибиотикам различных групп, что требует постоянной коррекции политики применения антибактериальных препаратов на уровне закупа лекарственных препаратов.

2.Необходимо активно внедрить и успешно применять в практике госпитального эпидемиолога программное обеспечение для повышения эффективности микробиологического мониторинга за госпитальными штаммами.

3.Необходимо обеспечить мониторинг устойчивости к дезинфекционным средствам штаммов, циркулирующих в крупном многопрофильном стационаре для оптимизации дезинфекционного режима и дифференциального подхода к обеззараживанию различных объектов окружающей среды.

4.Полученные данные свидетельствуют о необходимости полного учета и регистрации всех случаев ($P<0,05$) ВБИ в лечебно-профилактическом учреждении в полном объеме с целью проведения эпидемиологической диагностики заболеваемости.

Список литературы:

1.Брусина Е.Б., Рычагов И.П. Эпидемиология внутрибольничных гнойно-септических инфекций в хирургии//Новосибирск: Наука, 2006. 176с.

2.Покровский В.И. и др. Основы современной классификации инфекций, связанных с оказанием медицинской помощи//Эпидемиология и профилактика.- 2011.- №6(61).- С.55-61

3. Покровский В.И. и др. Внутрибольничные инфекции: новые горизонты профилактики//Эпидемиология и инфекционные болезни.- 2011.- №1-С.4-7.

4.Национальная концепция инфекций профилактики инфекций, связанных с оказанием медицинской помощи//М.2011

5. Шкарин В.В и др. Региональный мониторинг устойчивости микроорганизмов к дезинфектантам: итоги, перспективы//Медицинский альманах.- 2012.- №3(22).- С.122-126.

6. Нажим А.Г. Рекомендации по выбору дезинфицирующих препаратов //Медицинский альманах.- 2012.- №3(22).- С.133-134.

7.Ускоренное определение устойчивости бактерий к дезинфекционным средствам//Методические рекомендации №1100-26-0-117 от 10.01.2000г. М: Московский городской центр- 2000.

8. European Centre for Disease Prevention and Control. Antimicrobial resistance surveillance in Europe 2009. Annual Report of the European Antimicrobial

Resistance Surveillance Network (EARS-Net). Stockhom: ECDC, 2010, 208p.

Коровин А.Я., Бочкарева И.В., Кулиш В.А., Нарсия В.В., Трифанов Н.А., Набиев М.Т.
Коровин А.Я. – д.м.н., профессор кафедры факукльтетской хирургии с курсом анестезиологии и реаниматологии ГБОУ ВПО КубГМУ, Минздрава России, E-mail: kuman52@mail.ru

ДИАГНОСТИКА И ХИРУРГИЧЕСКОЕ ЛЕЧЕНИЕ БОЛЬНЫХ С БИЛИАРНЫМ ИЛЕУСОМ

Желчнокаменная обтурационная тонкокишечная непроходимость встречается у 3% всех больных, оперированных по поводу острой кишечной непроходимости или 0,2-0,6% от всех оперированных по поводу желчнокаменной болезни и представляет собой сложную диагностическую и хирургическую проблему [1,17-21; 2,13-19; 6,755]. Имеются различные тактические подходы к лечению билиарного илеуса [8,69]. Большинство авторов склоняются к двухэтапному лечению [1,17-21; 6,755]. Однако, имеется точка зрения предполагающая радикальное лечение - одномоментное устранение кишечной непроходимости и билиодигистивного свища. M.E.Franklin и др. 1994 [5,265] впервые выполнили лапароскопическую одномоментную операцию при билиарном илеусе (БИ), подобные операции редки до настоящего времени [7,282]. Немногим чаще выполняются и лапароскопически ассистированные энтеролитотомии [4,203], в Medline есть сведения всего о 30 подобных операциях из 400 при билиарном илеусе [3,64].

Цель работы: оценить возможности миниинвазивного хирургического лечения желчнокаменной тонкокишечной непроходимости.

Материал и методы: Желчнокаменная обтурационная тонкокишечная непроходимость встретилась у 48 пациентов, поступивших в хирургические клиники КубГМУ на базе городской клинической больницы скорой медицинской помощи. Диагностическая программа при кишечной непроходимости включала в себя: обзорную рентгенографию живота, ультрасонографию, компьютерную томографию, гастродуоденоскопию, видеолапароскопию (ВЛС).

Результаты и обсуждение: Высокая непроходимость диагностирована у 37 больных (77,1%): на уровне двенадцатиперстной кишки - у 3 пациентов (6,3%), с обтурацией в 50-150 см дистальнее двенадцатиперстно-тощекишечного изгиба выявлена у 34 пациентов (70,8%); низкая непроходимость (на уровне терминального отдела подвздошной кишки) выявлена у 11 больных (22,9%). Диагностировать БИ до операции удалось только у 26 больных (54,2%); у всех остальных 22 пациентов причина обтурационной непроходимости определена интраоперационно.

При хирургическом лечении БИ нами применялись следующие виды доступов: стандартный лапаротомный, мини-доступ и лапароскопический. Целью операции всегда считали не только устранение тонкокишечной непроходимости, но и радикальную санацию внепеченочных желчных путей. Разобщение патологического билио-дигестивного соустья, дуоденорафия, холецистэктомия с ревизией желчных протоков, энтеролитотомия выполнены у 39 пациентов (81,3%). В четырех случаях потребовалась резекция тонкой кишки, а у пяти пациентов удалось выполнить полный объем оперативного пособия эндохирургическим способом. У 9 больных полный радикальный объем операции не был выполнен ввиду наличия у них тяжелой сопутствующей соматической патологии - операция ограничена лишь энтеролитотомией (по жизненным показаниям для устранения тонкокишечной непроходимости). Первый опыт применения видеолапароскопии для диагностики и хирургической коррекции билио-дигестивных свищей на фоне развившегося БИ показал перспективность применения миниинвазивных технологий при этой сложной патологии. Этапы выполнения полного объёма ВЛС операции по поводу жёлчно-каменной тонкокишечной непроходимости: 1) выделение пузырно-дуоденальной фистулы; 2) разобщение свища; 3) холецистэктомия; 4) дуоденорафия интракорпорально; 5) энтеролитотомия, энтерорафия интракорпорально. По нашим представлениям и по данным современного состояния вопросов лечения обтурационной острой тонкокишечной непроходимости (ОТН) – эта патология может лечиться с применением мининвазивных видеоэндоскопических методик, поэтому – при любом из выявленных вариантов кишечной непроходимости следующим диагностическим и одновременно лечебным этапом должна быть видеолапароскопия. Объем операции определяется исходя из технических возможностей и уровня подготовки операционной бригады и сочетает в себе использование миниинвазивных технологий изолированно лапароскопических или в сочетании с минидоступом.

Крайне важным аспектом миниинвазивных операций при обтурационной ОТН любого генеза является то, что наличие полной непроходимости с расширением приводящего отдела тонкой кишки и скоплением в ней большого количества кишечного содержимого создают неблагоприятные условия для эвакуации этого содержимого с минимальной микробной контаминацией брюшной полости при изолированном лапароскопическом доступе. Возможные технические трудности при выполнении лапароскопической операции могут быть успешно решены с помощью минидоступа, проекцию которого на переднюю брюшную стенку легче определить при лапароскопии, а так же обеспечить полноценную эвакуацию кишечного содержимого и декомпрессию тонкой кишки без риска массивной микробной контаминации брюшной полости. Кроме того, возникающая необходимость выполнения закрытия энтеротомического отверстия или резекции тонкой кишки с формированием тонко-тонкокишечного анастомоза так же могут быть успешно решены через минидоступ.

Отдельно должны решаться тактические и лечебные вопросы при выявлении сопутствующего холедохолитаза. Идеальным подходом представляется выполнение эндоскопической папиллосфинктеротомии в послеоперационном периоде; сроки ее выполнения должны определяться состоянием пациента, наличием механической желтухи и холангита. При наличии которых эндоскопическая папиллосфинктеротомия (ЭПСТ) с литоэкстракцией или назобилиарным дренированием должны быть выполнены по срочным показаниям в достаточно короткие сроки после основной операции по устранению тонкокишечной непроходимости, согласно общепринятой тактике билиарной декомпрессии при этой патологии. И только при бессимптомном холедохолитиазе вопрос об ЭПСТ и литоэкстракции может быть решен в более отдаленные сроки. Умерло трое больных от экстраабдоминальных причин – летальность 6,3%, что является вполне удовлетворительным результатом, учитывая то, что у подавляющего большинства больных с желчно-каменной обтурационной тонкокишечной непроходимостью – 81,3%, хирургическое пособие выполнено радикально, с устранением билио-дигестивных свищей.

Заключение: Миниинвазивные методы хирургического лечения желчно-каменной кишечной непроходимости выполнимы как в двухэтапном, так и в одноэтапном вариантах, что более предпочтительно. Получены хорошие результаты миниивазивного лечения этой редкой и сложной патологии. Предложенный нами тактический алгоритм выбора способов операции требует проведения дальнейших клинических исследований в этом направлении.

ЛИТЕРАТУРА

1. Дибиров М.Д., Федоров В.П., Мартиросян Н.К. и др. Особенности течения, диагностики и лечения желчнокаменной кишечной непроходимости // Хирургия 2007; 5: 17-21.

2. Кургузов О.П. Желчнокаменная тонкокишечная непроходимость // Хирургия 2007; 6: 13-19

3. Behrens C, Amson B. Laparoscopic management of multiple gallstone ileus. Surg Laparosc Endosc Percutan Tech. 2010 Apr;20(2): 64-5.

4. Currò G, Iapichino G, Barberio F, et al. Gallstone ileus: report of a case successfully treated by a laparoscopically-assisted enterolithotomy. Ann Ital Chir. 2005 Mar-Apr;76(2):203-5; discussion 205.

5. Franklin ME Jr, Dorman JP, Schuessler WW. Laparoscopic treatment of gallstone ileus: a case report and review of the literature. J Laparoendosc Surg. 1994 Aug;4(4):265-72.

6. Gasparrini M, Liverani A, Catracchia V, et al. Gallstone ileus: a case report and review of the literature. Chir Ital. 2008 Sep-Oct;60(5):755-9.

7. Shiwani MH, Ullah Q. Laparoscopic enterolithotomy is a valid option to treat gallstone ileus. JSLS. 2010 Apr-Jun;14(2):282-5.

8. Tan.Y.M. A comparison of two surgical strategies for the emergency treatment of gallstone ileus. // Singapore Med. J., 2004, Feb; Vol. 45 (2).-p.69-2.

Денисова Е.В.
доцент, канд.биол.наук, ФГАОУ ВПО СКФУ
den_ev@mail.ru
Андрусенко С.Ф.
доцент, канд.биол.наук, ФГАОУ ВПО СКФУ

ИССЛЕДОВАНИЕ АНТИОКСИДАНТНЫХ СВОЙСТВ ПРИРОДНЫХ ПОЛИСАХАРИДОВ

Перекисное окисление липидов (ПОЛ) – это неотъемлемый процесс метаболизма, непрерывно протекающий в клетках. Синтез, например, стероидных гормонов не возможен без свободно-радикальной стадии окисления холестерина. Существующая антиоксидантная система противостоит негативным последствиям атаки свободных радикалов. Но по ряду причин, с возрастом, при хронических заболеваниях возникает дисбаланс между реакциями свободно-радикального окисления (СРО) повреждений организма и реакциями их предотвращения [1,10; 2,22].

Изучение процессов СРО при различных заболеваниях и поиск веществ, способных тормозить или подавлять реакции СРО, является актуальным. Согласно работе Меньщиковой Е.Б. с соавт. [3,132], многие природные вещества могут выполнять роль проантиоксидантов. Так, полисахариды, содержащие несколько типов функциональных групп, могут проявлять себя как хелаторы ионов металлов перементной валентности [3,414].

Целью нашей работы было исследование антиоксидантного действия различных полисахаридов (ПС) на модельную систему индукции ПОЛ. Объектами исследования выбраны два полисахарида (ПС).

Реополиглюкин - 4% раствор высокомолекулярного полисахарида декстрана (с молекулярной массой 30000-40000) на физиологическом растворе. Это гомополисахарид, построенный из остатков глюкозы. Плазмозамещающее средство, повышает суспензионную устойчивость крови, уменьшает ее вязкость, восстанавливает кровоток в мелких капиллярах, нормализует артериальное и венозное кровообращение, предотвращает и снижает агрегацию форменных элементов крови, оказывает дезинтоксикационное действие.

Галактоманнан – гетерополисахарид, содержащий галактозу и маннозу в различных соотношениях. Применяется в пищевой, косметической промышленности, фармации в качестве желирующего и структурирующего агента (Е 409, 413). Галактоманнан получен самостоятельно из бобов гледичии трехколючковой.

Для определения влияния полисахаридов на накопление продуктов ПОЛ получили модельную систему, состоящую из смешанных растворов фосфолипидов (ФС) и ПС в соотношениях от 1:1 до 1:5, внесенных в 10 мМ раствор сульфата меди объемом 1000 мкл. Через три часа проводили фотометрический анализ количества продуктов ПОЛ по реакции с 2,4-динитрофенилгидразином.

Результаты исследований зависимости уровня ПОЛ от соотношения ФЛ и ПС представлен на рисунке.

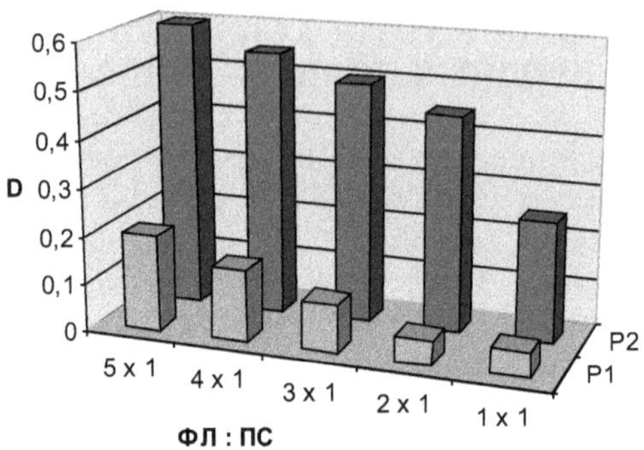

Рисунок – Зависимость оптической плотности от соотношения объемов фосфолипидов и полисахарида модельной системы, где ряд 1 – галактоманнан, ряд 2 – реополиглюкин.

В результате проведенного исследования выявлено, что гетерополисахарид галактоманнан в 3 раза эффективнее проявляет антиоксидантные свойства.

Литература

1. Жаворонок Т.В., Степовая Е.А., Рязанцева Н.В., Петина Г.В., и др. Нарушение «окислительного» метаболизма при острых воспалительных заболеваниях // Клиническая лабораторная диагностика, 2006. – № 12. – С. 10–15.

2. Катунина Е.А., Малыхина Е.А., Кузнецов Е.В., Авакян Г.Н., Гусев Е.И., Неробкова Л.Н. Антиоксиданты в комплексной терапии болезни Паркинсона // Журнал неврологии и психиатрии, 2006. – № 9. – С. 22–28.

3. Меньщикова Е.Б., Ланкин В.З., Зенков Н.К. и др. Окислительный стресс. Прооксиданты и антиоксиданты. – М.: Слово, 2006. – 556 с.

Локоткова А.И.
к.м.н., ГБОУ ДПО КГМА Минздрава РФ
Allalok12@mail.ru

ОРГАНИЗАЦИЯ ЭПИДЕМИОЛОГИЧЕСКОГО НАДЗОРА ЗА ИНФЕКЦИЯМИ, СВЯЗАННЫМИ С ОКАЗАНИЕМ МЕДИЦИНСКОЙ ПОМОЩИ

В лечебно-профилактических организациях (ЛПО) могут регистрироваться заносные и внутрибольничные инфекции (ВБИ). Они могут вызываться патогенной и условно-патогенной флорой. Основным критерием различия между данными инфекциями является место и время заражения пациента той или иной инфекционной нозологией. Наиболее значимыми в стационаре можно считать внутрибольничные инфекции, в силу нескольких причин:

1. ВБИ поражают 5-10% пациентов стационаров и занимают 10 место в ряду причин смертности населения. По данным официальной статистики в России регистрируется примерно 30 тысяч внутрибольничных инфекций, однако, эксперты считают, что их истинное число составляет не менее 2-2,5 миллионов человек.
2. У пациентов с ВБИ в среднем на 10 дней задерживается выписка.
3. В 3-4 раза увеличивается стоимость лечения и в 5-7 раз риск летального исхода. Экономический ущерб, причиняемый ВБИ в РФ, по самым скромным подсчетам может достигать 10-15 миллиардов рублей в год (для сравнения: в Европе – 7 миллиардов Евро, в США – 6,5 миллиардов долларов).
4. ВБИ снижают качество жизни пациента и репутацию ЛПУ [1,5].

В 2011 году в РФ принят новый термин, определяющий внутрибольничное инфицирование, - «ИСМП» - инфекции, связанные с оказанием медицинской помощи. Термин более полный, включающий в себя все инфекционные заболевания, которые развиваются у пациента в результате получения медицинской помощи не зависимо от места ее оказания.

Профилактика осложнений, связанных с оказанием медицинской помощи, является одной из важных составляющих по обеспечению безопасности пациентов и персонала в ЛПО и качества медицинской помощи. Это в свою очередь определяет необходимость постоянного пересмотра и совершенствования эпидемиологического контроля в каждом конкретном стационаре.

Для обеспечения единой системы сбора и анализа информации необходимо принятие на федеральном уровне алгоритма клинических и лабораторных критериев стандартного эпидемиологического определения случая (СЭОС). При этом необходимо помнить, что СЭОС часто будет отличаться от клинических диагнозов, и не предназначено для клинической диагностики и выбора лечения [2,7].

В настоящее время в РФ клинические формы отражены в СанПиН 2.1.3.2630 – 10 «Санитарно-эпидемиологические требования к организациям, осуществляющим медицинскую деятельность», но список регистрируемых инфекций должен дополняться с учетом специфики стационара. Особого внимания требуют случаи ВБИ среди медицинского персонала; пациенты, поступающие в гнойные отделения, а также организация эпидемиологического надзора в амбулаторно-поликлинических учреждениях.

Динамическое выявление и оценка факторов риска развития ИСМП как эндогенного, так и экзогенного характера позволяет разрабатывать комплекс профилактических мероприятий, направленных на снижение риска и повышения качества оказываемой медицинской помощи. Особое внимание заслуживает наблюдение за лечебно-диагностическим процессом: выявление видов операций и других манипуляций, создающих наиболее высокий риск развития ИСМП, ранжирование всех манипуляций по агрессивности и степени антиинфекционной защиты персонала и пациента, оценка новых видов оперативного вмешательства, характера предоперационной подготовки пациента. Сюда же относится соблюдение санитарно-противоэпидемического режима, что регламентируется нормативными документами. Важной составляющей информационного обеспечения эпидемиологического надзора является микробиологический мониторинг. Задачи микробиологического мониторинга:

1. Слежение за циркуляцией возбудителя.
2. Выявление и изучение биологических особенностей госпитальных штаммов микроорганизмов.
3. Исследование чувствительности госпитальных штаммов к антибиотикам, дезинфицирующим средствам и антисептикам. Исследование дезинфицирующих средств многократного применения на 3-4 день использования – выборочное исследование на эффективность данных растворов.
4. Разработка и внедрение предвестников эпидемиологического неблагополучия.
5. Определение тактики рациональной химиотерапии.
6. Определение степени эпидемиологической безопасности новых медицинских технологий, в т.ч. высокотехнологичных методов лечения, с целью разработки стандартов их адекватного обеззараживания.
7. Рациональный подбор антисептиков и дезинфицирующих средств.
8. Контроль качества дезинфекции и стерилизации.

9. Принятие адекватных мер по прерыванию путей передачи госпитальных штаммов ВБИ.

На основании полученных данных проводится анализ с последующей разработкой системы профилактических и противоэпидемических мероприятий, которые являются конечной целью эпидемиологического надзора.

Таким образом, программа эпидемиологического надзора позволяет повысить качество оказания медицинской помощи путем снижения частоты возникновения ИСМП, с последующим снижением летальности, смертности и расходов на лечение.

Литература

1. Покровский В.И., Акимкин В.Г., Брико Н.И., Брусина Е.Б., Зуева Л.П., Ковалишена О.В., Стасенко В.Л., Тутельян А.В., Фельдблюм И.В., Шкарин В.В. Внутрибольничные инфекции: новые горизонты профилактики //Эпидемиология и инфекционные болезни. – 2011. - №3. – С. 4-7.
2. Шкарин В.В., Давыдова Н.А., Ковалишена О.В. Эпидемиологический надзор за госпитальными гнойно-септическими инфекциями // Вестник Российской Академии медицинских наук. – 2002. - №2. – С. 6-11.

Михайлова И.В.[1], Черный Е.В.[1] - к.м.н., **Корнилова З.Х.[2], Акимов С.И.[3]** - д.м.н., **Чубатова О.И.[3], Чубатова С.А.[3]** - д.б.н., **Потапов В.Д.[4]**

[1] СПТД г. Серпухов
[2]ФГБУ «ЦНИИТ» РАМН г. Москва
[3]ООО «РЕБИОН» г. Москва, 12907, Авиационный пер. д. 6
[4]ФБУН ГНЦ ПМБ, г. Оболенск, МО

ИННОВАЦИИ В ОБЛАСТИ ПРОФИЛАКТИКИ ТУБЕРКУЛЕЗА

РЕЗЮМЕ

Показана эффективность обработки воздушного пространства помещений туберкулезных больниц новыми средствами на основе липосом с фитоэкстрактами *Pinus silvestris*, *Monarda fistulesa*, *Tagetes patula*L., что выражается в снижении уровня микробной контаминации воздушного пространства помещений медицинского назначения в среднем в 2-3 раза через 15- 20 минут после обработки помещений фитоаэрозолями, сохраняющееся в течение 24 часов. Результатом является улучшение качества жизни больных и условий работы медицинского персонала, а также повышение уровня коллективной безопасности.

Ключевые слова: коллективная безопасность, контаминация воздушного пространства помещений (КВП), фитоэкстракты, липосомы (ЛП), туберкулез (ТБ).

INNOVATIONS IN TUBERCULOSIS PREVENTION

Mikhailova I; Cherniy E; Kornilova Z; Akimov S; Chubatova O; Potapov V; Chubatova S.

An increase in the number of tuberculosis infections and a wide spread of antibiotic-resistant strains of mycobacteria account for higher demand for alternative methods of prevention and treatment of tuberculosis. High efficiency in combatting the pathogen has been established when testing the innovative preparations based on liposomes and phyto-extracts 'Pinus silvestris', 'Monarda fistulesa' and 'Tagetes patula'. During testing on the laboratory animals significant protective and therapeutic effects were determined, while no toxicity or side effects were detected. Air contamination level dropped 50-70% within 15 minutes after use and remained at that level for a 24hr period. In addition to that, the results showed that phyto-aerosols eliminate various odours, has a positive effect on doctors' work efficiency and on the chemotherapy patients.

Key words: collective safety, individual protection, indoor air contamination, phytoextracts, lyposomes, tuberculosis.

ВВЕДЕНИЕ

Высокая заболеваемость туберкулезом и рост лекарственно-резистентных форм микроорганизмов требует поиска дополнительных методов профилактики и обеспечения безопасности людей, пребывающих в зоне риска передачи туберкулезной инфекции. Фактор качества воздушного пространства помещений при лечении ТБ очень важен как для пациентов, так и для медицинских работников. Поскольку основным путем заражения ТБ является воздушно-капельный и при этом воздух часто бывает контаминирован большим числом микроорганизмов, необходимо расширять спектр методов обеспечения чистоты воздуха. В настоящее время приоритетным является восстановление здоровья населения и защита его от инфекционных и социально опасных инфекций, к которым относится туберкулез. Показатель заболеваемости туберкулезом остается достаточно высоким, ежегодно увеличивается число новых больных туберкулезом с множественной лекарственной устойчивостью, что свидетельствует, в том числе, и о недостаточной эффективности используемых методов профилактики (1). В этих условиях поиск новых средств коллективной защиты людей, находящихся в зоне риска, является весьма актуальным.

Исследования показали, что в помещениях противотуберкулёзных учреждений могут содержаться стафилококки, кишечная палочка, стрептококки, плесневые грибы, что следует учитывать при лечении ТБ. Методы инфекционного контроля и средства защиты постоянно совершенствуются, однако используемые препараты наряду с бактерицидным действием, имеют побочные эффекты. Новый метод обработки воздуха и поверхностей, средствами на основе природных фитонцидов, которые безопасны и экологически естественны для человека, оправдан и весьма прогрессивен [2,3,4]. Возможность его применения в присутствии людей обеспечивает перспективу развития нового профилактического направления в инфекционной патологии с учетом возможности адаптации методик аэротерапии к условиям стационаров.

Целью данной работы является оценка эффективности применения средств липосом с фитоэкстрактами для обработки воздушного пространства помещений в условиях противотуберкулезных учреждений.

Материал и методы: штаммы *M. tuberculosis* H37Rv, *M. tuberculosis* PS-09 *M. tuberculosis* PS-09 , *M. tuberculosis* mR-01, *M. tuberculosis* mR-01; средства серии «Биологическое очищение воздуха» (производство ООО Ребион, Россия) представляют собой однородные жидкие гели, упакованные по 750 мл в пластиковые флаконы с курковым спреером-дозатором; срок годности – 2 года. В насыщающих концентрациях при ингаляционном воздействии в виде аэрозоля средства относятся к малоопасным веществам по степени воздействия на организм человека, в соответствии с требованиями ГОСТ 12.1.007.; пожаро- и взрывобезопасны; не разлагаются с выделением вредных и канцерогенных веществ; не оказывают раздражающего действия при однократной и повторных аппликациях на кожу и слизистые оболочки. Гели содержат фитоэкстракты из сосны обыкновенной, бархатцев мелкоцветковых, донника лекарственного, монарды дудчатой, иссопа лекарственного, шалфея лекарственного, эвкалипта шарикового, а также антиоксидант, антигипоксант эпофен и фосфолипиды из яиц.

При распылении средств в воздухе формируются микрокапли, которые, оседая, адсорбируют пыль и микроорганизмы, одновременно насыщая пространство летучими молекулами фитонцидов. Молекулы эфиров инактивируют микроорганизмы и оказывают адаптогенное, бодрящее и антидепрессивное действие на человека. Средства распыляют в воздух перед проведением уборки утром и вечером, направляя струю вверх под углом 45-90 градусов. Расход препарата составляет 9-10 мл на помещение площадью 18 – 20 $м^2$ (10 нажатий на курок флакона). 2-х флаконов средства достаточно для обработки палаты в течение 3 месяцев. Приоритет выбора средства и схемы его применения зависят от наиболее выраженного свойства каждого из них и ситуации в помещениях: «ТАГЕТОН» максимально эффективен в отношении микобактерий туберкулеза; «МОНАРИС» - в отношении черной плесени, «ЭТРОН» - в отношении серраций, а также для устранения запахов, особенно табачного дыма; «САЛЬВИТ» улучшает качество сна и устраняет раздражительность. При интенсивном режиме используется «ТАГЕТОН» 3 раза в сутки; при режиме чередования - «ТАГЕТОН» утром, «САЛЬВИТ» - вечером. Учитывали показатели динамики общего самочувствия, клинических проявлений основного заболевания, изменения лабораторных данных, рентгенологической динамики и гемограммы. Результаты фиксировали через 1,3 месяца после проведения стандартных исследований.

Объекты исследований: больные туберкулезом, медицинский персонал и помещения медицинского назначения(ординаторские, процедурные, душевые, столовые, курительные комнаты, туалеты, комнаты отдыха и палаты). В исследование были включены 128 больных с различными формами активного туберкулеза легких, согласившихся добровольно на участие в исследовании и прошедших стандартное обследование и тест на индивидуальную переносимость средств. Возраст больных был 21-57 лет, в том числе мужчины составили 82%, женщины – 18%. Вновь выявленных больных было 76 человек, больных с хроническим течением туберкулеза – 52 человека. Различные варианты лекарственной резистентности установлены в 89,1% случаев (112 чел), в т.ч. множественная лекарственная устойчивость в 46,8% (60 чел). Таким образом исследования проводили при тяжелых формах ТБ, когда больные представляют наибольшую эпидемическую опасность для окружающих.

Все больные получали комплексное лечение по режимам химиотерапии в соответствии с приказом №109 от 23.03.2003 года. Больные были разделены на 2 идентичные по полу, возрасту, формам туберкулеза, уровню лекарственной резистентности и по получаемой противотуберкулезной терапии группы: основная – 64 чел, получавших обработку помещений аэрозолями, и группа сравнения – 64 чел.

РЕЗУЛЬТАТЫ И ОБСУЖДЕНИЕ

Угроза возникновения заболевания основывается на повышении уровня контаминации воздушного пространства (КВП) и ослаблении защиты организма. Известно, что ряд природных антисептиков, проявляют активность в отношении микроорганизмов, обладая способностью повышения иммунитета человека и животных, поэтому успешно применяются при заболеваниях органов дыхания [2,3,4]. Для снижения уровня КВП помещений в лечебных учреждениях и улучшения качества воздуха, были разработаны и апробированы средства на основе фитолипосом(ФЛ). В результате атмосфера зоны риска существенно улучшается, приближаясь к естественной. Метод рассматривается как один из путей защиты человека в условия повышенной КВП [4,9].

Выраженное бактерицидное действие фитоизвлечений в отношении многих микроорганизмов, в том числе микобактерий, связано с содержанием в них пинена, тимола, карвакрола, смолистых веществ, фенольных соединений, а прочие эфиры используемых растений обеспечивают им свойства адаптогенов и иммуномодуляторов. Для применения фитоизвлечений был использован метод направленного транспорта липосомами (ЛП), преимущество которого хорошо известно в медицине и обусловлено свойствами ЛП: тропность; возможность оптимизации композиционного состава при одновременном включении липо- и гидрофильных веществ, исключая агрессивные, и учетывая синергизма их действия в готовой форме. Кроме того, ЛП осуществляют репарацию клеток выстилки респираторного тракта, восстанавливая структуру поврежденных клеточных мембран альвеолярного эпителия, сурфактанта легких, а также активируют альвеолярные макрофаги, тем самым обеспечивают иммунокоррегирующий эффект [5,6].

Ранее нами был установлен факт бактерицидной активности средств в отношении ряда микроорганизмов, в том числе в отношении микобактерий туберкулеза и, в частности, в отношении резистентных штаммов(данные приведены в таб.№1.)[9]. Был также обнаружен выраженный положительный эффект при лечении экспериментального острого и хронического ТБ на модели лабораторных животных (линейные мыши C57BL, n=156) в аэрозольной камере. При однократной ежедневной обработке в течение 60 дней больных туберкулезом животных средством «ТАГЕТОН» зафиксировано снижение смертности более чем на 70 %, по сравнению с контролем. Было установлено, что действие средств основано на подавлении роста и размножения микобактерий в легких и селезенке и повышении бактерицидной активности альвеолярных макрофагов при отсутствии токсичности. Эффект проявляется в усилении процессов окислительного взрыва в макрофагах и продукции интерферонов. На модели морских свинок было показано, что ежедневная однократная обработка воздуха изучаемыми препаратами полностью защищает здоровых животных от инфицирования ТБ [7,9].

Выше изложенный материал позволил сделать вывод о возможности использования средств для обработки воздуха помещений противотуберкулезных учреждений. Применение в течение 18 месяцев средств в ВПП лечебных учреждений изменило качество воздуха, что выражалось в первую очередь в снижении уровня микробной КВП, в устранении запахов затхлости, прокуренности. Эффективность средств в отношении улучшения качества жизни показана с помощью индивидуального тестирования. Данные приведены в табл. №1. Как видно из таблицы, у большинства больных экспериментальной группы улучшилось настроение, качество сна, при этом увеличилось время непрерывного сна с 2-3 до 5 -8 часов; отмечалась активная жизненная позиция, снижение апатичности, депрессивного состояния, увеличение числа прогулок; появилось желание поскорее вернуться домой. Стремление выздороветь обеспечило большую приверженность к лечению. Больные с длительным течением заболевания, особенно с признаками дыхательной недостаточности, отмечали положительное воздействие аэротерапии, психологическую и физическую комфортность в палате. Это позволило улучшить качество лечения, оптимизировать дальнейшую тактику ведения этих больных, осуществить предоперационную подготовку, подготовить к выписке в более ранние сроки. Ценным является факт отказа 12,8 % больных от вредных привычек, включая курение, бытовое пьянство. У медицинских работников также выявляли снижение раздражительности, повышение общего жизненного тонуса и работоспособности. В первые дни применения на препарат «ТАГЕТОН», у медицинских работников (1 из 20человек) и пациентов (3 из 128 человек) отмечалось чувство першения в горле и носоглотке, которое быстро исчезало; остальные средства переносились без таких эффектов.

Установлено, что постоянная двух кратная обработка средствами приводит к снижению общего микробного числа в помещениях в 2-3раза. Результаты представлены в таб. №2.

Сравнительная оценка результатов применения фитоаэрозолей в течение 3 месяцев свидетельствует, что по всем признакам заболевания более лучшие показатели получены в основной группе: через 1 месяц синдром туберкулезной интоксикации исчезает у 80% больных основной группы, в группе сравнения - сохраняется почти у половины больных(субфебрильная температура, потливость, утомляемость, раздражительность). Воспалительные изменения в крови остаются только у 36% больных 1-ой группы, причем за счет больных с хроническим течением заболевания. В группе сравнения наблюдаются в 2 раза больше больных с воспалительными изменениями, при их более выраженном характере. Через три месяца лечения и распыления в палатах аэрозолей клинические симптомы интоксикации практически не выявляются в обеих группах, воспалительные изменения в гемограмме в обеих групп, в основном за счет хронических больных сохраняются, но в группе сравнения, они выявляются в 2 раза чаще.

Очень выжно, что у 2/3 больных в основной группе уже через 1 месяц лечения наблюдали значительные положительные сдвиги в остроте и тяжести кашля, в группе сравнения – лишь у 1/3 больных. Через 3 месяца лечения в обеих группах продолжалось снижение легочной симптоматики, хотя оно было менее выраженным. Однако у больных основной группы этот показатель был значительно лучше.

Таким образом, применение фитоаэрозолей у больных туберкулезом высокоэффективно, поскольку значительно быстрее снижает клинические проявления заболевания, улучшает воспалительные показатели крови и уменьшает легочную симптоматику. Наиболее выражен положительный эффект в острой фазе туберкулезного воспаления.

Хорошие результаты лечения в основной группе через 3 месяца наблюдения свидетельствуют так же о пролонгированном положительном действии фитоаэрозолей, причем это более выражено у больных с хроническим течением заболевания.

Ренгенологические изменения через 3 месяца лечения характеризовались рассасыванием перифокальных изменений и частично - очагов, что чаще наблюдали в основной группе (в 78% и 43% случаев соответственно). Следовательно, очищение воздуха и меньшая контаминация условно-патогенной микрофлорой обуславливает более быстрое рассасывание острофазовых процессов туберкулезного воспаления, что совпадает с динамикой клинических проявлений заболевания.

Результаты исследования мокроты на микобактерии туберкулеза показали, что у большинства больных основной группы прекращается бактериовыделение уже через 1 месяц, в то время как в группе сравнения этот показатель значительно ниже (соответственно 71% и 53,3%). Через 3 месяца лечения прекращение бактериовыделения почти идентично в обеих группах. Следовательно очищение воздуха и снижение уровня КВП обеспечивает более быстрое обеззараживание большинства самых эпидемически опасных больных туберкулезом для окружающего населения (с точки зрения массивности бактериовыделения – 100 тыс. микробных тел в 1 мл. мокроты и высокой лекарственной резистентности).

Однозначно, что для снижения заболеваемости туберкулезом важно решение проблем, в том числе улучшения условий жизни населения,экологической обстановки, повышение санаторно-гигиенических мероприятий, обновление материально – технической базы противотуберкулезных учреждений. В этих условиях применение новых средств обработки воздушного пространства снижает уровень распространения внутрибольничной инфекции, повышает качество жизни, ускоряет процесс выздоровления, о чем говорит подробный анализ полученных данных в каждой карте по совокупности показателей. Метод особенно важен для медицинского персонала, так как обеспечивает коллективную защиту от перекрестных инфекций.

Наиболее важным является факт активности средств в отношении резистентных штаммов микобактерий туберкулеза.

ВЫВОДЫ

1. Метод обработки воздушного пространства помещений группой новых средств на основе липосом и фитоэкстрактов из сосны, монарды, иссопа, бархатцев, шалфея и других растений с бактерицидным действием, оказался эффективным в условиях противотуберкулезных учреждений.

2.Установлено снижение уровня микробной контаминации воздушного пространства помещений медицинского назначения в среднем в 2-3 раза через 15- 20 минут после обработки и, сохраняющееся в течение 24 часов, а также устранение различных неприятных запахов затхлости, особенно в местах общего пользования.

3.Применение средств серии «Биологическое очищение воздуха» (ООО Ребион, Россия) в сочетании с традиционными методами лечения туберкулеза значительно повышает эффективность конечных результатов лечения: зарегистрировано более раннее снижение клинических проявлений заболевания, прекращение бактериовыделения, состояние психологической комфортности даже у хронических больных, что оказало положительное влияние на процессы выздоровления

4.Сокращение сроков бактериовыделения и раннее устранение интоксикационного синдрома можно связать со стимулирующим воздействием фитопрепаратов на иммунную систему, бактерицидной активностью средств в отношении микобактерий и синергизмом с антибиотикотерапией.

5.Применение средств высоко эффективно для профилактики туберкулеза среди медицинского персонала, пребывающего в зоне риска передачи инфекции воздушно-капельным путем.

Выражаем благодарность д.м.н. Батырову Ф.А., гл. врачу и к.м.н. Юрченко Л.Н., к.м.н. Климовой Е.Г., заведующим отделениями ТБКБ № 7; к.м.н. Алексеевой Л.П., гл. врачу и зав. отделением Титовой И.А., (ТБ №11).

СПИСОК ЛИТЕРАТУРЫ

1. Кривонос О.В., Михайлова Л.А. Туберкулез в Российской Федерации, 2010 г. Аналитический обзор статистических показателей, используемых в российской Федерации. – 2011. – 280с.
2. Бендер К.И., Гоменюк Г.А., Фрейдман С.Л. Указатель по применению лекарственных растений в научной и народной медицине. Саратов. СарГУ 1988.- 111 с.
3. Виноградова Т.А., Гажев Б.Н., Виноградов В.М., МартыновВ.К. Практическая фитотерапия. Москва. Эксмо-пресс. С-Петербург VALERI-SPO. 2001.-638с.
4. Ивашов С.В., Чубатова О.И., Потапов В.Д., Фурсова Н.К., и др. Антимикробная активность средств на основе фитоэкстрактов сосны, монарды и бархатцев для обработки воздуха помещений лечебно-профилактического назначения. // Растительные ресурсы. – 2012. -Т.48. – Вып. 1. – С. 127-137.
5. Марголис Л.Б., Бергельсон Л.Д. Липосомы и их взаимодействие с клетками. М.:Наука,1986. С.287.
6. Корнилова З.Х. и др. Влияние ЛП из фосфатидилхолина на регенерацию операционной раны легких морских свинок. Бюллетень экспериментальной биологии и медицины-2001.-Т.131.-В.2.С.228-231.
7. PotapovV., ChubatovaO., ChubatovaS., BakhteevaI., TitarevaG. Mix of Phytoncides Enclosed in Liposomes Protects Mice against TB Infection // Poster # F1-1361 on the 51th Interscience Conference on Antimicrobial Agents and Chemotherapy. Chicago, IL, USA, September 17-20, 2011.
8. Потапов В.Д., Чубатова О.И., Шрамко П.А. и др. Арогенный способ применения средств на основе липосом. Мат. Конф. Высокие технологии XXI века, М., апрель 18-21, 2011.
9. Патент РФ №2452470 МПК7 H 04 B 1/38, H 04 J 13/00, опубл. 10.06.12, Бюл.№23(11)

Табл. 1. Изучение активности средств в отношении резистентных штаммов микобактерий туберкулеза.

Штамм *M. tuberculosis*	Обработка гелем «МОНАРИС» 50 мкл/мл		Обработка гелем «ТАГЕТОН» 100 /мкл/мл	
	24 ч	48 ч	24 ч	48 ч
M. tuberculosis H37Rv (разведение 10^{-1})	62/ 70*)	38/ 32 очень мелкие	48/ 52	-**)
M. tuberculosis H37Rv (разведение 10^{-2})	5/ 7	4/ 3	5/ 4	-
M. tuberculosis PS-09 (разведение 10^{-1})	60/ 64	41/ 39	29, 34	-
M. tuberculosis PS-09 (разведение 10^{-2})	5/ 6	2/ 4	2/ 4	-
M. tuberculosis mR-01 (разведение 10^{-1})	55/ 58	28/ 35	15/ 21	-
M. tuberculosis mR-01 (разведение 10^{-2})	3/ 4	5/ 4	-	-

Обозначение:
«*» - среднее количество колоний, выросших на среде Левенштейна-Йенсена/ среднее количество колоний, выросших на среде Миддлбрук 7Н10;
«**» - полное подавление роста *M. tuberculosis*.

РЕЗУЛЬТАТЫ ИССЛЕДОВАНИЙ		
Обработанное помещение	**ОМЧ до обработки**	**После обработки гелем «МОНАРИС»**
Лаборатория, каб. микробиологии	96 КОЕ $м^3$	48 КОЕ $м^3$
Лаборатория, бокс отдела микробиологии	48 КОЕ $м^3$	24 КОЕ $м^3$
Отд. 15-3 эндоскопия, каб. бронхоскопии	73 КОЕ $м^3$	48 КОЕ $м^3$
Отд. 15-3 эндоскопия, каб. колоноскопии	376 КОЕ $м^3$	212 КОЕ $м^3$
Лаборатория, ординаторская	56 КОЕ $м^3$	46 КОЕ $м^3$
Лаборатория, каб. биохимических исследований	16 КОЕ $м^3$	10 КОЕ $м^3$
Лаборатория, каб. гематологических исследований	10 КОЕ $м^3$	8 КОЕ $м^3$
Подвальное помещение	1700 КОЕ $м^3$	128 КОЕ $м^3$
Приемная Главного врача	32 КОЕ $м^3$	16 КОЕ $м^3$
Кабинет Главного врача	20 КОЕ $м^3$ (из них 4-плесень)	0

Табл.2. Изучение эффективности средств для очищения воздуха в помещениях медицинского назначения.

Таблица 4. Динамика клинических проявлений заболевания у больных туберкулезом, получавших фитоаэротерапию и в группе сравнения (абсолютное число/ %).

№	Признаки	Основная группа n=64 / 100%			Группа сравнения n=64 /100		
		При поступлении	1 мес	3 мес	При поступлении	1 мес	3 мес
1	Туберкулезная интоксикация	64/100	16 /20,4	3/4,7	64/100	32/50	11/ 17,1
2	Воспалительные изменения в крови	64/100	23/ 36,2	10/15	64/100	42/65,6	21/33,5
3	Легочные симптомы	51/100	17/33,3	12/23,5	54/100	24/44,4	19/35,1
4	МБТ в мокроте методом микроскопии	64/100	19/29,4	9/14,2	64/100	30/46,7	12/ 18,4

Табл. 3. Результаты индивидуального тестирования больных туберкулезом обеих групп с помощью опроса

Показатели	Основная n=64(100%)		Группа сравнения n=64(100%)	
	абс.	%	абс.	%
Улучшение настроения	61	95	32	50
Желание вести активный образ жизни	34	53	15	23
Повышение жизненного тонуса	56	88	29	45
Стремление быстрее выздороветь	34	53	32	50
Снижение апатии, депрессии	50	78	32	50
Восстановление качества сна	44	69	0	0
Стремление жить, вернуться к семье	22	34	9	14
Увеличение числа прогулок	25	39	3	4
Отказ от вредных привычек	8	12	0	0
Снижение раздражительности	19	29	2	3

Пономарёва Е.И.
Федеральное государственное бюджетное учреждение науки Институт земной коры Сибирского отделения Российской академии наук
Squirrel@crust.irk.ru

ПРОЯВЛЕНИЕ ГЕОДИНАМИЧЕСКОЙ СВЯЗИ В ВИДЕ СЕЙСМОТЕКТОНИЧЕСКИХ ПРОЦЕССОВ МЕЖДУ ОБЛАСТЬЮ ИНДО-ЕВРАЗИЙСКОЙ КОЛЛИЗИИ И БАЙКАЛЬСКИМ РИФТОМ

В данном сообщении представлена новая информация к существующим представлениям о тангенциальном распространении фронтов сейсмотектонических деформаций на многие сотни - тысячи километров на примере изучения влиянии коллизионной зоны в районе сочленения Индийской и Евразийской плит на режим геодинамического развития Байкальской рифтовой зоны. Способ такого изучения основан на использовании разработанной программы Е.А.Левиной, позволяющий анализировать каталоги землетрясений, в том числе из мирового каталога.

В 1997 году В.В. Ружичем [1,40] было отмечено, что после крупного землетрясения в районе Индо-Евразийской коллизии вокруг, как от мощного энергетического источника, после кратковременного затишья начинают мигрировать преимущественно в северо-восточном направлении эпицентральные поля, приуроченные к зонам кулисообразно расположенных активных разломов. Их совокупность прослеживается в северо-восточном направлении через Китай и Монголию, достигая границ юго-западного фланга Байкальской рифтовой зоны (БРЗ). Продолжая начатые работы в этом направлении, автором осуществлён анализ вариаций сейсмического режима включая новые сейсмологические сведения. При этом были обнаружены периодичность в проявлениях сейсмических активизаций и несколько линий миграций сейсмичности по отношению к Байкальской рифтовой зоне. Заметим, что под миграцией эпицентров землетрясений понимается наличие статистически значимой пространственно-временной упорядоченности сейсмических событий. По местоположению выделившиеся линейные зоны обозначены как Памиро-Саянская, Тибетская и Японская ветви [2,24]. Исключив две последние ветви пространственно-временной упорядоченности очагов землетрясений и сузив круг исследования, акцент в данном сообщении сделан на изучение сейсмомиграционных процессов пределах Памиро-Саянского сегмента. Названный сегмент включает пространство от области Гималайской коллизии до Средней Азии, через Алтай, Саяны до Прибайкалья. Именно в его пределах сейсмотектонические события наиболее наглядно демонстрируют геодинамическое влияние на сейсмический режим в БРЗ, особенно в её юго-западной части. Рассмотрим это более детально.

Динамика распространения сейсмических актов вдоль исследуемой линии изучалась на основе каталога современных землетрясений с $M \geq 2$, взятого из интернет ресурса. Основной акцент сделан на период, включающий реализацию таких сейсмических событий как Бусийнгольское землетрясение 27 декабря 1991г., M=6.5.; Южно-Байкальское 25 февраля 1999 г., Mw=6.0,; Култукское 27 августа 2008г Mw=6.2, и Тывинское 29 декабря 2011г ML=6.7 землетрясения. Для идентификации режима дрейфа эпицентральных полей в пространстве автором использовались карты выделения энергии землетрясений в изолиниях энергий с заданными интервалами временных окон: три месяца, шесть месяцев, девять месяцев, один год.

При детальном исследовании полученных карт отчётливо наблюдаются тренды перемещения центров активности в виде деформационных фронтов с юго-запада на северо-восток со скоростями от 200 до 300км/год, в зависимости периодов наибольшей или наименьшей сейсмической активизации и выделения сейсмической энергии. Продвижение деформационного фронта сжатия проходит в импульсном режиме, что визуально наблюдается в прерывисто-поступательном распространении волн сейсмомиграции с длиной волны порядка 700 ± 200 км. При таких проявлениях выделяются гармоники квазицикличности с длительностью периодов от 1,5-3,0 до 10-20 лет. Стоит отметить, что в зависимости от задаваемых выборок в исследуемой зоне прослеживается и иная сейсмомиграционная цикличность значительно большего масштаба. Однако остановимся на конкретных временных интервалах подготовки вышеупомянутых землетрясений в Байкальском рифте с целью дальнейшего совершенствования среднесрочного прогноза. Выявлено наличие связи сейсмического режима БРЗ с периодами сейсмотектонической активизации в районе Индо-Евразийской коллизионной зоны. Он в течение ряда лет успешно используется как один из критериев для долгосрочного и среднесрочного прогноза землетрясений в Прибайкалье. Временные интервалы между активизирующимися областями в Трансазиатской зоне и БРЗ составили следующий ряд: 1,2 г.,1,4 г. , 1,6 г., 1,8 г., 2 года и 2,8 мес. При этом была учтена даже самая незначительная активизация в БРЗ. Если принимать во внимание только сильные сейсмические события, в том числе вышеупомянутые, то минимальный временной интервал составил порядка 3 лет.

Выявленный характер миграции землетрясений имеет квазиволновой характер, отражающий, по-видимому, волновые деформации Земли, распространяющиеся в литосфере [3,7]. При прохождении подобных волн активизируются наиболее подготовленные к реализации разноранговые очаги готовящихся землетрясений, через триггерные механизмы стимулируются процессы деструкции литосферы. Подобный механизм распространения фронта деформаций и стимулирования миграции землетрясений хорошо воспроизводится средствами физического моделирования на ледовом покрове Байкала. Под воздействием передвигаемого домкратом индентора осуществлялось хорошо заметное распространение фронта деформаций, что сопровождалось акустическими сигналами, излучаемыми возникающими и уже имевшимися трещинами во льду. Примерно по такому же механизму происходит передача тектонических сил от коллизионной области в вглубь центральной Азии, включая БРЗ. При этом по разломам, за счет последовательного направленного распространения сейсмических актов, как по ступеням, от более мощного сейсмического события распространяются воздействия, постепенно активизируя последующие, более отдаленные регионы. Такой механизм передачи тектонической энергии был ранее назван сейсмотектонической индукцией [2,25].

Исходя из высказанного, появляется возможность по-новому судить о проявлении заметного сейсмотектонического влияния на сейсмический режим БРЗ со стороны зоны Индо-Евразийской коллизии. Но при этом, роль внедряющегося в литосферу мантийного диапира в механизме возникновения БРЗ остается главенствующей [1,14].

Проявление рассмотренного механизма тангенциальной передачи энергии тектонических процессов по типу индукции позволяет предполагать наличие планетарной геодинамической связи между геоструктурными элементами литосферы и на разных иерархических уровнях. Вместе с этим выводом имеет место еще одно заключение прикладного значения. Оно связано с обоснованием нового критерия, важного для среднесрочного и долгосрочного видов прогноза времени возникновения очередной активизации сейсмического режима в БРЗ.

ЛИТЕРАТУРА

1. Ружич, В.В. Сейсмотектоническая деструкция в земной коре Байкальской рифтовой зоны. – Новосибирск: Издательство СО РАН, 1997. 144 с.
2. Моисеева Е.И., Ружич В.В. О геодинамическом влиянии Индо-Евразийской коллизионной зоны на сейсмический режим Байкальского рифта // Проблемы современной сейсмогеологии и геодинамики Центральной и Восточной Азии.: всероссийское совещание с международным участием (18-24 сентября 2007г.). – Иркутск: Институт земной коры СО РАН, 2007. – Т.2. - С.22-26.
3. Левина Е.А., Ружич В.В. Миграция землетрясений как проявление волновых деформаций твердой оболочки Земли // Триггерные эффекты в геосистемах: материалы Всероссийского семинара-совещания. – М.: ГЕОС, 2010. – С. 71-78.

Соколова С.В.
доцент, к.м.н., ГБОУ ВПО «Иркутский государственный медицинский университет», кафедра факультетской хирургии

ЗНАЧЕНИЕ КЛИНИЧЕСКОЙ КАФЕДРЫ В ФОРМИРОВАНИИ ПРОФЕССИОНАЛЬНО-ЛИЧНОСТНОЙ КОМПЕТЕНТНОСТИ ВРАЧА

В последнее время в сфере высшего профессионального образования отмечается отчетливая тенденция к переходу от квалификационной модели, достаточно жестко привязанной к объекту и месту труда, к компетентной [1]. Компетентности – это интегративная целостность знаний, умений и навыков, обеспечивающих профессиональную деятельность. Они в отличие от обобщенных, универсальных знаний имеют действенный, практико-ориентированный характер.

Выпускник медицинского ВУЗа наряду с профессиональными компетенциями должен иметь сформированные организаторские способности, уметь принимать решения и брать на себя ответственность за их выполнение, обладать необходимыми коммуникативными качествами, находить пути постоянного совершенствования своей профессиональной деятельности, обладать креативностью, иметь исследовательские навыки. Проблема формирования профессиональной компетентности будущих врачей является весьма актуальной и должна решаться на протяжении всего времени обучения в ВУЗе.

Прежде всего, это касается образовательного процесса, в котором в основном используются традиционные технологии обучения: лекции, семинары, практические занятия. Образовательный процесс рассматривается как сугубо рациональное «втягивание» профессиональной подготовки «в круг наукоучения» с его жесткой предопределенностью, однозначностью понятийного аппарата. Однако, уже в течение нескольких десятилетий основной педагогической стратегией развитых стран является проблемно-ориентированное обучение, предусматривающее смещение акцентов с традиционных форм обучения – запоминания и заучивания, на развитие у студентов навыков и способностей к решению проблем, а не просто аккумулированию знаний [3].

Проведенный анализ учебного процесса на кафедре факультетской хирургии ГОУ ВПО ИГМУ позволил выделить приемы и методы, способствующие формированию компетентности будущего врача.

Во время прохождения цикла хирургических болезней студенты являются постоянными участниками работы хирургического отделения. Каждое занятие начинается с проведения утренней врачебной конференции, на которой обязательно присутствуют студенты. Еженедельные профессорские обходы, по окончании которых производится разбор больных, также проводятся с участием студентов. Мы стараемся не изолировать студентов от общения сотрудников хирургического отделения между собой. Более того, они являются свидетелями обсуждения спорных, неоднозначных вопросов в отношении лечебной тактики и других вопросов. Одним из этапов прохождения цикла хирургических болезней является вечернее «дежурство» студентов в клинике с последующим докладом предоперационных эпикризов, дневников наблюдения на утренней врачебной конференции. Кроме выработки навыков работы с больными, это развивает у студентов способность владения медицинской информацией, умение работать с аудиторией, развивает медицинскую и общеязыковую грамотность.

Особое внимание уделяется вопросам самостоятельной и самообразовательной работы студентов, поскольку подготовка квалифицированных работников, готовых к постоянному профессиональному росту, невозможна без перманентной самообразовательной деятельности и навыков самостоятельной работы. На кафедре используются различные формы самостоятельной работы студентов: написание рефератов, подготовка докладов с мультимедийной демонстрацией, разработка и оформление тематических стендов. Разработаны учебно-методические пособия для самостоятельной внеаудиторной работы, включающие перечень вопросов для самоподготовки к занятию, профессиональные компетенции, ориентировочную основу действий студента на занятии и материалы реализации контроля. Планируется увеличение доли самостоятельного познания в процессе обучения. Практически доступные для студента темы будут предложены им полностью для самостоятельного изучения. При этом студент должен быть самостоятельным организатором своей деятельности по овладению данным содержанием: определить виды своей работы, необходимую литературу, приемы выполнения, объем работы самоконтроля. Соответственно изменится роль преподавателя в самостоятельной работе студентов. С традиционно-контролирующей функции акцент в его деятельности переносится на функцию управления внешними факторами: формирования установок, определение характера информационной среды, включение самостоятельного задания в структуру занятия (лекционного, семинарского, самостоятельной контролируемой работы и т. д.). Таким образом формируется одна из важных компетенций профессионально-личностной компетентности специалиста любой отрасли, в том числе и врача - готовность к непрерывному поиску нового актуального знания, грамотного осуществления информационных процессов (поиска, хранения, переработки, распространения).

Научно – исследовательская работа студентов в структуре высшего медицинского образования является одним из ведущих компонентов учебно – педагогического процесса [2]. Участие в исследовательской работе позволяет студентам реализовать их познавательную, эмоционально – волевую и практическую активность. Такая работа в высших учебных заведениях хотя и является неотъемлемой частью учебного процесса, тем не менее, существенно отличается от научно – исследовательской работы ученого не только по целям и задачам, но и по объему. В студенческом научном кружке кафедры факультетской хирургии ежегодно работают 20 – 25 студентов III – V курсов лечебного факультета. Целью НИР при этом является не столько получение собственных научных результатов, сколько обучение методам исследования, способности самостоятельно формулировать проблему исследования, методологически правильно организовать исследование, обеспечить получение достоверных результатов, провести анализ полученных данных с применением методов статистического анализа, оформить доклад, научную статью.Работу в студенческом научном кружке можно рассматривать как начало самостоятельной практической деятельности. Студенты самостоятельно работают с литературой, знакомятся с методами исследования, учатся элементам классификации, описания, оформления результатов исследования в виде реферата или доклада. При этом большое значение имеет их умение представить материал в форме научной публикации. Студенты вместе со своим научным руководителем непосредственно участвуют в обследовании больных, ассистируют на операциях. При этом формируются умения в оформлении эмпирического материала, его статистической обработки, оформления таблиц, графиков. Ежегодно на итоговой студенческой конференции студенты-кружковцы представляют 2 – 3 научных доклада. Принимая участие в научной деятельности, студенты учатся формировать концепцию исследования, выдвигать гипотезы, строить систему доказательств своих идей.

Таким образом, совокупность организационных форм и методов обучения на клинической кафедре составляет основу компетентностного подхода при формировании выпускника высшей медицинской школы. Совершенствование данного подхода будет способствовать повышению конкурентоспособности будущих врачей.

Список литературы:

1. Зеер Э.Ф. Компетентностный подход к модернизации профессионального образования // Высшее образование в России. – 2005. - № 4. – С. 203-205
2. Свиницкий И.А. Научная работа студентов как приоритетное направление развития высшего медицинского образования на современном этапе // IV Общероссийская конференция с международным участием «медицинское образование – 2013» / Сб. тезисов конференции. – М., 2013. – С. 453 – 455
3. Bligh J., Lloyd-Jones G. Early effects of new problem-based clinically oriented curriculum of students perceptions of teaching // Med. Educ. – 2000 Jun. – 34(6). – P.487-489.

Чепурин Е.М., Мурашева А.А.
проректор по УМО, д.э.н., профессор
Государственный университет по землеустройству,
Москва, ул. Казакова, 15, umo-guz@mail.ru

СМЕНА ПАРАДИГМЫ РАЗВИТИЯ РОССИЙСКОГО ОБРАЗОВАНИЯ В ОБЛАСТИ ЗЕМЛЕУСТРОЙСТВА И КАДАСТРОВ

Международное сотрудничество является одним из важнейших принципов государственной политики в области высшего образования. Установление общих подходов к решению общемировых межнациональных и межкультурных проблем возможно лишь в обучающемся обществе. Эти положения заложены как основа реформирования системы высшего образования, как в странах Европейского Союза, так и в России. Как известно, основные положения Болонской декларации включают принятие системы сопоставимых степеней, введение двухциклового обучения, внедрение накопительной европейской системы зачетных единиц ECTS (European Credit Transfer System), обеспечение качества на внутривузовском, национальном и межнациональном уровнях с привлечением к внешней оценке деятельности вузов студентов и работодателей. Все вышеперечисленное должно привести к развитию мобильности учащихся и преподавателей, созданию новых схем межинституционального сотрудничества для проведения совместных программ обучения, практической подготовки и научных исследований.

Российская Федерация как участник Болонского процесса находится в процессе реформирования системы высшего образования. При этом необходимым и полезным представляется сотрудничество российских и зарубежных ВУЗов с использованием и адаптацией успешного опыта реформирования системы высшего образования, которое активно поддерживается Европейской Комиссией в рамках программ Темпус и Эразмус Мундус.

Российские вузы, осуществляющие подготовку в области землеустройства, кадастров и управления недвижимостью в процессе интеграции в Европейское образовательное пространство сталкиваются с рядом трудностей как специфически профессионального, так и институционального характера, это прежде всего, касается разработанных и принятых на государственном уровне профессиональных стандартов, национальных рамок квалификаций, отраслевых рамок квалификаций огромным разнообразием и спецификой регионов, осуществляющих подготовку специалистов в области профессиональной деятельности. Одновременно все университеты в регионах являются центрами профориентации, довузовского, вузовского и последипломного образования, научно-исследовательской работы, а также участвуют в оказании помощи в практической деятельности кадастровым инженерам и землеустроителям через систему подготовки и переподготовки, повышения квалификации и многое другое. Эта сложная структура функционирует для подготовки теоретически и практически грамотного профессионала в области землеустройства и кадастров с навыками, умениями и компетенциями, необходимыми для профессиональной реализации и самообразования.

Современные процессы в области профессионального образования обусловлены целым рядом факторов, вызванных переходом к постиндустриальному обществу, основанному на знаниях, или, как его еще называют, обучающемуся обществу. Требования новой парадигмы общественного развития привели к формированию стратегии обучения в течение всей жизни, призванной предоставить максимальные возможности профессиональной и личностной самореализации граждан. Для этого в рамках Болонского и Копенгагенского процессов сформулированы и решаются следующие задачи:

- обеспечение сравнимости квалификаций, получаемых гражданами разных стран;
- расширение возможностей освоения квалификаций, в том числе и путем постепенного накопления единиц квалификаций (так называемых «кредитных единиц»);
- признание квалификаций, полученных в ходе предыдущей трудовой деятельности и в результате как формального, так и неформального обучения, в качестве основы эффективного развития рынка труда в Европе.

Именно результаты обучения обеспечивают гибкость образовательных траекторий и возможность горизонтальной мобильности, а именно, официального признания всех ранее освоенных компетенций, независимо от того, где и как они были освоены.

Именно результаты обучения позволяют подойти к вопросу сравнимости, прозрачности и взаимного признания квалификаций. В условиях растущей академической и трудовой мобильности, ускорения темпов развития всех секторов экономики и рынка труда, приводящего к быстрому устареванию одних профессий и специальностей и возникновению новых, взаимное признание квалификаций, основанное на их прозрачности, позволит более эффективно решать такие вопросы как: конкурентоспособность (способность выдержать сравнение); конкуренция на рынке образовательных услуг; конкурентная борьба между вузами (достижение конкурентного преимущества); управление конкурентоспособностью вуза в современных российских условиях (финансовые, социально-экономические, политические факторы); стареющее население Европы; ускоряющееся технологическое развитие (новые образовательные учреждения, новые типы учащихся, новые типы обучения); меняющийся рынок труда; последствия глобального финансово-экономического кризиса.

Уже сейчас стратегическими приоритетами российских вузов (на период до 2020 года) выступают такие положения как: социальное измерение (справедливый доступ к ВО и возможности его завершения); непрерывное обучение в течение жизни; трудоустраиваемость; ориентирование обучения на студента и образовательная миссия вуза; образование, исследования и инновации; международная открытость; мобильность; сбор информации; многомерная прозрачность; финансирование.

Для достижения поставленных целей российским вузам необходимо устранить такие болевые точки как:

- игнорирование передового опыта;
- неактивное участие в Болонском процессе;
- пассивный обмен информацией;
- отсутствие системного подхода к реформе каждого российского вуза;
- отсутствие стратегической концепции планового развития вуза, начиная с миссии вуза;
- не развитие международных отношений российскими вузами;
- не развитие политики вуза по 10 ключевым направлениям Bologna Follow-up Group (BFUG) - Наблюдательная группа по Болонскому процессу.

Учитывая, что создание Европейского пространства высшего образования предполагает: введение трехцикловой системы высшего профессионального образования; введение Приложений к диплому о высшем образовании; развитие академической мобильности студентов и преподавателей; введение стратегии интернационализации высшего образования посредством реализации профессиональных образовательных программ, предлагаемых на разных языках; улучшение обслуживания студентов в период их адаптации в другом вузе; специализацию деятельности вузовских международных служб с учетом положений Болонской декларации; проведение маркетинговых исследований в области высшего образования. А также то, что в образовании происходит переход на образовательные стандарты, основанные на результатах обучения, выраженных в терминах компетенций, которые обеспечивают гибкость образовательных траекторий и возможность горизонтальной мобильности, а именно, официального признания всех ранее освоенных компетенций, независимо от того, где и как они были освоены. Следовательно, конкретный формат решения этих вопросов лежит в плоскости разработки рамок квалификаций. Рамка квалификаций представляет собой системное и структурированное по уровням описание признаваемых квалификаций. С помощью рамок квалификаций проводится измерение и взаимосвязь результатов обучения и устанавливается соотношение дипломов, свидетельств/сертификатов об образовании и обучении. Каждый вуз должен управлять формированием отраслевой рамки квалификаций, включающей (рис.1):

- инновационную активность любого сотрудника, направляя ее на рост конкурентоспособности всех других уровней системы;
- непрерывное повышение квалификации сотрудников;
- обмен информационного фонда с другими российскими и зарубежными вузами.

Рис. 1. **Порядок формирования отраслевой рамки квалификации**

Различаются транснациональные, национальные и отраслевые рамки квалификаций.

В основе рамки квалификаций лежит ряд принципов, основными из которых являются [1]:

- вариативность возможностей вхождения в образовательную траекторию в зависимости от уровня знаний, умений (компетенций);
- обеспечение равных прав на обучение;
- обеспечение возможности продолжения обучения, как по горизонтали, так и по вертикали, а также изменения траектории обучения в любой момент обучения.

Рамка квалификаций основывается на уровнях. Каждый уровень имеет четкие качественные отличия от других уровней, выраженные в характере знаний, умений, уровня ответственности, сложности и самостоятельности. В интересах международной сравнимости и сопоставимости квалификаций разработана Европейская рамка квалификаций, которая утверждена Европейским Парламентом в 2008 г.

Разработка ЕРК и национальных рамок квалификаций вызвана необходимостью реализации стратегии обучения в течение всей жизни в свете происходящих технологических, экономических и демографических изменений, а также необходимостью устранения барьеров, существующих между странами и институтами, которые препятствуют эффективному использованию знаний и компетенций граждан из-за отсутствия прозрачности квалификаций.

В России активно ведутся работы по созданию национальной системы квалификаций. В первую очередь благодаря Министерству образования и науки РФ и Российскому союзу промышленников и предпринимателей (РСПП), которые разработали проект макета национальной рамки квалификаций (НРК) для России, создали Национальное агентство развития квалификации (НАРК) и через взаимодействие ВУЗов с работодателями пытаются организовать разработку отраслевых профессиональных стандартов и квалификационных рамок.

Как показывает международный опыт, системное описание требований работодателей может иметь различный формат, который определяется традициями взаимодействия системы профессионального образования и рынка труда и характером этого взаимодействия. Однако при всем существующем многообразии подходов их объединяет одно, а именно – профессиональные стандарты, которые описывают требования к качеству и содержанию труда в определенной области профессиональной деятельности, а в системе профессионального образования они трансформируются в требования к результатам обучения.

В настоящее время компании не могут оценивать собственную успешность только получаемой прибылью, они должны учитывать еще и нематериальные факторы (например, рост «знаниевого капитала» компании). Компании все чаще сталкиваются с противоречием между производственной стороной своей деятельности и необходимостью поддержания мотивации своих работников. Таким образом, мы видим, что учет требований работодателей необходим и возможен при составлении следующих разделов основных образовательных программ (ООП):

- виды профессиональной деятельности выпускника (виды профессиональной деятельности указываются в соответствии с ФГОС ВО и уточняются вузом совместно с заинтересованными работодателями);
- задачи профессиональной деятельности выпускника (задачи профессиональной деятельности указываются на основе ФГОС ВО и ООП и уточняются с учетом традиций вуза и потребностей заинтересованных работодателей);
- компетенции выпускника ООП, формируемые в результате освоения данной ООП ВО (определяются на основе ФГОС ВО).

Компетенции, обеспечивающие повышение возможности трудоустройства, облегчают вертикальную и горизонтальную мобильность работников на рынке труда и их постоянную адаптацию к техническим и технологическим изменениям и новым формам организации труда, как в широком смысле, так и в рамках конкретного предприятия.

В связи с прогнозируемым ростом спроса на освоение вариативных и гибких умений, с одной стороны, а с другой – на повышение профессионализма и высокие квалификации все большую востребованность получают квалификации по выполнению сложных услуг и консультированию и, следовательно, растет спрос на социальные и коммуникативные умения/компетенции, при этом технические специальности становятся все более тесно взаимосвязаны с экономическими. Помимо этого возникает спрос на языковые и кросскультурные умения, дополнительные знания в области экономики для техников, программистов, системщиков и т.д.

Ключевым понятием при рассмотрении вопроса о рамках и системах квалификации является понятие результата обучения, которое указывает на индивидуальные достижения, знания и практические умения, приобретенные и продемонстрированные человеком после успешного завершения обучения (например, отдельного модуля или образовательной программы в целом, неформального обучения). То есть, в самом результате обучения заложены критерии оценки, по результатам которой осуществляется официальное признание результата обучения.

В этой связи система профессионального образования и обучения, ориентированная на результаты обучения и предполагает наличие трех типов стандартов: профессиональных стандартов (описывающих функции, которые человек должен выполнять и требования к компетенциям, необходимым для выполнения этих функций); стандартов оценки (описывающих, что, как и кем должно оцениваться для присуждения квалификации); образовательных стандартов, описывающих результаты обучения, необходимые для получения квалификации, задачи и методы обучения и контекст обучения (в учебном заведении, на предприятии и т.д.), что получило свое отражение в дорожной карте (рис.2) [2].

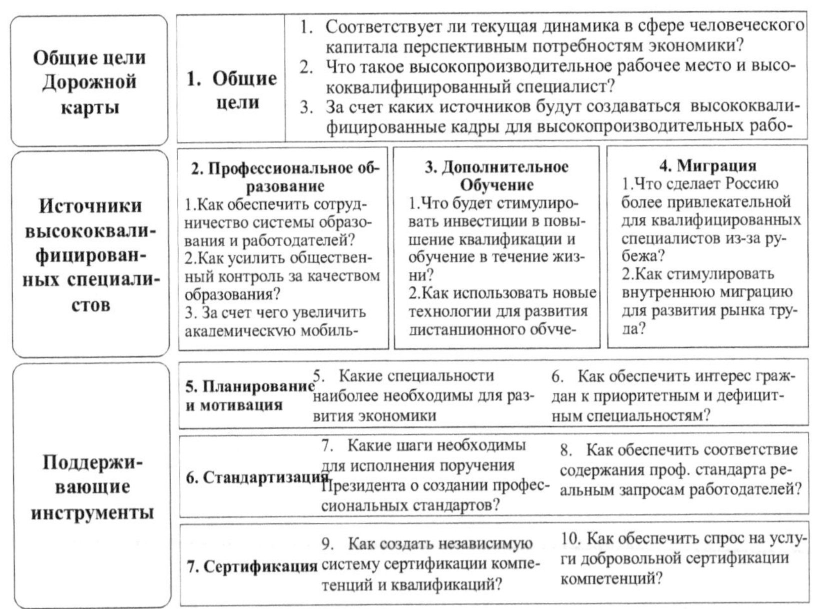

***Рис. 2.* Дорожная карта по созданию национальной системы компетенций и квалификаций**

На сегодняшний день классификационные характеристики разрознены по различным документам (Федеральные законы РФ, Единый квалификационный справочник должностей руководителей, специалистов и служащих и т.д.). Кроме этого, отсутствуют отраслевые рамки квалификаций и профессиональный стандарт, нет единого понятийного аппарата и единых принципов описания профессиональной деятельности, образовательной и профессиональной мобильности выпускников вузов по направлению подготовки землеустройство и кадастры. Разработка данных документов должна осуществляться с учетом гармонизации комплекса документов, представленных на рисунке 3.

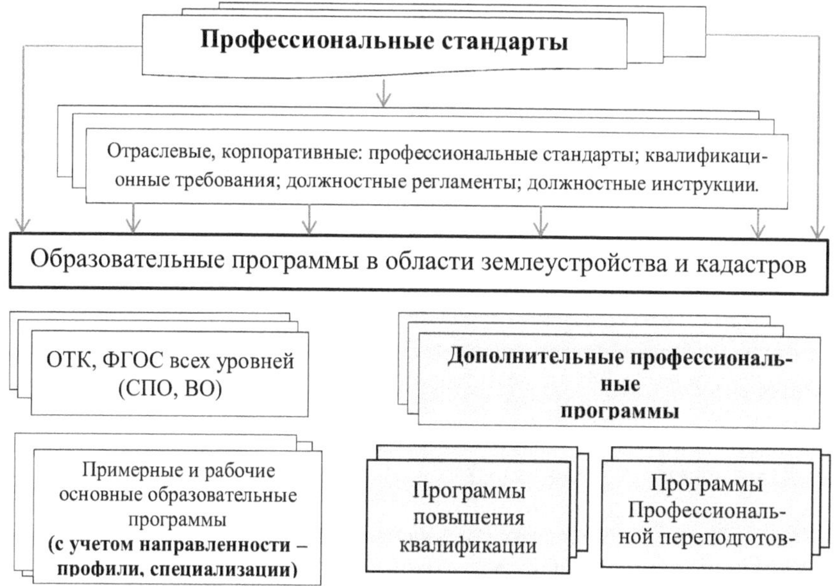

Рис. 3. **Гармонизация профессиональных и образовательных стандартов (ПС и ФГОС)**

Для успешного проведения модернизации системы обучения в области землеустройства и кадастров в Российской Федерации необходима единая современная система классификации и структурирования квалификаций, которая бы отражала требования к компетенциям всех уровней подготовки специалистов по направлению подготовки землеустройство и кадастры, понятных работодателям, преподавателям вузов и пользователям услуг системы образования - студентам.

Литература:

1. Муравьева, А.А. Принципы и процедуры разработки национальной рамки квалификаций/ А.А. Муравьева, М. Коулз, О.Н. Олейникова // М.: Центр изучения проблем профессионального образования. – 2006. – 160 с.

2. Распоряжение Правительства Российской Федерации от 30 декабря 2012 г. №2620-р «План мероприятий («дорожная карта») «Изменения в отраслях социальной сферы, направленные на повышение эффективности образования и науки».

Лопушанский И.Н.
к.и.н., доц., Санкт-Петербургский юридический институт (филиал) Академии Генеральной прокуратуры РФ

К ИСТОРИИ РАДИКАЛИЗМА В РОССИИ

Резкое повышение активности современных радикалов, которое нередко проявляется в экстремистских действиях, в частности, в терроризме, требует соответствующего отношения к себе со стороны политиков и правоохранительных органов. Ряд аспектов экстремистского действия, терроризма связан с криминальными основаниями. Но нас интересует другой аспект: мы хотим найти те корни, которые придают экстремистской и террористической деятельности целенаправленный характер, то есть лежат в основе той идеологии, которая подталкивает к действиям подобного рода.

Корни – это “radix” (лат.). Соответственно, в поле зрения нашей статьи попадает изучение тех действий, которые осуществляют радикалы и которые выходят за рамки дозволенного, носят нередко противозаконный характер, являясь экстремистскими, в том числе террористическими.

Хотя радикализм является распространенным явлением, его изучение, как правило, не было целостным. Исследователи чаще рассматривали отдельные аспекты радикализма, что выглядело стремлением решать актуальные проблемы, но нередко заменялось угодой конъюнктуре (например, революционаризм советской эпохи или, напротив, подчеркнутое стремление вообще «преодолеть» радикализм в постсоветский период).

Со временем сложились основные направления исследований, часть из которых устаревала, поскольку касалась частных целей, оставшиеся – сохранились до сегодняшнего дня. Во-первых, это – исследования революций и реформ, то есть коренных изменений, либо приводящих к изменению политического, экономического, социального строя, либо вносящих коренные изменения в существующий строй. Во-вторых, это направление разветвляется в зависимости от форм достижения власти, способов дестабилизации существующей власти, методов рекрутизации сторонников и устрашения противников. В-третьих, исследуются радикальные политические идеологии, иногда сводящиеся к традиционному условному делению на «левых» и «правых», но всегда требующие многофакторного анализа их социальной, национальной, религиозной, культурологической, экологической природы. Современных правоведов также можно отнести к особому направлению исследований: криминологических корней экстремистских действий, как крайних проявлений радикализма, носящих преступный характер по отношению к обществу, государству и личности. Особую опасность обрели террористические методы, соответственно привлекающие наибольшее внимание отечественных и зарубежных юристов.

Радикализм – это явление, которое имеет место практически во всей истории человечества еще со времен античности, наряду с другими действиями, приводившими к переворотам и восстаниям, не менявшим в сущности образа жизни и формы правления. Именно смена модели действий власти (при условии ее захвата каким-либо путем), – она и является как бы основанием радикального проекта.

История России также богата радикальными изменениями. Это можно отнести уже к эпохе зарождения нашего государства, когда действия киевского князя Владимира, осуществившего реформы верований славян, направленные на введение монотеизма, как способа укрепления личной власти самого правителя, и заключавшиеся сначала в смене политеистического пантеона славянских богов на культ верховного бога Перуна (вероятно, к этому подталкивало скандинавское происхождение как русских князей, так и части дружины, в основе верований которых был культ бога Одина), а затем, через относительно короткое время, - в христианизации сначала дружины, а затем и всего населения по византийскому обряду. Этот радикальный шаг князя Владимира привел к изменению отношений (от набегов и взятия дани к торговле и союзничеству) с самым богатым европейским государством того времени – Византией, использованию ее модели правления и культуры, религиозно-идеологическому закреплению государственности.

Примерами радикализма в российской истории можно считать изменения времен монголо-татарского нашествия и становления Московского государства при Иване III и Иване IV, заключавшиеся в сокрушении удельных княжеств и централизации власти, ограничении привилегий боярства и возвышении дворянства (сословная монархия сменялась абсолютной), коренные преобразования Петра Великого и Екатерины II, имевшие характер «догоняющей» (по отношению к ряду передовых стран Европы) модернизации, реформы Александра II, выводившие страну на рубеж конституционной монархии, частично реализованные проекты С.Ю. Витте и П.А. Столыпина на рубеже XIX - XX веков. Кроме реформ были и события другого рода, ведь реформы не меняли существенно характера строя, поэтому возникали идеи более быстрого движения к республике путем революции. Поскольку большинство населения еще не исповедовало идей радикального меньшинства, поэтому для осуществления их проекта требовался захват власти, который в условиях абсолютной монархии осуществляется вооруженным путем (так происходило взятие власти в Англии XVII века, во Франции XVIII века, Германии и Австро-Венгрии XX века). Но захват власти считать революцией еще нельзя, только характер последующих преобразований дает такую возможность. Так, можно говорить о революции 1905 г. в России как о шаге к конституционной монархии, о февральской революции 1917 г. как о реализации идеи республики (возможно буржуазной, хотя состав будущего Учредительного собрания давал возможность создания правящей коалиции социалистических партий, возможность, нереализованную по ряду причин и прежде всего захвата власти в стране большевиками в октябре того же года).

Даже в условиях осуществления Советской власти мы видим периоды радикальных перемен от политики «военного коммунизма» к НЭПу (новой экономической политике, осуществлявшейся с 1921 г. по предложению В.И. Ленина), от НЭПа к модернизации, начатой правившей компартией во главе с И.В. Сталиным (1929 год считается годом «великого перелома», когда произошел отход от прежней политики поощрения активной производственной деятельности, но основанной на эксплуатации наемных рабочих и батраков в городе и на селе, к государственной в основном экономике), модернизации, одним из оснований которой был социальный протест участников революции и гражданской войны против искажения НЭПом марксистского радикального проекта.

Существенные радикальные изменения происходили в нашей стране в 1960-е гг. в период хрущевской «оттепели» (реформы) и в 1980-90-е гг. в период горбачевской перестройки, когда демократизация привела не только к крушению тоталитаризма (провозглашаемые цели), но и к сепаратизму и национализму (латентные следствия демократизации), ставшими причинами распада Советского Союза (но по уже существовавшим границам национальных республик) – возможно, главным основанием распада нашей страны, как и Югославии, Чехословакии стало применение национально-территориального принципа при формировании федеративного государственного устройства. При давлении прежнего режима на политическую верхушку республик такие явления были невозможны, но при гласности, при выборах новых альтернативных вождей, «оседлавших» лозунги национальной культуры и сепаратизма, иллюзии того, что отделение от «голодной» России принесет экономическое благополучие населению Прибалтики, Закавказья, Украины – на это поддалось и русскоязычное население, проголосовав на республиканских референдумах за отделение. Смена политических элит уже в 1992 г. привела к существенным переменам в экономике – либерализации цен, первому шагу к рыночным отношениям и одновременно к обвальной, невиданной инфляции. Затем уже последовала приватизация, создавшая основу социального расслоения, не легитимного в глазах значительной части населения, менталитет которого складывался к тому же в советский период, при враждебном отношении к частной собственности (первоначальное накопление капитала произошло в чрезвычайно короткие сроки и сочетало как законные, так и криминальные способы). Эти черты по сегодняшний день создают противостояние с властью. Новый политический, экономический, социальный строй у нас и в Восточной Европе – это уже революция (или контрреволюция, если отталкиваться от событий 1917 года).

Радикализм не носит однозначно позитивного или негативного смысла, это зависит от конкретных условий постановки и реализации целей. Ситуации, возникающие в политическом процессе, нередко вынуждают акторов политики прибегать к решительным шагам, но являются ли эти шаги радикальными, зависит от цели акторов, а не от степени решительности, как это кажется некоторым авторам. Не зависит это и от степени обездоленности, ибо радикальные идеи не столько отражают справедливый передел собственности, власти, доступа к ресурсам и т.п., сколько стремление установить прочный порядок (в этом отличие подавляющего большинства восстаний прошлого от революций XVII-XX вв.), а такие проекты являлись плодом длительных размышлений. К тому же те восстания не были ломкой прошлого, а были протестом в отношении существующих проблем, то есть они могли совпадать объективно с радикальными усилиями, но чаще не ставили это целью, ограничиваясь сменой правителя, возможностью «сходить за зипунами», поделить чужое имущество и т.п.

Отечественная традиция связана также с консервативными представлениями о роли государства, но на протяжении уже нескольких столетий искаженными идеями и практикой радикализма. Это не значит, что Запад (Европа, США) или Восток (вне России) не испытали радикальных тенденций. Но на Западе процесс модернизации носил органический характер, и политический радикализм при осуществлении этого процесса приобретал преимущественно либеральный оттенок, что не исключало экстремистской рефлексии, связанной с темпами и содержанием перемен и внешнеполитическими обстоятельствами. На Востоке (Япония, государства Юго-Восточной Азии, Китай без Мао Цзедуна) модернизация имела «догоняющий» характер, но с учетом многовековых традиций, более действенных для менталитета населения, радикализм получил «технологический», а не социально-политический уклон.

Одним из первых примеров искажения формы российской государственной власти под воздействием радикализма стали реформы Петра I, получившие неоднозначную оценку, как его современников, так и историков. Восприняв европейский военный, административный и технологический опыт и стиль жизни, царь усилил абсолютистские и крепостнические тенденции. Реформы Петра III, Екатерины II, Павла I несколько смягчили их, но существенные изменения во власти произошли лишь в ходе революции 1905-1907 гг. Этот радикализм, хотя и был вынужденным, находился в русле неизбежных и ожидавшихся конституционных перемен. Мировая война приблизила революционное свержение самодержавия, однако этим развитие экстремизма не завершилось: октябрьский переворот 1917 г. стал вершиной большевистского радикализма и сопровождался становлением новых форм государственной власти.

Отечественная традиция связана с консервативными представлениями о роли государства, но на протяжении уже нескольких столетий искаженными идеями и практикой радикализма. Это не значит, что Запад (Европа, США) или Восток (вне России) не испытали радикальных тенденций. Но на Западе процесс модернизации носил органический характер, и политический радикализм при осуществлении этого процесса приобретал преимущественно либеральный оттенок, что не исключало экстремистской рефлексии, связанной с темпами и содержанием перемен и внешнеполитическими обстоятельствами. На Востоке (Япония, государства Юго-Восточной Азии, Китай без Мао Цзедуна) модернизация имела «догоняющий» характер, но с учетом многовековых традиций, более действенных для менталитета населения, радикализм получил «технологический», а не социально-политический уклон.

Одним из первых примеров искажения формы российской государственной власти под воздействием радикализма стали реформы Петра I, получившие неоднозначную оценку, как его современников, так и историков. Восприняв европейский военный, административный и технологический опыт и стиль жизни, царь усилил абсолютистские и крепостнические тенденции. Реформы Петра III, Екатерины II, Павла I несколько смягчили их, но существенные изменения во власти произошли лишь в ходе революции 1905-1907 гг. Этот радикализм, хотя и был вынужденным, находился в русле неизбежных и ожидавшихся конституционных перемен. Мировая война приблизила революционное свержение самодержавия, однако этим развитие экстремизма не завершилось: октябрьский переворот 1917 г. стал вершиной большевистского радикализма и сопровождался становлением новых форм государственной власти.

Оригинальные взгляды на природу русского бунтарства и терроризма принадлежали целой плеяде российских мыслителей зарубежья и дореволюционного периода: Н. Бердяеву, И. Ильину, В. Ключевскому, Г. Федотову, Л. Франку и др.

Первым подходом в объяснении якобы присущего русским людям радикализма стал географический. После длительного периода забвения взаимосвязь истории развития России в связи с ее местоположением на евразийском континенте вновь стала рассматриваться всерьез. Напомним, что географическому фактору придавали большое значение такие отечественные исследователи, как М.М. Ковалевский, В.О. Ключевский, П.Н. Милюков, такие мыслители как Н.А. Бердяев, И.А. Ильин, П.Я. Чаадаев. Представляют интерес их следующие аргументы: положение и протяженность территории нашей страны являются существенным элементом политического величия и истинной причиной умственного бессилия россиян (Чаадаев); с одной стороны, наши предки были озабочены необходимостью выжить (Ильин), с другой, - лесные и степные просторы создавали возможность решать конфликты особым способом, когда «организационное приспособление друг к другу заменяется расхождением в разные стороны» (Ильин [3, 244]), «переселенческим бродячеством, бывшим /наряду с колонизацией – И.Л./ основным фактом нашей истории» (Ключевский [4, 85-87]); одним наблюдателям бескрайность русских земель казалась залогом побед наших предков (в конечном счете), другим – низкого уровня жизни населения из-за экстенсивности хозяйствования (климат также играл свою роль, сокращая до 130 дней время сельскохозяйственных работ в году – вдвое меньше, чем в Европе) и беспечности, безответственности из-за трудности управления (Бердяев).

Не стоит абсолютизировать географический фактор, как это сейчас нередко делается новым поколением российских геополитиков, поскольку взаимосвязь природы и политики все же косвенная и приводящая как к неумеренности, максимализму, нетерпимости, так и к апатии и фатализму, к тому же в современном мире возросли плотность и мобильность населения, информационная волна размывает традиционный менталитет, наконец, не только для России характерна бескрайность территории.

Второй фактор, генетический (шире – биосоциальный), связан с первым, поскольку врожденные предпочтения рождались на основе длительного пребывания предков в определенной природной и общественной среде. Хотя здесь обычно называется ряд имен зарубежных физиологов, социологов, психологов (Ч. Ломброзо, К. Лоренц, Д. Армстронг и др.), мы вполне можем дополнить этот ряд именами российских историков и философов, искавших традиционные отличительные черты русских в менталитете «от истории».

Социокультурный подход часто подталкивает исследователей к выводу о том, что радикализм может быть особой политико-культурной традицией общества, его доминирующей и постоянной характеристикой. Например, этот вывод касается российского общества. Хотя объективных аргументов для такого вывода маловато, зато ссылок на авторитетные мнения предостаточно [2, 207-208; 5, 221]. При таком подходе политический радикализм в России является наряду с консерватизмом традицией, обусловленной такими особенностями страны, как история становления государственности, место православия в обществе, географическое положение, русский национальный характер, правовой нигилизм и др. Соответственно складывался особый тип духовного склада и поведения, психологии россиян.

Поскольку взаимодействия, отношения являются одной из доминирующих характеристик культуры, сторонники социокультурного подхода выделяют следующие основные группы отношений политического радикализма: 1) отношение акторов политического процесса к существующим структурам и политической системе в целом – радикализм характеризуется устойчиво негативным отношением к существующей системе, требует ее изменения или даже смены; 2) отношения между элементами политической системы (партиями власти и оппозиции, ветвями власти, СМИ и властными структурами и т.п.) отличаются слабой способностью к урегулированию существующих разногласий и конфликтов; 3) отношение властвующих субъектов к другим участникам политической жизни характеризуется приоритетом давления и насилия [1, 38].

Радикальные идеи в принципе противостоят консерватизму, что означает то, что направление ожидаемых перемен может быть как прогрессивным, так и регрессивным, реакционным. В оценках радикализма существует множество оттенков. Принятие политической властью этих идей в целом или частично может привести к реформам: либо «сверху», если радикальной была лишь малая часть общества и последствием часто является болезненная «ломка» устоев; либо «сверху» и «снизу», если радикальными ожиданиями пронизана большая часть общества, что сопровождается более благоприятным восприятием перемен, правда, не означающим устойчивости и не гарантирующим отсутствия латентных последствий преобразований, серьезно искажающих как сам процесс, так и его оценку со стороны общества.

ЛИТЕРАТУРА

1. Авцинова Г.И. Политический радикализм в России: Социокультурный аспект. – Киев, 1995.
2. Изгоев А.С. Об интеллигентной молодежи (Заметки об ее быте и настроениях). – В кн.: Вехи; Интеллигенция в России. Сб. статей 1909-1910 гг. – М., 1991.
3. Ильин И.А. Возникновение и преодоление большевизма в России. В сб.: Наши задачи. Историческая судьба и будущее России. Статьи 1948-1954 гг. В 2 т. М., 1992. – Т.1.
4. Ключевский В.О. Сочинения. В 9 т. Т.1.
5. Франк С.Л. По ту сторону «правого» и «левого» // Новый мир. 1990. № 4.

Бостанов М.Э.
аспирант кафедры конфликтологии, связей с общественностью и журналистики Института международных отношений Пятигорского государственного лингвистического университета

СОЦИАЛЬНЫЕ ГРУППЫ В ПРОЦЕССЕ ФОРМИРОВАНИЯ СОВРЕМЕННОЙ ВНЕШНЕЙ ПОЛИТИКИ ТУРЦИИ

В современных международных исследованиях во внимание принимаются не только внешние (экстернальные), но и внутренние (интернальные) факторы внешней политики [1, 13-19]. Среди внутренних факторов особую роль играют социальные группы, действующие в том или ином государстве. Все эти группы можно разделить на поддерживающие существующий режим и противодействующие ему. Каждая из них по-своему воздействует на внешнеполитический курс государства.

Поддерживающие группы оказывают прямое воздействие. Правительство может выступить ценным помощником в достижении их целей. Правительство обычно имеет больше ресурсов для решения проблем, обладает большим контролем над информационными потоками. Оно также располагает более широкой поддержкой со стороны общества. Со своей стороны правительство тоже не может обойтись без этих групп: они могут обеспечить политическую поддержку и выступить источником финансирования. Так, сегодня практически повсеместно крупные предприниматели, «встроенные» в режим, являются важным фактором формирования внешней политики. Поскольку они занимаются созданием богатства, ставшего одной из главных функций современного государства, они «нужны» правительству. Им нужно покровительство правительства, поскольку они ищут помощи своим предприятиям за рубежом и защиты рынков от иностранных конкурентов дома. Глобализация и движение по неолиберальному пути развития увеличивают число групп, заинтересованных во внешней политике. Вместе с тем, эти процессы усиливают способности этих групп влиять на внешнюю политику.

В современной Турции поддерживающую группу составляют те, кто заинтересован в интеграции в глобальную экономику, но при этом не желает отказываться от религиозных традиций. По словам М. Мафталер-Бач и Э.Ф. Кеймана, к ней относится «не элита кемалистского государства и не старые торговые и городские антиклерикалы, а посещающие мечеть индивидуальные предприниматели внутренних городов, например Коньи» [2, 91]. Главной политической организацией поддерживающей группы выступает ныне правящая Партия справедливости и развития (Adalet ve Kalkınma Partisi, AKP). AKP представляет себя как проводника страны в глобализирующийся мир. Называя себя не исламской, а реформистской правоцентристской партией, АКР добилась широкой социальной поддержки и глобальной легитимности. Она пытается совместить рыночный экономический либерализм с местными нормами и традициями. Эта попытка, по мнению лидеров АКР, отличает их партию от ранних исламских образований, левоцентристских и правоцентристских партий, тяготеющих к социал-демократии или национализму.

Противодействующие группы оказывают непрямое воздействие. С одной стороны, правительство для борьбы с диссидентскими группами вынуждено искать потенциальных союзников. Так, правительство Судана в ходе борьбы с Югом отправляло эмиссаров по всему исламскому миру [3, 345]. С другой стороны, правительство вынуждено предпринимать действия, направленные на предотвращение и прекращение иностранной поддержки диссидентским группам.

Противодействующая группа выступает против интеграции в глобальную экономику. К ней прежде всего относят так называемых исламистов. Они отстаивают идею тесной кооперации и единения мусульманских стран. По их мнению, Турции следует вести конфронтационную внешнюю и военную политику по отношению к Западу, представляющему все большую угрозу для всех мусульманских стран. Они также призывают к борьбе против сионизма – политического движения, выступающего за объединение и возрождение еврейского народа на исторической родине. Главной политической организацией противодействующей группы является Партия счастья (Saadet Partisi, SP).

SP, будучи классической исламистской партией, действует одновременно и как политическая партия, и как социальная организация. С момента своего образования она сформировала широкую сеть исламских благотворительных обществ и территориальных отделений. Партия имеет подразделения практически в каждой провинции, городе и деревне. Хорошо развитый организационный аппарат позволяет ей рекрутировать большое количество новых сторонников, особенно из тех секторов общества, которые не получили выгоды от глобальной интеграции. Она довольно легко собирает тысячи сторонников для проведения различных демонстраций и протестных митингов. Больше всего успеха добиваются ее подразделения в юго-восточной части страны, пользующиеся удаленностью от центрального правительства.

Литература

1. Kaarbo J., Lantis J.S., Beasley R.K. The Analysis of Foreign Policy in Comparative Perspective / J. Kaarbo, J.S. Lantis, R.K. Beasley // Foreign Policy in Comparative Perspective: Domestic and International Influences on State Behavior / Ed. by R.K. Beasley et al. – Washington: CQ Press, 2013. – P. 1-26.

2. Müftüler-Baç M., Keyman E.F. Turkey Under the AKP: The Era of Dominant-Party Politics / M. Müftüler-Baç, E.F. Keyman // Journal of Democracy. – 2012. – Vol. 23. – № 1. – P. 85-99.

3. Фарес В. Революция грядет: борьба за свободу на Ближнем Востоке / В. Фарес. – М.: Эксмо, 2012. – 480 с.

Бычкова В.Н.
РНИМУ им. Н.И. Пирогова
Еримеева Д.К.
РНИМУ им. Н.И. Пирогова
Фролова С.В.
к.психол.н., доцент кафедры общей психологии и педагогики РНИМУ им. Н.И. Пирогова

ПСИХОЛОГИЧЕСКИЕ ОСОБЕННОСТИ ФОРМИРОВАНИЯ НИКОТИНОВОЙ ЗАВИСИМОСТИ У СТУДЕНТОВ МЕДИЦИНСКИХ ВУЗОВ

В последние годы борьба с никотиновой зависимостью достигает своего пика. Во множестве европейских стран давно действует запрет на курение в общественных местах, с каждым годом повышаются цены на табачные изделия, проводятся различные мероприятия, пропагандирующие здоровый образ жизни.

23 февраля 2013 года Президент Российской Федерации Владимир Владимирович Путин подписал антитабачный закон «Об охране здоровья граждан от воздействия окружающего табачного дыма и последствий потребления табака» №15-ФЗ [2]. Согласно этому закону в России с 1 июня 2013 года курильщики будут сильно ограничены в местах для курения, но, как показывает практика, введенные ужесточения не приносят должного результата.

Опираясь на данные медицинской статистики, во всем мире курение является причиной множества смертельных заболеваний, однако, не смотря на это, с каждым годом количество курящих молодых людей лишь растёт. Начало курения и формирование никотиновой зависимости наиболее распространено в молодежной среде, что представляет наибольшую актуальность исследования. К основным факторам, оказывающим влияние на возникновение и дальнейшее формирование никотиновой зависимости, кроме физиологических, большинство ученых относят социально-психологические условия [1; 3].

Существует два типа никотиновой зависимости: психологическая и физиологическая. Исследования зарубежных и российских ученых показали, что, сначала никотиновая зависимость формируется на уровне психики, а уже потом на уровне физиологических потребностей человека [3]. Из этого можно сделать вывод, что борьбу с курением следует начинать не с ограничения прав курящих людей, а с воздействия на их подсознание.

Целью нашего исследования стало изучение особенностей формирования никотиновой зависимости у студентов медицинского университета.

В основу исследования легко предположение, что имеются различия в особенностях индивидуально-психологических и социально-демографических характеристик студентов в зависимости от степени выраженности никотиновой зависимости. К данным параметрам можно отнести тип личности, который включает в себя совокупность характеристик человека, которые проявляются, как ответная реакция на воздействие окружающей социальной среды, а также порядок рождения и количество детей в семье.

В нашем исследовании приняли участие 30 студентов ГБОУ ВПО РНИМУ им. Н.И.Пирогова 2 курса Психолого-социального факультета в возрасте от 18 до 20. Из них 9 юношей и 21 девушка, из которых 15 человек курящих.

Для проверки нашего предположения мы использовали следующие методы: тест Фагерстрома "Степень никотиновой зависимости", оценка мотивации к курению А.Г. Чучалина, оценка мотивации к отказу от табака В.Ф. Левшина, опросник Шмишека, направленный на выявление типа личности, методы математической статистики.

Полученные результаты свидетельствуют о том, что 21% испытуемых имеет сильную никотиновую зависимость, 33% имеют среднюю степень зависимости, у 33% есть слабая зависимость и только 13% курящих не имеет зависимости. Это доказывает, что большая часть курящих людей имеет слабую или среднюю степень никотиновой зависимости.

Установлено, что студенты, которые имеют слабую мотивацию к курению, получают стимулирующий эффект от сигарет и имеют достаточно сформированную привычку, а имеющие среднюю мотивацию, испытывают потребность в манипулировании сигаретой, получают расслабляющий эффект и имеют психологическую зависимость. Студенты с ярко выраженной мотивацией курения чаще используют сигарету как определенный способ снятия нервного напряжения, однако оптимистично настроенные и уверенные в себе практически не используют курение для снятия стресса. У большинства курящих студентов (67,9 %) отсутствует мотивация на отказ от табака.

Анализ результатов исследования показал, что психологическая зависимость более свойственна тем, кто сильнее переживает проблемы окружающих, а также жалостливым и мягкосердечным студентам, бурно реагирующим на различные проявления окружающей действительности *($r=0{,}57$; $p<0{,}05$)*. Они получают эффект расслабления от сигареты как и люди, которые отличаются сильной раздражимостью *($r=0{,}518$; $p<0{,}05$)*. Студенты, которым свойственно сосредоточение на мрачных, грустных сторонах жизни, постоянно переживающие за всё, что происходит вокруг них, стремятся получить стимулирующий эффект от курения *($r=0{,}425$; $p<0{,}05$)*.

Сильной мотивацией на отказ от курения обладают неуверенные в себе люди, педантичные *(r=0,516; p<0,05)*, требовательные, импульсивные и люди, у которых часто меняется настроение*(r=0,428; p<0,05)*.

По результатам исследования показателей порядка рождения и количества детей в семье было установлено, что в семьях с меньшим количество детей, чаще встречается те, которым свойственно глубоко переживать за все, что происходит с ними, стремление к безукоризненному порядку и сильная неуверенность в себе. Чем меньше детей в семье, тем чаще курящие люди пытаются снять напряжение, с помощью курения, особенно если это единственный ребёнок *(r=-0,408; p<0,05)*.

В многодетных семьях у средних детей реже встречается мотивация на отказ от курения *(r=-0,461; p<0,05)*, чем у старших или младших, при этом средние дети курят для получения расслабляющего эффекта *(r=0,437; p<0,05)* и имеют психологическую зависимость *(r=0,439; p<0,05)*.

Младшие и средние дети сильнее подвержены никотиновой зависимости, так как среди них большинство отличаются сильной раздражимостью. Старшие дети, как правило, испытывают постоянную потребность в признании окружающих, уверены в себе и имеют оптимистичное настроение, а младшим свойственно неустойчивое настроение, переживание за всё, что происходит вокруг них, а также искренность и правдивость.

Таким образом, мы можем сделать вывод, что существуют индивидуально-психологические и социально-демографические особенности формирования никотиновой зависимости у студентов медицинских вузов.

Литература:

1. Соловьев А.Г. Новые подходы к профилактике химической зависимости на муниципальном уровне / А.Г. Соловьев, Н.А. Червина, О.А. Харькова, Н.С. Жиленко // Материалы I Российского конгресса «Человек и алкоголь». – СПб. – 2007. – С. 112-113.

2. Федеральный закон Российской Федерации от 23 февраля 2013 г. № 15-ФЗ "Об охране здоровья граждан от воздействия окружающего табачного дыма и последствий потребления табака" [Электронный ресурс]. – Режим доступа: http://www.rg.ru/2013/02/26/zakon-dok.html. - Дата обращения: 21.01.2014.

3. Чучалин А.Г., Сахарова Г.М., Новиков К.Ю. Практическое руководство по лечению табачной зависимости // Русский медицинский журнал. - 2001. - Т. 9, №21. - С. 904-910.

Ефимова М.А. -доцент каф. Профсоюзного движения; директор Центра по воспитательной работе. Академия труда и социальных отношений.

Пантелеева О.Л. - старший преподаватель каф. Экономике труда и управления персоналом; ведущий психолог Центра по воспитательной работе. Академия труда и социальных отношений.

o.l.pantel@mail.ru

МЕТОДОЛОГИЧЕСКИЕ ПОДХОДЫ К АНАЛИЗУ ЦЕННОСТНЫХ ОРИЕНТАЦИЙ И САМОРЕАЛИЗАЦИИ СОВРЕМЕННОЙ РОССИЙСКОЙ МОЛОДЕЖИ В СИСТЕМЕ ОБРАЗОВАНИЯ

В современных условиях все более актуальной становится вопросы развития личности, использования ее потенциала. Поэтому проблемы: ценностных ориентаций, самореализации и саморазвития становятся наиболее значимыми.

Исследования российских психологов Б.Г.Анаьева, А.А.Деркача, К.А.Абдульхановой-Славской, Н.А.Кузьминой, Е.В Селезневой и других, создали необходимый теоретический фундамент и надежную методологию для изучения факторов и процессов самореализации, формирования компетенций для успешной профессиональной деятельности и социо-психологического развития личности.

Самореализация личности неотделима от формирования системы ценностей. Ценностные ориентации – является одной из важнейших частей в структуре сознания и самосознания личности, так как они определяют основные ее характеристики.

В России проблемой ценностных ориентаций занимались такие ученые как: В.С. Бакирова, А.М. Коршунова, Н.И. Лапина, В.А. Ядова, и др.

Базовая система ценностей формируется в начале жизненного пути человека, основы ее закладываются в семье, а дальнейшее развитие происходит уже в социуме, главным образом, в учреждениях среднего, среднего-специального и высшего образования.

Поэтому одной из главных задач педагогической работы является, формирование у молодежи таких ценностных ориентаций, которые позволили бы молодому поколению гармонично развиваться, профессионально, раскрывать личностный потенциал, иметь высокую но адекватную самооценку, получать общественное признание.

В этом направлении авторами статьи проводились социо-психологические исследования, в Академии труда и социальных отношений (2008-2013г).

За этот период были опрошены более 500 человек: школьников московских школ, учащихся Бизнес колледжа, студенты АТиСО.

Целью данных исследований являлось изучение мотивационно-ценностных ориентаций молодежи.

С помощью теста смысложизненных ориентаций (СЖО) Д.А.Леонтьева исследовались представления современной молодежи о будущей жизни по таким характеристикам, как: наличие или отсутствие целей, осмысленность жизненных перспектив, интерес и удовлетворенность своей жизнью, представления о себе.

Приводим результаты оценки целей и процессов жизни участниками опроса, по трем возрастным группам.

Жизненные цели респондентов, придающие осмысленность и временную перспективу позволяет изучить шкала «цели в жизни».

Шкалы	Значение шкалы	Возрастные группы		
		13-15лет	16-19 лет	20-23 лет
Цели в жизни	Высокие значения	16,9%	23,2%	29,2%
	Средние значения	66,9%	65,2%	58,3%
	Низкие значения	16,2%	11,6%	12,5%
Процесс жизни,	Высокие значения	28,1%	30,6%	31,2%
	Средние значения	60,2%	64,0%	68,8%
	Низкие значения	11,7%	5,4%	0%

Из приведенной таблицы видно, что 16% опрошенных в группе 13-15 лет не имеют пока четких жизненных целей, но с возрастом этот показатель снижается до 11,6% группе 16-19 лет группе и незначительно возрастает в группе 20-23 лет – 12,5%.

Можно сделать вывод, что процесс целеполагание наиболее остро протекает в подростковом возрасте (13-15 лет). Именно на этом этапе жизни приобретается первоначальный опыт постановки целей, анализа своих возможностей, а также развиваются способности брать на себя ответственность за полученный результат.

Поэтому в процессе образования на данном этапе онтогенеза необходимо особое внимание уделять формированию ценностных ориентации, обучать подростков ставить перед собой приоритетные и адекватные цели, которые позволят личности развиться и самореализовыаться наиболее полно, вырабатывать навыки преодоления возможных препятствия и осуществлять конкретные действия для получения результата.

Высокие значения шкалы «Цели в жизни», показывают, что с возрастом увеличивается число людей, склонных ставить цели, которые не всегда соответствуют их реальные возможности. Личность сталкивается с проблемой завышенных представлений о собственных возможностях, и как следствие, многие поставленных целей становятся недостижимыми.

Таким образом можно предположить, что существует некоторая тенденция смещения от первоначальных проблем, связанных с отсутствием целей в подростковом возрасте (13-15 лет) к проблемам, связанным с преувеличением своих возможностей в более старшем возрасте. Это объясняется тем, что молодые люди, активны и амбициозны, но при этом не обладают достаточным опытом, чтобы просчитать реальные возможности.

Если индивид, несмотря на завышенные цели, все-таки добивается успеха, то расширяются границы его возможностей, повышается его самосознание и самоуважение. В противном случае ситуация фрустрации приводит к отказу от активной деятельности.

Психолго-педагогическая работа с данным контингентом должна заключаться в помощи по коррекции поставленных целей, делая их более адекватными для конкретной личности. Также необходим поиск скрытых ресурсов, новых путей и способов для достижения намеченного.

Целеполагания тесно связано с особенностями восприятия жизни, ее насыщенности и наполненности смыслом. Это видно по шкале «Процесс жизни».

В группе 13-15 лет - 12% ощущают неудовлетворенность своей жизнью, в группе 16 -19 лет данный показатель снижается более чем в два раза и составляет всего 5,4%, в группе 20-23 лет, которую составляют в основном студенты заканчивающие курс обучения, лиц неудовлетворенных свой жизнью нет.

Исследования показывают, что осознание целей, постановка жизненных задач, саморазвитие личности тесно связано с ощущением удовлетворенности, своей жизнью.

Таким образом, формирование ценностных ориентаций и самореализация, могут рассматриваться как взаимосвязанные процессы системных преобразований личности. Одной из главных ролей в развитии личности играет сфера образования, которая должна обеспечить необходимые знания, навыки и опыт, для становления активной, гармонично развитой, созидающей личности.

Литература:

1. Деркач А.А. Зазыкин В.Г., Маркова А.К. Психология развития профессионала. - М.: РАГС, 2000. - 234 с.
2. Леонтьев Д.А. Тест смысложизненных ориентаций (СЖО). 2-е изд. — М.: Смысл, 2006. — 18 с.
3. Михайлева Е.Г. Ценности и ценностные ориентации в современной образовательной среде / Е.Г. Михайлева; Нар. укр. акад. – Х.: Изд-во НУА, 2004. – 48 с.
4. Самосознание и защитные механизмы личности. Хрестоматия / Под ред. Д.Я.Райгородского. – Самара: БАРАХ-М, 2006.- 655с.

Горлова О.П.
к.б.н., доцент Красноярский государственный аграрный университет
gorlova.o.p@yandex.ru

ИЗМЕНЕНИЕ СОСТАВА МЕЗОФАУНЫ ЧЕРНОЗЕМА ВЫЩЕЛОЧЕННОГО ПРИ ИСПОЛЬЗОВАНИИ НЕТРАДИЦИОННЫХ ОРГАНИЧЕСКИХ УДОБРЕНИЙ

Исследования проводили в полевом опыте кафедры почвоведения и агрохимии Красноярского государственного аграрного университета на черноземе выщелоченном землепользования учебного хозяйства «Миндерлинское», расположенного в Красноярской лесостепи, по следующим вариантам опыта: 1 – Контроль; 2 - Помет 3 т/га; 3 - Помет 3 т/га + опилки 1 т/га; 4 - Помет 6 т/га + опилки 2 т/га; 5 - Опилки 3 т/га; 6 - Опилки 3 т/га + мочевина в дозе 30 кг д.в. на гектар; 7 - Мочевина в дозе, эквивалентной варианту № 6.

На делянках площадью 100 м^2 в почву которых вносились удобрения по указанной схеме, учет почвенных животных проводился стандартным методом ручной разборки с использованием почвенных сит [1]. Пробы отбирались в 3-х кратной повторности, послойно: от 0 до 10 см, от 10 до 20 см и от 20 до 30 см.

Отбор педобионтов проходил в середине августа 2013 года на поле с посевами пшеницы сорта Новосибирская-15. Животные фиксировались в смеси спирта и формалина с последующим определением биометрических параметров.

В варианте с внесением 3т/га помета и 1т/га опилок, отмечается самое большое разнообразие мезофауны – 11 групп, в контрольном варианте и в варианте с мочевиной педофон был представлен 9 группами, в остальных же вариантах разнообразие, в среднем, было в пределах 6-7 групп.

В целом, состав почвенного населения был достаточно стабилен (рисунок 1). Во всех вариантах опыта встречались малощетинковые черви семейства энхитреид (Enchytraeidae), личинки и куколки насекомых отряда двукрылых (Diptera), так же были отмечены представители семейств отряда жесткокрылых: имаго и личинки щелкунов (Elateridae), хрущей и навозников (Scarabaeidae), жужелиц (Carabidae), мертвоедов (Silphidae), чернотелок (Tenebrionidae).

Довольно необычно, на наш взгляд, отсутствие в педокомплексе выщелоченных черноземов представителей семейства дождевых червей (Lumbricidae).

Из рисунка 1 видно, что наиболее обильно представленная группа мезофауны – энхитреиды. Они встречались во всех вариантах опыта. Участие энхитреид в структуре педокомплексов составляет от 42 до 81%.

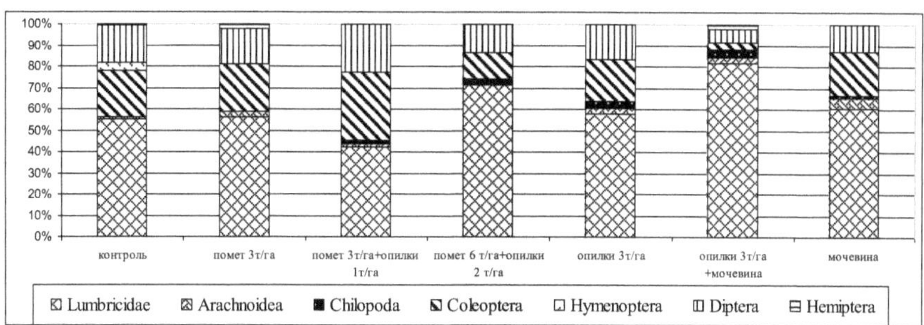

Рисунок 1 - Таксономическая представленность различных групп мезобиоты

Относясь к группе типичных сапрофагов, почвенные энхитреиды активно перерабатывают свежий органический опад и трансформируют его в гумус почвы. Доля личинок двукрылых в структуре почвенного населения составляла от 5 до 24%. Эти представители мезофауны так же отмечены во всех вариантах. Остальные группы педофауны менее распространены.

В среднем, численность представителей мезофауны колеблется от 432 до 2280 экз./м^2 (рисунок 2).

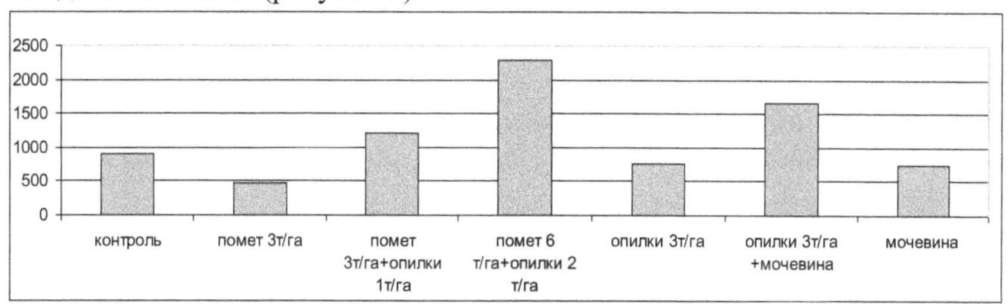

Рисунок 2 - Соотношение численности мезофауны по вариантам опыта, экз/м^2

Наибольшей плотностью почвенного населения характеризуются варианты с одновременным (комплексным) применением помета и опилок, а так же опилок и мочевины. Самой низкой численностью отличаются варианты опыта с применением моноудобрений – помета, опилок либо мочевины. Возможно, внесение чистого помета и мочевины отрицательно сказывается на почвенной биоте за счет локального подщелачивания почвенного раствора, что не благоприятно для большинства педобионтов лесостепи [2].

По нашим данным, закономерности изменения биомассы педобионтов группы «мезофауна» по вариантам опыта в целом повторяют изменения численности почвенных обитателей (рисунок 3).

В вариантах с одновременным внесением помета в дозе 3 т/га с опилками 1 т/га; помета в дозе 6 т/га с опилками 2 т/га и опилок в дозе 3 т/га с минеральными удобрениями наблюдается достоверное увеличение биомассы по сравнению с контролем.

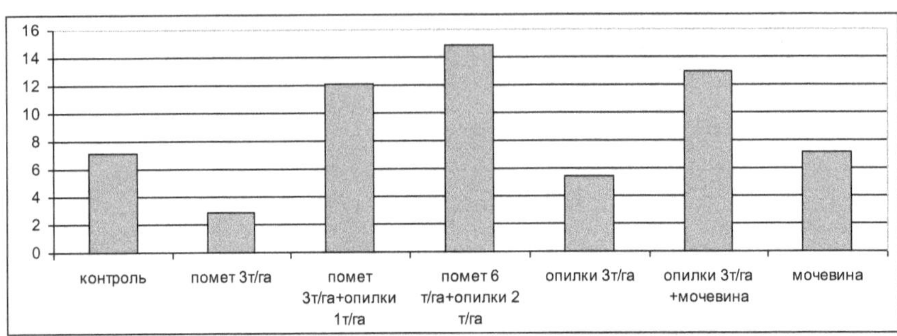

Рисунок 3 Соотношение биомассы мезофауны по вариантам опыта, г/м^2

Негативный эффект воздействия наиболее заметно проявляется для варианта с внесением помета в дозе 3 т/га, достоверно ниже контрольного значения и биомасса в варианте с внесением только опилок в дозе 3 т/га. Внесение в почву «чистой» мочевины не влияет на показатели биомассы мезофауны.

Таким образом, в результате исследований было выявлено стимулирующее влияние на параметры почвенной мезофауны совместного внесения птичьего помета и опилок хвойных пород деревьев. Так же показано положительное влияние на численность и биомассу педобионтов внесения опилок в сочетании с мочевиной. Несомненно, повышение биомассы мезофауны почв можно связать, в первую очередь, с увеличением доступной кормовой базы и оптимизацией характеристик почвенной среды.

Литература:

1. Гиляров, М.С. Зоологический метод диагностики почв – М.: Наука, 1965. – 275 с.
2. Самохина Н.А. Состав мезофауны почв сельскохозяйственного назначения на примере учебного хозяйства «Миндерлинское»// Экологические альтернативы в сельском и лесном хозяйстве: сб. науч. ст. Вып.3.- Красноярск: изд-во КрасГАУ.- С. 54-69

Ахмедов А.Д. - доктор технических наук, профессор, askar-5@mail.ru
Королев А.А. - кандидат сельскохозяйственных наук, доцент
Мамедов И.А. - аспирант
ФГБОУ ВПО Волгоградский государственный аграрный университет

ВЛИЯНИЕ ГЛУБИНЫ УВЛАЖНЕНИЯ ПОЧВЫ НА КОРНЕВУЮ СИСТЕМУ СОРГО ПРИ ОРОШЕНИИ

В настоящее время в исследовании режима орошения сельскохозяйственных культур, кроме предполивного порога влажности, большое значение имеет глубина увлажнения почвы. Недостаточная изученность технологии возделывания сорго на зерно в условиях орошаемого земледелия Волгоградской области и в первую очередь их важнейших элементов технологии, как водный режим почвы, нормы минимальных удобрений определила необходимость проведения опытов. Для соблюдения оптимального режима орошения необходимо правильно установить глубину увлажнения почвы и поддерживать влажность этого слоя почвогрунта на определенном уровне. Для наших опытов при поливах сорго глубина активного слоя почвы поддерживались на уровне 0,8 м, и поливные нормы дифференцировались расчета увлажнения почвогрунта на 0,4 м и на всю глубину 0,8 м.

Схемой опытов предусматривались следующие варианты по глубине увлажнения: с глубиной увлажнения 0, 4 м; дифференцированной глубиной увлажнения 0,4 и 0,8 м; глубиной увлажнения 0,8 м.

Уровень предполивной влажности в наших опытах поддерживались на уровне 75-80 % НВ на всех вариантах.

Вторым исследуемым фактором явился пищевой режим почвы, который изучался на трёх вариантах: без удобрений (контроль); с внесением удобрений нормой $N_{140}P_{80}K_{90}$, $N_{160}P_{110}$ K_{120}.

Опыты проводится в 2012-2013 гг. Калачевского района Волгоградской области. Почва орошаемого участка светло-каштановая. Вегетационные поливы проводили широкозахватной дождевальной машиной «Бауэр».

В условиях орошения на светло-каштановых почвах сорго на зерно развивает мощную и хорошо разветвленную корневую систему. Анализ полученных данных позволил установить ряд закономерностей формирования корневой системы сорго на зерно. На развитие ее существенное влияние оказывает глубина увлажняемого слоя почвы. Наибольшая масса корней в метровом слое во все годы исследований накапливалась в варианте, где поливные нормы назначались на дифференцированную глубину увлажняемого слоя. В этом варианте при внесении $N_{140}P_{80}K_{90}$ масса сухих корней изменялась в среднем за 2012-2013 гг. в пределах 5,76 т/га (табл. 1, 2). В варианте с глубиной увлажнения почвы 0,4 м масса сухих корней сахарного сорго составила 5,15 т/га, а в варианте с глубиной увлажнения почвы 0,8 м она уменьшилась незначительно до 4,83 т/га.

Таблица 1 - Послойное распределение массы сухих корней сорго на зерно при различных глубинах увлажняемого слоя почвы в среднем за 2012-2013 гг. (фон N_{140} P_{80} K_{90})

Слой почвы, м	Глубина увлажняемого слоя почвы, м					
	0-0,4		0-0,8		0,4-0,8	
	масса, т/га	%	масса, т/га	%	масса, т/га	%
0-0,1	2,37	46,0	1,92	39,7	2,47	42,9
0,1-0,2	1,32	25,6	1,17	24,2	1,27	22,0
0,2-0,3	0,63	12,2	0,61	12,6	0,66	11,5
0,3-0,4	0,34	6,6	0,30	6,2	0,34	5,9
0,4-0,6	0,18	3,5	0,32	6,6	0,36	6,3
0,6-0,8	0,17	3,3	0,29	6,0	0,31	5,4
0,8-1,0	0,14	2,7	0,22	4,6	0,26	4,5
0-0,4	4,66	90,5	4,00	82,8	4,75	82,5
0,4-0,8	0,35	6,8	0,61	12,6	0,67	11,6
0-1,0	5,15	100	4,83	100	5,76	100

В наших исследованиях внесении полного минерального удобрения способствовало увеличению массы формируемых корней при всех вариантах режима орошения.

При внесении норм удобрений $N_{140}P_{80}K_{90}$ и $N_{160}P_{110}K_{120}$ способствовало увеличению формируемой массы сухих корней в среднем за годы исследований соответственно 5,76 - 60,8 т/га. Прирост корней по сравнению с вариантами без удобрений составил соответственно 1,88 и 2,20 т/га.

Таблица 2 - Послойное распределение корневой системы сорго на зерно в варианте с глубиной увлажнения 0,4...0,8 м (среднее за 2012-2013 гг.)

Слой почвы, м	Без удобрений		N_{140} P_{80} K_{90}		$N_{160}P_{110}$ K_{120}	
	масса, т/га	%	масса, т/га	%	масса, т/га	%
0-0,1	1,65	42,5	2,47	42,9	2,66	43,8
0,1-0,2	0,88	22,7	1,37	23,8	1,44	23,7
0,2-0,3	0,46	11,9	0,66	11,5	0,67	11,0
0,3-0,4	0,23	5,9	0,34	5,9	0,35	5,8
0,4-0,6	0,25	6,4	0,36	6,3	0,37	6,1
0,6-0,8	0,22	5,7	0,31	5,4	0,32	5,3
0,8-1,0	0,19	4,9	0,26	4,5	0,27	4,4
0-0,4	3,22	83,0	4,75	82,5	5,12	84,2
0,4-0,8	0,47	12,1	0,67	11,6	0,69	11,3
0-1,0	3,88	100	5,76	100	6,08	100

Результаты наших исследований показали, что увеличение массы корней согласуется с накоплением надземной вегетативной массы растений сорго на зерно. Самые большие приросты массы их, как и надземной биомассы растений, отмечались в варианте с дифференцированной глубиной увлажняемого слоя в сочетании с внесением удобрений нормой $N_{160}P_{110}K_{120}$. Внесение более высоких норм не оказывало существенной прибавки, как по приросту корневой системы, так и на увеличение надземной биомассы растений.

Анализ полученных данных показывает, что самое максимальное количество корней во всех вариантах опытов формировалось в слое 0 - 0,1 м. В слое 0,1-0,2 м масса корней по всем вариантам режима орошения и минерального питания уменьшалась более чем в 1,8 раза по сравнению со слоем 0 - 0,1 м. В последующих слоях почвы наблюдалось дальнейшее существенное снижение массы сухих корней.

Глубина увлажняемого слоя почвы играет большую роль в накоплении массы сухих корней по отдельным слоям почвогрунта. Так, во втором варианте поддержание постоянной большой поливной нормы способствовало сравнительному смещению массы сухих корней в более глубокие горизонты почвы. В этом варианте по слоям 0-0,4, 0,1-0,8, 0,8-1,0 м содержание массы сухих корней соответственно составляло 82,8, 12,6 и 4,6 %.

Частые поливы малыми поливными нормами в первом варианте способствовало увеличению содержания массы сухих корней в верхнем 0-0,4 м слое до 90,5%, уменьшению их в слоях 0,4-0,8 и 0,8-1,0 м соответственно до 6,8 и 2,7%.

На основании проведённых исследований установлено, что содержание основной массы корней в поверхностных слоях почвы нежелательный процесс, и даже незначительная задержка в сроках очередного полива вызывает резкое уменьшение продуктивности культуры.

Дифференциация глубины увлажнения почвы путем чередования малых и больших поливных норм, рассчитанных соответственно на увлажнение 0,4 и 0,8 м слоя почвы (вариант III) приводила не только к повышению абсолютной величины массы сухих корней до 5,71 т/га, но и оптимизации массы корней по отдельным горизонтам толщи почвогрунта. При этом, если в слое 0-0,4 м содержалось 82,5% массы сухих корней метрового слоя, то накопление их в слоях 0,4-0,8 м и 0,8-1,0 м уменьшалось до 11,6 и 4,5%.

Таким образом, подводя итоги можно отметить о том, что увеличение массы сухих корней в более глубоких слоях почвогрунта делает растение устойчивым к колебаниям внешней среды, что особенно важно в производственных условиях, когда не всегда имеется возможность точно рекомендуемые сроки полива.

Ахмедов А.Д. - доктор технических наук, профессор
Матвеева О.А. - кандидат сельскохозяйственных наук, доцент, доцент
ФГБОУ ВПО «Волгоградский государственный аграрный университет»

ВОДОПОТРЕБЛЕНИЕ СОИ ПРИ КАПЕЛЬНОМ ОРОШЕНИИ НА СВЕТЛО-КАШТАНОВЫХ ПОЧВАХ ВОЛГО-ДОНСКОГО МЕЖДУРЕЧЬЯ

По вопросам потребления воды соей и ее отношения к засухе нет единого мнения. Ряд исследователей считают, что соя способна выдерживать засуху лучше, чем многие другие сельскохозяйственные культуры. Другие ученые, напротив, считают сою малоустойчивой к засухе и требовательной к влаге.

Коэффициент водопотребления не является величиной постоянной и изменяется под влиянием таких факторов, как условия водообеспеченности активного слоя, плодородия почв, агротехника культуры, складывающиеся погодные условия вегетационного периода способов и техники полива. Определяющее влияние на величину коэффициента водопотребления оказывает уровень получения урожая.

Исследования проводились в фермерском хозяйстве «Садко» Дубовского района Волгоградской области. Изучены следующие факторы: формирования водного режима (фактор А), пищевого (фактор В) режима почвы и обработка почвы при новой технологии (фактор С) и их комплексное влияние на рост, развитие и продуктивность зерна сои при капельном орошении.

Для определения влияния влагообеспеченности почвы (фактор А) на рост и развитие сои делили ее вегетационный период на 2 части: первый от всходов до цветения, второй от цветения до полной спелости зерна.

Фактор $А_1$ при поддержании предполивного порога влажности на уровне 70-70% НВ, фактор $А_2$ при поддержании предполивного порога влажности на уровне 70-80% НВ, фактор $А_3$ при поддержании предполивного порога влажности на уровне 80-70% НВ, фактор $А_4$ при поддержании предполивного порога влажности на уровне 80-80% НВ.

Рассчитаны дозы минеральных удобрений на планируемый уровень урожайности (по методу элементарного баланса) (фактор В).
Фактор $В_1$ – внесение минеральных удобрений на планируемый урожай 3 т семян с 1га нормой $N_{90}P_{60}K_{75}$; фактор $В_2$ – внесение минеральных удобрений на планируемый урожай 4 т семян с 1 га нормой $N_{115}P_{80}K_{100}$.

На ряду с базовой системой обработки почвы в опыт включен вариант с локальным полосным объемным рыхлением в зоне размещения корневой системы (Фактор С)

Опытный орошаемый участок, расположен в подзоне светло-каштановых почв. Почвы данной подзоны характеризуются маломощными гумусовыми горизонтами 0,15–0,25 м и низким содержанием гумуса (1,6–2,3 %) в пахотном слое. Реакция почвенного раствора слабощелочная (pH 7,0–8,3). По содержанию питательных веществ почва орошаемого участка характеризуется низким содержанием легкогидролизуемого азота 0,35-0,42 мг/кг, Содержание подвижного фосфора, 25-49 мг/кг, и обменного калия, 266-319 мг/кг, в почве характеризуется как среднее.

Наибольшая урожайность семян сои, 3,93 т/га, получена при поддержании порога предполивной влажности почвы не ниже 80 % НВ в слое 0,5 м в сочетании с внесением минеральных удобрений дозой N_{115} P_{80} K_{100} и разработанной технологией обработки почвы (табл.1). В зависимости от доз внесения минеральных удобрений и горизонта промачивания почвы урожайность семян сои при капельном орошении изменялась от 2,19-3,25 т/га на участках, где поливы проводили при держании предполивного порога влажности почвы на уровне 70 % НВ в слое 0,5 м, до 2,57 - 3,93 т/га при поддержании предполивного уровня влагосодержания увлажняемой зоны почвогрунта 80 % НВ в течение вегетационного периода.

Таблица 1

Водопотребления сои по вариантам опыта

Обработка почвы	Минеральное питание	Уровень предполивной влажности, % НВ	Суммарное водопотребление м^3 /га	Средняя урожайность т/га	Коэффи-циент водопотребления м^3 /т
Обычная обработка почвы	N_{90} P_{60} K_{75}	70-70	3963	2,19	1797
		70-80	4206	2,35	1790
		80-70	4106	1,95	2106
		80-80	4583	2,57	1783
	N_{115} P_{80} K_{100}	70-70	4113	2,70	1523
		70-80	4436	3,10	1431
		80-70	4267	2,43	1756
		80-80	4786	3,23	1482
Полосное рыхление	N_{90} P_{60} K_{75}	70-70	3963	2,65	1495
		70-80	4206	2,89	1455
		80-70	4106	2,36	1740
		80-80	4583	3,12	1474
	N_{115} P_{80} K_{100}	70-70	4113	3,24	1266
		70-80	4436	3,69	1202
		80-70	4267	2,92	1461
		80-80	4786	3,94	1218

Применение полосного рыхления по сравнению с обычной в зависимости от варианта опыта сопровождает увеличение урожайности сои в среднем за три года исследований на 0,46-0,7т/га. При этом среднее значение коэффициента водопотребление изменяется в пределах от 1202 до 1461 м^3/т.

Анализируя данные, можно отметить, что в наших опытах в зависимости от обработки почвы и внесения доз удобрений изменяется средняя урожайность сои и соответственно коэффициент водопотребления.

В целом, наиболее эффективно почвенная влага расходовалась при новой технологии обработки почвы и внесения минеральных удобрений.

Как видно из таблицы 1 улучшение водообеспеченности значительно повышает продуктивность сои, увеличивает общие затраты оросительной воды и, снижая коэффициент водопотребления, способствует более продуктивному использованию влаги на формирование урожая.

Таким образом, исследования показали, что соя хорошо отзывается на орошение, минеральное питание и рыхление почвы в период активно вегетирующих посевах. Дифференцирование влажности почвы по фазам развития обеспечиваст более эффективное использование оросительной воды.

Порублев В.А.
доктор биологических наук, доцент, профессор кафедры паразитологии и ветсанэкспертизы, анатомии и патанатомии ФГБОУ ВПО «Ставропольский государственный аграрный университет»,
E-mail: porvlad@mail.ru

МИКРОМОРФОЛОГИЯ ПОДВЗДОШНО-СЛЕПОЙ ВЕНЫ ОВЕЦ СТАВРОПОЛЬСКОЙ ПОРОДЫ В ПОСТНАТАЛЬНОМ ПЕРИОДЕ ОНТОГЕНЕЗА

Успешное развитие овцеводства невозможно без глубоких и всесторонних знаний строения организма животных, его видовых особенностей и адаптивной изменчивости. Уровень продуктивности овец зависит в первую очередь от условий кормления, в этой связи пищеварительный аппарат играет важную роль в обеспечении организма животных необходимыми нутриентами. Нормальная физиология кишечника и его адаптивная способность к изменяющимся условиям кормления, связанным с возрастом и временем года, зависит от интенсивности как его кровоснабжения, так и венозной васкуляризации. Кровеносная система обеспечивает необходимый для оптимального пищеварения уровень обменных процессов, а также осуществляет транскапиллярный обмен в стенке кишечника. Поэтому нарушения внеорганного и внутриорганного кровообращения кишечника могут приводить к патологии клеточного, тканевого и органного метаболизма, развитию различного вида повреждений его стенки (дистрофии и некроза). Интенсивность кровотока в сосудистом русле зависит не только от морфологических признаков сосудов, но и от особенностей строения их стенки.

Изучению микроморфологии сосудов желудочно-кишечного тракта жвачных животных посвятили свои труды Груздев П.В. [1, 114-117], Мещеряков В.А., Лапина Т.И. [2, 121-123], Порублев В.А. [3, 105-106; 4, 95-97], Чебаков С.Н. [6, 139-140], Burton A. [7, 344]. Однако, в доступной литературе не обнаружено сведений о возрастных особенностях микроструктуры стенок отдельных внеорганных вен кишечника овец, в том числе и подвздошно-слепой вены.

Всё вышесказанное явилось основанием для исследования возрастных особенностей строения стенки подвздошно-слепой вены, осуществляющей венозную васкуляризацию подвздошной и слепой кишок овец ставропольской породы.

Материалом для исследований служили участки подвздошно-слепой вены, взятые из кишечников 12 овец ставропольской породы в возрасте одних суток, 4 и 18-месяцев в учебно-опытном хозяйстве Ставропольского государственного аграрного университета. Материал был получен от клинически здоровых животных после их эвтаназии согласно «Правил проведения работ с использованием экспериментальных животных» путем обескровливания.

В работе были использованы гистологические методы исследования. Материал фиксировался в 10 % водном растворе нейтрального формалина, проводка через реактивы и уплотнение проводились по общепринятой методике. На санном микротоме готовились срезы толщиной 5-7 мкм. Срезы окрашивались гематоксилином и эозином. Эластические волокна определялись методом Вейгерта, коллагеновые волокна окрашивались по Маллори. Для измерения клеток и величины их ядер использовался винтовой окуляр-микрометр ОМ-9-2, с учетом рекомендаций К. Ташке [5, 176].

В результате исследований установлено, что стенка подвздошно-слепой вены новорожденных ягнят состоит из 3-х оболочек: интимы, медии и адвентиции. Ее толщина составляет 48.90 ± 1.05 мкм.

Внутренняя оболочка (интима) составляет 0.90 ± 0.05 мкм или 1,84 % толщины всей стенки вены. Она состоит из эндотелия и подэндотелиального слоя, последний из них очень тонкий. Эндотелиоциты лежат на базальной мембране, содержат уплощенные ядра. Подэндотелиальный слой состоит из рыхлой неоформленной соединительной ткани. Внутренняя эластическая мембрана не выражена.

Толщина средней оболочки (медии) равна 15.00 ± 0.57 мкм, что составляет 30.67 % толщины всей стенки вены. Медия значительно тоньше таковой в одноименной артерии, слабо развита, состоит из 2-3 слоев рыхло расположенных гладкомышечных клеток, между которыми заметны коллагеновые волокна. Миоциты вытянутой формы, в центре расположены ядра овальной формы. Большой диаметр миоцитов подвздошно-слепой вены изменяется от 24.00 до 32.10 мкм, малый – от 0.80 до 1.05 мкм при среднестатистических равных соответственно 28.06 ± 0.34 и 0.91 ± 0.01 мкм. Средняя площадь ядра миоцитов медии составляет 25.00 ± 0.11 мкм^2. Наружная эластическая мембрана не выражена.

Наружная оболочка наиболее развита по сравнению с предыдущими и имеет толщину 33.00 ± 0.57 мкм или 67.49 % толщины всей стенки вены. Она состоит из рыхлой волокнистой соединительной ткани. В ней имеются коллагеновые и эластические волокна, а также мелкие темные малоспециализированные клетки, vasa vasorum и нервы.

С возрастом наблюдается интенсивный рост толщины стенки подвздошнослепой вены, которая у ягнят 4-месячного возраста достигает 79.10 ± 1.20 мкм.

Толщина интимы за 4 месяца постнатального онтогенеза ягнят увеличивается почти в 2 раза и составляет 1.76 ± 0.14 мкм или 2.22 % от всей стенки сосуда. Наряду с увеличением толщины оболочки, на границе ее со средней появляется тонкая внутренняя эластическая мембрана, что является особенностью строения подвздошно-слепой вены животных данного возраста.

Медия незначительно увеличивается в размере и к 4 месяцам жизни животного имеет толщину стенки, равную 19.00 ± 0.57 мкм или 24.02 % толщины стенки вены.

Миоциты подвергаются дальнейшей дифференцировке, более плотно прилегают друг к другу. Большой диаметр ядер миоцитов увеличивается от 29.93 до 35.96 мкм, малый – от 1.43 до 2.03 мкм при среднестатистических равных 32.00 ± 0.05 и 1.76 ± 0.02 мкм. Средняя площадь ядра с возрастом также растет и составляет 56.61 ± 0.09 мкм^2.

По сравнению с вышеописанными оболочками наибольшего развития достигает адвентиция. К 4-месячному возрасту животных толщина ее стенки достигает 58.33 ± 0.88 мкм или 73.76 % толщины стенки вены, т.е. увеличивается в 1.77 раза за период от рождения до четырех месяцев. Увеличение толщины адвентиции происходит за счет роста числа колллагеновых, эластических волокон и малоспециализированных (адвентициальных) клеток.

У животных 18-месячного возраста отмечается завершение роста всех оболочек и стенки подвздошно-слепой вены в целом. Стенка достигает в толщину 113.09 ± 1.20 мкм.

Интима полностью сформирована, дифференцировка клеточных элементов завершена. Толщина ее увеличивается с 4-месячного возраста ягнят до 18-месячного возраста овец на 1 мкм и составляет 2.76 ± 0.14 мкм.

В медии наблюдается рост числа гладкомышечных клеток, более плотное прилегание их друг к другу. Большой диаметр ядер миоцитов у взрослых овец достигает от 34.83 до 45.33 мкм, малый – от 2.00 до 2.76 мкм при среднестатистических равных соответственно 39.33 ± 0.88 и 2.35 ± 0.01 мкм. Средняя площадь ядра миоцитов увеличивается в 1,61 раза и составляет 90.83 ± 0.72 мкм^2.

Наличие наружной эластической мембраны на границе между медией и адвентицией является характерной особенностью подвздошнослепой вены в 18-месячном возрасте овец. Кроме того, в адвентиции отмечается увеличение числа коллагеновых и эластических волокон, формирующих сеть, встречаются адвентициальные клетки. Второй особенностью вены животных данного возраста является наличие в адвентиции компактно расположенных пучков гладкомышечных клеток.

Выводы:

1. Наибольший рост числа и размеров клеток интимы, медии, адвентиции, их толщины и толщины стенки подвздошнослепой вены в целом происходит с 4-х до 18 месяцев постнатального онтогенеза овец.

2. В вышеуказанный период постнатального развития наряду с усилением роста числа и размеров клеточных элементов во всех оболочках стенки подвздошно-слепой вены увеличивается число коллагеновых и эластических волокон, что обеспечивает эластичность, прочность стенки вены

и устойчивость ее к гемодинамическим нагрузкам, возникающим в процессе жизни животного (повышение венозного давления, переполнение вены кровью и т.д.).

3. Высокая степень развития наружной эластической мембраны между медией и адвентицией подвздошно-слепой вены 18-месячных овец обеспечивает наибольшую эластичность и прочность ее стенки по сравнению с таковой животных предыдущих этапов постнатального развития.

4. Наличие пучков компактно расположенных гладкомышечных клеток в адвентиции подвздошно-слепой вены 18-месячных овец является характерной особенностью ее строения у животных данного возраста, способствующей улучшению венозного оттока от стенок подвздошной и слепой кишок при повышении внутрибрюшного давления.

СПИСОК ЛИТЕРАТУРЫ

1. Груздев П.В. Гистологическое строение правой и левой рубцовой артерии и вены крупного рогатого скота // Диагностика, лечение, профилактика заболеваний с.-х. животных: сб. науч. тр. / Ставроп. СХИ. - Ставрополь, 1982. Вып. 45. Т.5. С.114-117
2. Мещеряков В.А., Лапина Т.И. Особенности гистологического строения стенки вен желудка коз ангорской породы //Тез. докл межвуз. науч.-практ. конф. мол. учен. и специалистов, посвящ. 60-летию СХИ / Ставрополь, 1991.- С. 121-123.
3. Порублев В.А. Микроморфология подвздошнослепой артерии новорожденных ягнят ставропольской породы // Достижения ветеринарной медицины - 21 веку: Материалы междунар. конф., посвящ. 40 - летию ИВМ АГАУ/ Алтайск. ГАУ - Барнаул, 2002. Ч.2. С.105-106.
4. Порублев В.А. Микроморфология общего корня тощекишечных вен овец ставропольской породы в постнатальном онтогенезе // Вестник Алтайского государственного аграрного университета //Науч. журнал / Алтайский ГАУ. – Барнаул, 2012 № 9 (95). С. 95-97
5. Ташке К. Введение в количественную цито - гистологическую морфологию //Румыния: Изд. Акад. соц. респ., 1980. 176 с.
6. Чебаков С. Н. К микроморфологии краниальной брыжеечной артерии у маралов // Достижения ветеринарной медицины – XXI веку : материалы междунар. конф., посвящ. 40-летию ИВМ АГАУ / Алтайский ГАУ. – Барнаул, 2002. Ч. 2. С. 139–140.
7. Burton, A. Relation of structure to function of the tissues of the wall of blood vessels // Biol. Rev., 1954. P. 344.

Данилова Л.В.
кандидат сельскохозяйственных наук, доцент кафедры экологии и охраны природы ФГБОУ ВПО «Курская ГСХА» Россия
larisa_danilova_67@mail.ru

ИННОВАЦИОННЫЕ ПРИЕМЫ ВОЗДЕЛЫВАНИЯ ЗЕРНОБОБОВЫХ КУЛЬТУР ЦЕНТРАЛЬНОГО ЧЕРНОЗЕМЬЯ РОССИИ

Одной из важнейших проблем сельского хозяйства России пока остается дефицит и невысокое качество растительного белка, лимитирующего дальнейший рост экономического развития животноводства. За последние годы в Курской области ЦЧР под зернобобовыми культурами занято не более 1% площадей, а по научно-обоснованным нормам необходимо иметь 12,5–15%. При таких площадях под зернобобовыми культурами обеспечивать дешевыми высокобелковыми кормами сбалансированных по протеину отрасль животноводства практически невозможно.

Зернобобовые культуры также служат важным источником биологического азота в земледелии, актуальность которого особенно возросла в сложной экологической обстановке при недостаточной обеспеченности минеральными азотными удобрениями. Доля биологического азота в азотном балансе еще очень мала и составляет около 5 %, а при создании благоприятных условий для симбиоза она может возрасти до 30 % и более или 12-15 млн. т в год, что эквивалентно экономии 80-90 млн. т энергоемких азотных удобрений.

В Центрально–черноземном регионе России около 30% земель сельскохозяйственного назначения имеют пониженные показатели плодородия, например серые лесные почвы содержат гумуса 2,67–2,78%, щелочногидролизуемого азота в пределах 8,6 мг на 100 гр почвы, рН–4,3–4,8. Но эти земли вполне пригодны для производства сельскохозяйственной продукции, зерна, кормов, к ним можно отнести супесчаные суглинистые, серые лесные почвы. Как повысить урожайность сельскохозяйственных культур на таких землях ? Рассчитывать только на внесение навоза и минеральных удобрений в нужном объеме, очень дорого экономически не оправдано, особенно на отдаленных полях севооборота. Реально же поднять плодородие и урожайность культур на этих землях, можно и нужно. За счет введения в севооборот не только многолетних бобовых трав, но и за счет расширения площадей посева новых перспективных зернобобовых культур. Поэтому разработка инновационных приемов возделывания сельскохозяйственных культур является весьма актуальной.

Для устойчивого производства полноценного растительного белка, увеличения поступления биологического азота в почву и уменьшения напряженности уборочных работ необходимо расширить набор разных по биологическим особенностям зернобобовых культур - сои, желтого люпина, кормовых бобов, нута современных сортов и разработать адаптивные условиям Курской области агроприемы их возделывания.

Нами запатентован способ посева сои с люпином [5]. Совместное выращивание сои с люпином в силу их аллеопатического взаимодействия и агроэкологических особенностей позволяет сократить применение минеральных удобрений, улучшить фитосанитарное состояние посевов, естественным способом восстановить плодородие почвы, что в конечном счете приведет к увеличению урожайности и качества зерна сои [1,2].

Соя и желтый люпин созревают одновременно, что не препятствует механизированной уборке. Сорт сои - Белгородская 48, люпина желтого - Быстрорастущий 4. Смесь зерна сои и желтого кормового люпина обладает высокой энергетической эффективностью и белковостью корма и может использоваться для производства полноценных комбикормов для нужд животноводства. Совместные посевы сои с люпином оказывают положительное влияние на ростовые процессы и продуктивность растений сои. Увеличивается высота и прирост надземной массы, густота стояния и выживаемость растений, количество и масса семян на одном растении.

Урожайность зерна сои в совместных посевах с люпином в сравнении с чистыми посевами в среднем за три года повысилась на 3,8 ц/га или на 33%. Преимуществом предлагаемого нами способа является и то, что сою в совместных посевах с желтым люпином можно возделывать не только на плодородных почвах южных районов страны, но и на бедных по плодородию почвах северных регионов РФ, что расширяет ареал ее распространения и использования в сельском хозяйстве.

Введение в севооборот кормового люпина также является одним из эффективных приемов. Известно, что на бедных почвах, такая культура как кормовой люпин, обладает большими возможностями, его можно использовать на зерно, зеленый корм , сидерат. По сравнению с другими зернобобовыми культурами, люпин может давать стабильные урожаи зерна с содержанием белка 30 –32% а на одну кормовую единицу приходится более 200 г переваримого протеина, в зерне кукурузы всего 55 г, надо признать что в условиях Курской области люпин кормовой, изучен недостаточно. При раннем сроке посева рядовым способом с нормой высева 198 кг/га и оптимальной глубине заделки семян можно получать стабильные урожаи в среднем 32,9 ц/га , при этом содержание сырого протеина составляет 29.2 %. Таким образом при введение в севооборот кормового люпина Белозерного 110 на бедных почвах не только можно увеличить производства дешевых высокобелковых кормов в виде зерна, но и при заделке пожнивных остатков и измельченной соломы в почву повышается ее плодородие, значительно сокращаются расходы на внесение минеральных удобрений и навоза. Способствует получению экологически безопасной продукции растениеводства.

Список использованных источников

1.Гродзинский А.М. Аллеопатия в жизни растений и их сообществ [Текст]/ А.М. Гродзинский. - Киев: Наукова думка, 1965. - 144 с.

2.Грюммер Г. Взаимное влияние высших растений. Аллеопатия. - М.: Изд-во ИЛ,1957.- 261 с.

3.Оксененко И. А. Возделывание сои с высокой эффективностью (практически рекомендации) [Текст]/ И.А.Оксененко.-Курск. - 2005.- 52 с.

5.Оксененко И.А., Пигорев И.Я., Березина (Данилова) Л.В. Патент РФ RU . Способ возделывания сои. 2004 г.

Larina T.D. - graduate student
Ilinich V.V. - Professor, Ph. Doctor
Moscow State University of Environmental Engineering;
Department: Hydrology, hydrogeology and management by river flow.
email address: vv_ilinitch@mail.ru; td.lar@yandex.ru.

EXPERIENCE OF FLOOD MODELING FOR THE MOUNTAIN CAUCASUS CONDITIONS ON THE BASE OF THE GIS-TECHNOLOGIES

Successful calculations and prognosis of maximum baseflow characteristics are based on wide range of runoff observations and river basin information, which is generally absent. Anty-flood dams are planned according to the maximum water discharges, which are measure the rate of the erosion process. Therefore, the help of various models such as “rainfall-runoff”, based on GIS-technologies, is needed for estimating and simulations of storm rainfall. One of the most available and convenient model of them is HEC-HMS (Hydrologic Engineering Center - Hydrologic Modeling System) [1]. Accordingly, the goal is to verify the possibility of using HEC-HMS technology for the mountain rivers conditions of the North Caucasus, basing on the Hydrometeorological Center of Russia geoinformation system.

Problems:

- to create a watershed using GIS - technology and HEC-HMS software;
- to create and select combinations modes of flood runoff and the corresponding hydrograph, observed in the conditions of the selected object;
- to get a flood hydrograph for one of the variants of calculation of the unit hydrograph;
- to compare results with the observations data.

This small watershed (area of the river basin S =967,89 km^2) is located in the mountain region and frequently suffers from storm rainfall and catastrophic floods. The hydrological station observes characteristics of rainfall and runoff in Teberda. The hydrological station in Teberda observes characteristics of rainfall and runoff. Initial data for the model validation are daily values of precipitations and water discharge. Rains with precipitation layer more than 60 mm were selected of the total number. Also, appropriate water discharges were selected. These data were used for flood hydrograph creations, an example of which is shown in Figure 1.

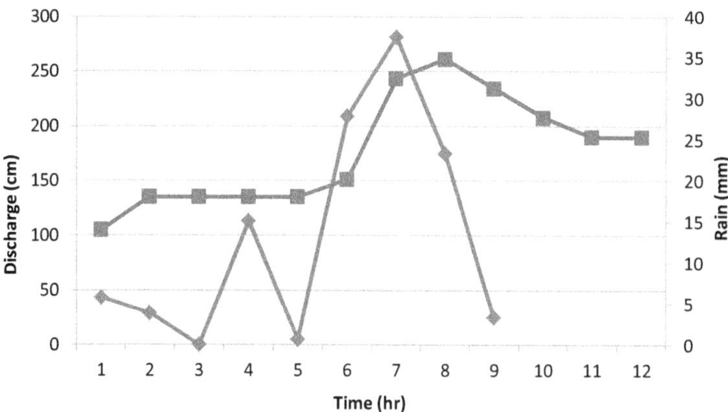

Figure 1. Graph of flood runoff and the hydrograph, observed in the conditions of the selected object

Teberda river basin was divided into five subbasins (Figure 2) on the base of their characteristics (hydrography, total orography, soil and vegetation types) according to the requirements of a software tool HEC-HMS.

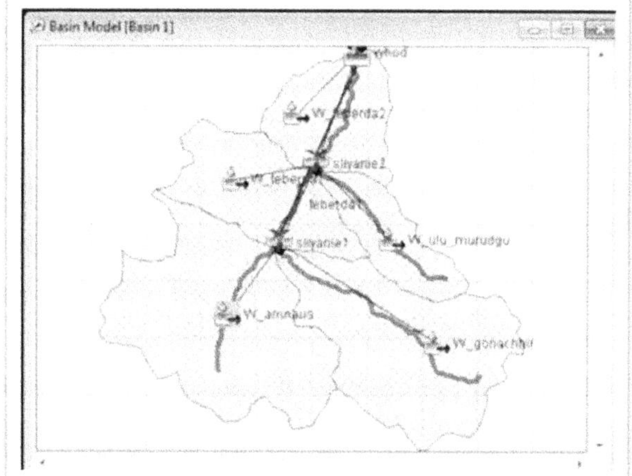

Figure 2. The basin map in the Desktop area screen of the HEC-HMS program

One of the simulation run methods "rainfall - runoff" was selected for each subbasins [1, 141] (in this research work Clark method was selected) and appropriate storm rainfall initial data was entered. Flood discharges were calculated via Clark unit hydrograph method [2, 57]. The simulation run results are presented in Figure 3.

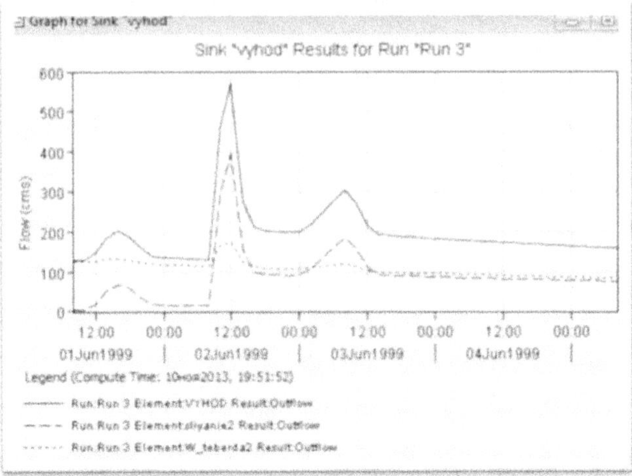

Figure 3. The resulting flood hydrograph created by Clark method

The resulting hydrograph created in HEC-HMS significantly differs from the real observed hydrograph. Possible reasons for these results:

- one meteorological station in the watershed can't correctly characterize the amount and time of rainfall at different points of watershed;
- discrete observations of precipitation (hr) at a very rapid formation of flood discharge for mountain areas with low time of concentration water discharge is insufficient to estimate its characteristics;
- low detailed scale of grid map for the selected watershed and its conditions with the latitude, longitude and altitude of the watershed points does not provide acceptable model work;
- the method of Clark unit hydrograph adapted to the conditions the U.S. and some other countries, however, a number of empirical coefficients used in the model may not be suitable for the conditions of the selected object.

Accordingly, we can conclude that it is necessary to continue research using other models of flood discharge within the HEC-HMS, and their verification by using a more detailed scale and background GIS information and high meteorological observations of runoff precipitation.

[1] – Hydrologic modeling system HEC-HMS. User's manual. William A. Scharffenberg and Matthew J. Fleming. U. S. Army Corps Engineers. Hydrologic engineering center, 2010;

[2] – Hydrologic modeling system HEC-HMS. Technical reference manual. Arlen D. Feldman. U. S. Army Corps Engineers. Hydrologic engineering center, 2000.

Жуков А.А.
аспирант ГУМРФ им. адм. С.О. Макарова

РАСЧЕТ СИНХРОННОГО ГРЕБНОГО ЭЛЕКТРОДВИГАТЕЛЯ ДЛЯ РАЗЛИЧНЫХ ЗНАЧЕНИЙ ПИТАЮЩЕГО НАПРЯЖЕНИЯ И ВЫБОР ОПТИМАЛЬНОГО С ЦЕЛЬЮ УМЕНЬШЕНИЯ ЗАТРАТ НА ПОСТРОЙКУ СУДНА

Для освоения и разработки морского шельфа России требуется постройка новых судов и модернизация уже существующего флота.

Представляет интерес рассмотреть ГЭУ переменного тока с синхронными ГЭД. И в качестве узлового вопроса определить наиболее рациональное к использованию напряжение питания для ГЭУ с синхронным гребным электродвигателем, с целью уменьшения затрат на постройку. Синхронный двигатель несколько сложнее, чем асинхронный, но обладает рядом указанных ниже преимуществ:

- Основным достоинством синхронного электродвигателя является возможность получения оптимального режима по реактивной энергии, который осуществляется путем автоматического регулирования тока возбуждения двигателя. Синхронный двигатель может работать, не потребляя и не отдавая реактивной энергии в сеть, при коэффициенте мощности, равным единице. В этих условиях работающий синхронный двигатель нагружает сеть только активным током. По этой причине обмотка статора синхронного двигателя рассчитывается на активный ток. По этой причине при одинаковой номинальной мощности габариты синхронного двигателя меньше, а его к.п.д. выше, чем асинхронного.
- Синхронные электродвигатели менее чувствительны к колебаниям напряжения сети, чем асинхронные электродвигатели. Их максимальный момент пропорционален напряжению сети, в то время как критический момент асинхронного электродвигателя пропорционален квадрату напряжения.
- Синхронные электродвигатели имеют высокую перегрузочную способность. Кроме того, перегрузочная способность синхронного двигателя может быть автоматически увеличена за счет повышения тока возбуждения, например, при резком кратковременном повышении нагрузки на валу двигателя.
- Частота вращения синхронного двигателя остается неизменной при любой нагрузке на валу в пределах его перегрузочной способности.

Так же гребной синхронный электродвигатель при сравнении с гребным электродвигателем постоянного тока имеет существенные преимущества:

- Меньший момент инерции и повышенное быстродействие.
- Плавная регулировка частоты вращения гребного винта.

- Более высокая надежность.
- Более высокий КПД
- Эксплуатационная живучесть.
- Меньшая стоимость и расходы на эксплуатацию.

В зависимости от требований заказчиков ГЭУ проектируется на различные напряжения. Значительное внимание уделяется применению повышенного напряжения. Следует отметить, что эксплуатация машин повышенного напряжения требует дополнительной подготовки судового персонала и осложняет его работу. Российский Морской Регистр Судоходства предъявляет дополнительные требования к электрическим машинам с напряжением свыше 1000 В.

Был выполнен расчёт синхронных гребных электродвигателей для различных значений питающего напряжения 650В, 1000В, 1500В, 3000В, при постоянной величине воздушного зазора, числа витков, и числа параллельных ветвей, обоснован выбор электродвигателя и проработана рекомендация для выбора номинального напряжения.

Анализируя результаты расчётов, заметно, что при повышении номинального напряжения гребного электродвигателя при одной и той же мощности повышается КПД и уменьшается масса меди обмотки статора. В то же время, большему значению номинального напряжения соответствует меньшее значение электрических потерь. Но это компенсируется возрастанием индукции при увеличении напряжения. Однако следует отметить, что использование повышенного напряжения требует специальной подготовки персонала и дополнительных мер безопасности. В данных расчетах как наиболее подходящим для использования в проектировке ГЭУ, предлагается синхронный ГЭД с номинальным напряжением 3000 В.

Так же были выполнены дополнительные расчеты при изменяемом числе эффективных проводников в пазу, количества витков фазы, и увеличением-уменьшением числа параллельных ветвей фазы. При уменьшении параллельных ветвей фазы с ростом напряжения можно отметить незначительное уменьшение массы меди обмотки статора, понижение КПД, уменьшение потерь в стали, но возрастание электрических потерь. Меньшее число параллельных ветвей получается при последовательно-параллельном соединении катушечных групп обмотки. Это соединение рекомендуется выполнять таким образом, чтобы параллельные ветви следовали одна за другой по окружности статора. При таком соединении в случае эксцентричного положения ротора относительно статора в параллельных ветвях будут возникать уравнительные токи, что приведет к выравниванию магнитных потоков и ослаблению одностороннего магнитного сопротивления. При увеличении параллельных ветвей фазы с ростом напряжения происходит увеличение массы меди с ростом напряжения, повышение КПД, уменьшение электрических потерь, возрастание потерь в стали. Но данная проектировка электродвигателя не выгодна из-за высокой стоимости меди обмотки статора.

Список используемой литературы:

1. Н.А.Кузнецов, П.В.Куропаткин, А.Б.Хайкин, Н.М.Хомяков. Основы проектирования гребных электрических установок Л., «Судостроение», 1972. -655с.

2. В.А. Панов, В. Романовский, С.А. Корди . Эксплуатация гребных электроустановок. М., «Транспорт», 1988. -174с.

3.П.С.Сергеев, Н.В. Виноградов, Ф.А. Гояринов. Проектирование электрических машин. Изд. 3-е, переработ. И доп. М., «Энергия», 1969. -632с.

4.П. Копылов, Ф.А. Горяинов, Б.К. Клоков и др. Проектирование электрических машин. М., 1980. -495с.

Жуков А.А.
аспирант ГУМРФ им. адм. С.О. Макарова

РАЗВИТИЕ СИСТЕМ ДИНАМИЧЕСКОГО ПОЗИЦИОНИРОВАНИЯ

Арктика и прилегающие к ней северные районы, богаты запасами природных ресурсов. В настоящее время очевидна важность освоения морских углеводородных запасов, разработка и освоение морского шельфа России.

Динамические системы стабилизации (системы динамического позиционирования), имеют по сравнению с якорными системами удержания следующие преимущества:

- Обеспечивают требуемую технологией бурения точность позиционирования ПБУ или БС;
- Производят быстрое изменение курса ПБУ или БС с целью уменьшения бортовой и вертикальной качек;
- Обеспечивают быстрый уход с точки бурения и возврата на нее БС или ПБУ

Динамическое позиционирование может осуществляться автоматически , полуавтоматически или вручную при помощи команд оператора с пульта управления системы динамического позиционирования. За рубежом ведущее положение по разработки систем динамического позиционирования занимают Норвегия и Франция. Впервые такая система была создана французской фирмой и установлена в 1964 году. На исследовательском судне «Terebel». В США разработкой систем динамического позиционирования занимается фирма «Honeywell». Система этой фирмы впервые была установлена на буровом судне «Glomar Challenger», построенном в 1968 году. Опыт эксплуатации этих систем на судах «Terebel» и «Glomar Challenger» показал их высокую эффективность. Суда удерживались в заданной точке при действии ветра и течения с точностью до 3-6 % от глубины.

Современные системы динамического позиционирования позволяют интегрировать их с различными типами пропульсивных установок и системами управления энергосистемой. Использование высокоэффективных математических методов позволило добиться высокой точности (до 10-15 см) удержания заданного положения судна. Последней разработкой в области систем динамического позиционирования является NAVDP4000 (компания Navis Engineering Oy (Финляндия)). Это новое поколение систем динамического позиционирования, сочетающее в себе наиболее удачные особенности систем предыдущего поколения, с новейшими тенденциями в данной технологии, реализованы в этой системе. Интерфейс NavDP4000 в отличие от всех выпускаемых ранее аналогов реализован на основе технологии «тачскрин», это позволяет сократить до минимума количество всех кнопок размещенных на главной панели управления системой и обеспечить быстрый доступ ко всем функциям и режимам системы. Инновационный алгоритм управления энергетической установкой судна позволяет высокую скорость реакции системы на включение внешних потребителей системы, что позволяет предотвратить отказы, вызванные аварийным отключением энергетической установки.

Эффективность судов оборудованных системами динамического позиционирования растет, увеличиваются объемы операций по разведке углеводородных морских ресурсов на морских глубинах и суровых условий окружающей среды. Все предъявляет все более жесткие требования к надежности систем динамического позиционирования и разработки, а так же усовершенствованию математических моделей движения судна, для обеспечения высокой эффективности удержания в заданной точке положения судна и минимальных затрат энергетической установки судна.

Список использованной литературы:

1.Петров Ю.П. Системы стабилизации буровых судов / Ю.П. Петров, В.В. Червяков. Л.: Судостроение, 216 с., 1985 г.

2. NavDP4000 Series Dynamic Positioning Systems, p.7, 2011.

Мкртычев О.В.
доктор технических наук, профессор кафедры сопротивления материалов, ФГБОУ ВПО «Московский государственный строительный университет». mkrtychev@yandex.ru
Бунов А.А.
аспирант кафедры сопротивления материалов, ФГБОУ ВПО «Московский государственный строительный университет»
a_bunov@mail.ru

СРАВНИТЕЛЬНЫЙ АНАЛИЗ РЕАКЦИЙ МНОГОЭТАЖНЫХ ЖЕЛЕЗОБЕТОННЫХ ЗДАНИЙ С СИСТЕМОЙ СЕЙСМОИЗОЛЯЦИИ И БЕЗ НЕЕ НА СЕЙСМИЧЕСКОЕ ВОЗДЕЙСТВИЕ

В данной статье рассмотрен расчет монолитных железобетонных зданий на однокомпонентное горизонтальное сейсмическое воздействие. Расчет выполнен в программном комплексе LS-DYNA [1,I.1] прямым динамическим методом. Материал элементов расчетных схем – упругий. В качестве сейсмоизоляции принимаем резинометаллические опоры с реальной диаграммой их работы (рис. 1) [2,5].

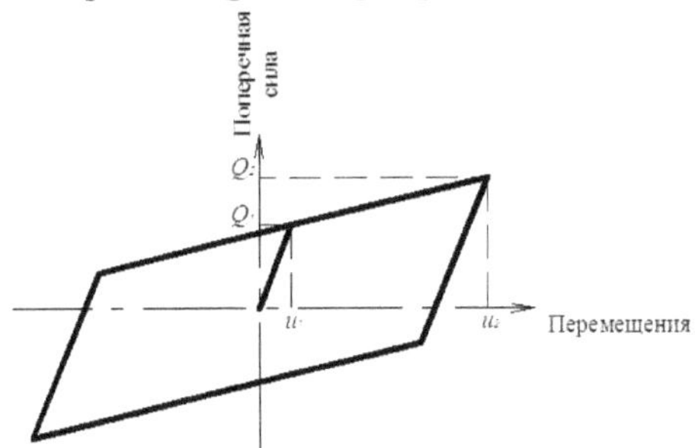

Рис. 1. Диаграмма работы резинометаллической опоры

Выполним сравнительный анализ результатов работы железобетонных зданий различной этажности на однокомпонентное горизонтальное сейсмическое воздействие с системой сейсмоизоляции и без нее.

Расчет выполнен для монолитных железобетонных зданий перекрестно-стеновой конструктивной схемы. Форма здания прямоугольная размерами в плане 24,7x19,8 м. Толщина стен 200 мм, высота этажа 3м, толщина перекрытий 220 мм. Материал конструкции здания бетон класса B25. Рассматриваются здания различной этажности: 5, 9, 16 этажей. В соответствии с несущей способностью под каждое здание подбирается свой тип сейсмоизолятора.

На рис. 2 показаны расчетные схемы зданий.

Рис. 2. Расчетные схемы зданий. Слева направо 5, 9, 16 этажей

Акселерограмма сейсмического воздействия по направлению *X* интенсивностью 9 баллов и спектр ускорений приведены на рис. 3, 4.

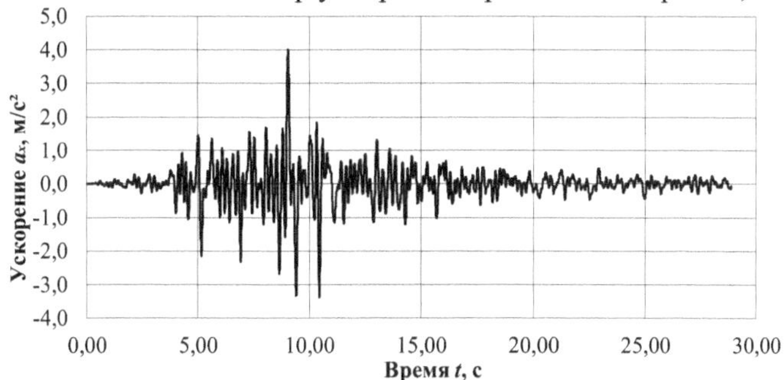

Рис. 3. Акселерограмма сейсмического воздействия по *X*

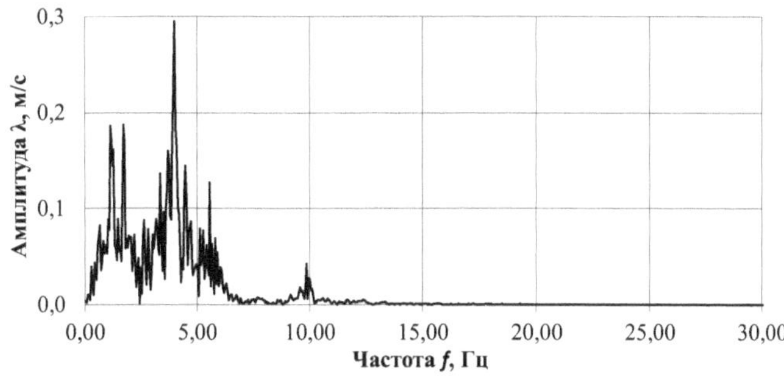

Рис. 4. Амплитудный спектр сейсмического воздействия по *X*

Сравнение результатов расчета для зданий будем осуществлять по максимальным значениям трех показателей: абсолютные ускорения точки верха здания по *X*, относительные перемещения точки верха здания по *X* и эквивалентные напряжения (по Мизесу) в элементе стены первого этажа.

Рассмотрим реакцию 5 этажного здания на сейсмическое воздействие. Для здания с сейсмоизоляцией в качестве изолятора принимаем резинометаллические опоры *LRB-SN* 650/114-130 [2,11] с вертикальной несущей способностью 569 т. В соответствии с несущей способностью изолятора под здание установлено 20 шт. опор.

На рис. 5, 6 представлен график абсолютных ускорений и график относительных перемещений точки верха здания соответственно. Максимальные величины ускорений и перемещений приведены в табл. 1.

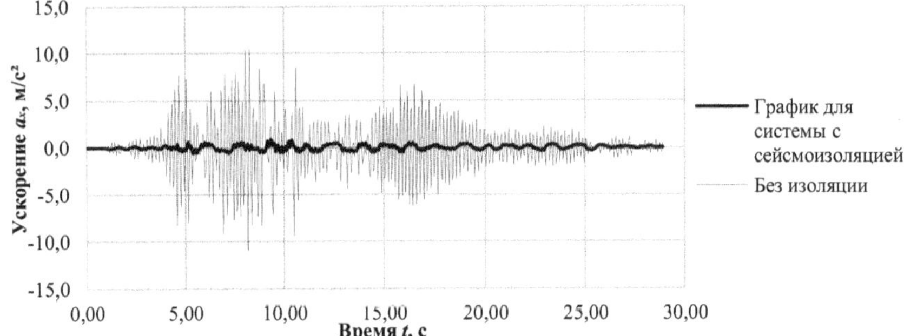

Рис. 5. График абсолютных ускорений точки верха здания по *X*

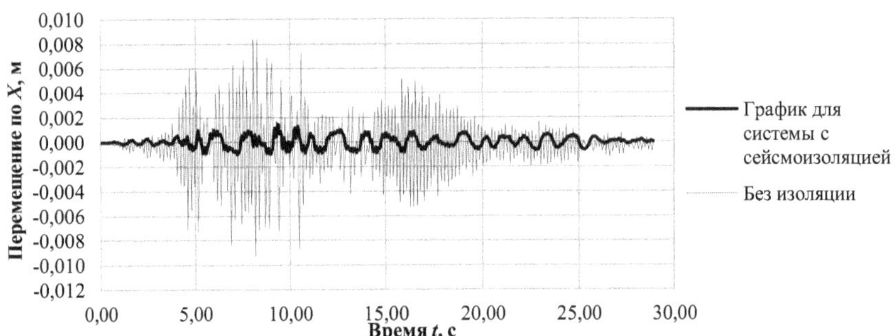

Рис. 6. График относительных перемещений точки верха здания по *X*

Рассмотрим реакцию 9 этажного здания на сейсмическое воздействие. Для здания с сейсмоизоляцией в качестве изолятора принимаем резинометаллические опоры *LRB-SN* 750/126-140 [2,11] с вертикальной несущей способностью 887 т. В соответствии с несущей способностью изолятора под здание установлено 20 шт. опор.

Максимальные величины абсолютных ускорений и относительных перемещений приведены в табл. 1.

Рассмотрим реакцию 16 этажного здания на сейсмическое воздействие. Для здания с сейсмоизоляцией в качестве изолятора принимаем резинометаллические опоры *LRB-SN* 900/144-160 [2,11] с вертикальной несущей способностью 1412 т. В соответствии с несущей способностью изолятора под здание установлено 20 шт. опор.

На рис. 7, 8 представлен график абсолютных ускорений и график относительных перемещений точки верха здания соответственно. Максимальные величины ускорений и перемещений приведены в табл. 1.

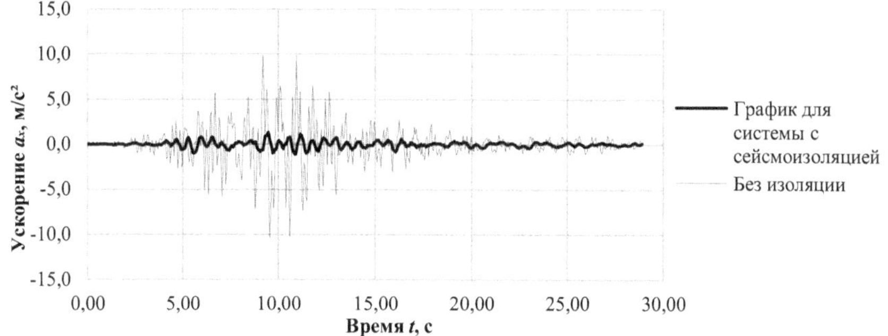

Рис. 7. График абсолютных ускорений точки верха здания по X

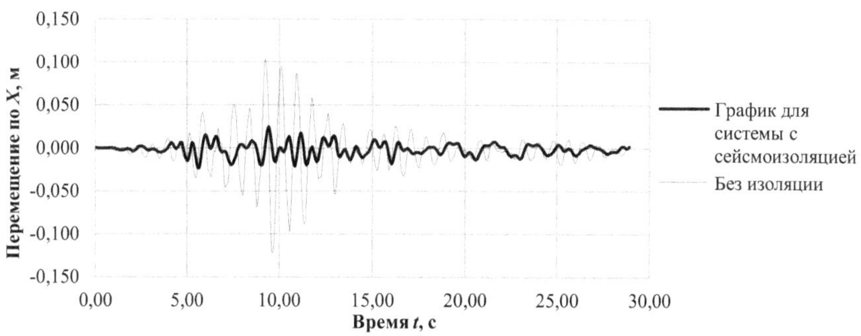

Рис. 8. График относительных перемещений точки верха здания по X

Сравнение результатов расчета приведено в табл. 1.

Табл. 1. Результаты расчета зданий

	Этажность								
	5			9			16		
	Отн. перемещение Δu, м	Абсол. ускорение a^x_{max}, м/с²	Эквив. напряжение σ_{max}, Н/м²	Отн. перемещение Δu, м	Абсол. ускорение a^x_{max}, м/с²	Эквив. напряжение σ_{max}, Н/м²	Отн. перемещение Δu, м	Абсол. ускорение a^x_{max}, м/с²	Эквив. напряжение σ_{max}, Н/м²
Здание с сейсмоизоляцией	0,00143	0,864	3,10E6	0,0053	1,098	6,58E6	0,0241	1,27	1,24E7
Здание без сейсмоизоляции	0,00923	10,895	1,02E7	0,0227	6,329	1,61E7	0,1227	10,39	4,41E7
Коэффициент снижения величины параметра	6,45	12,61	3,29	4,28	5,76	2,44	5,09	8,18	3,55

Анализ полученных результатов свидетельствует об эффективности применения сейсмоизоляции в виде резинометаллических опор. При выполнении численных исследований имеет место снижение сейсмической нагрузки в среднем до 5,3 раза для относительных перемещений, до 8,8 раза для абсолютных ускорений и до 3,1 раза для эквивалентных напряжений. Однако этот вывод не может быть обобщен для всех зданий. При высокоинтенсивных сейсмических воздействиях имеет место развитие пластических деформаций, что требует учета нелинейной работы материала конструкции. Это особенно актуально для высотных зданий и зданий повышенной этажности. Также стоит отметить, что в данной статье рассматривается однокомпонентное горизонтальное воздействие, что в полной мере не может отразить характер сейсмического воздействия на здание. Окончательный вывод об эффективности применения данной системы сейсмоизоляции может быть сделан только после всестороннего исследования работы опоры.

ЛИТЕРАТУРА

1. LS-DYNA. Keyword user's manual. Volume I, II. Livermore Software Technology Corporation (LSTC).

2. Catalogue on lead rubber bearings series LRB. «FIP Industriale S.P.A.».

Рихани Шафик
доцент, к.т.н. Санкт-Петербургский государственный политехнический университет.
E-mail:phdrihani@mail.ru

ОЦЕНКА ВЛИЯНИЯ ОСНОВАНИЙ РЕКОНСТРУИРУЕМЫХ ЗДАНИЙ НА ОКРУЖАЮЩИЕ ЗАСТРОЙКИ ПРИ РАСЧЕТЕ ЧИСЛЕННЫМИ МЕТОДАМИ В ПРОГРАММНОМ КОМПЛЕКСЕ PLAXIS 2D

Негативные условия устройства оснований и фундаментов в Санкт-Петербурге, основанные на следующих особенностях:
- неоднородная толща слабых и медленно уплотняющихся грунтов в большинстве районов города;
- высокий уровень подземных вод, в том числе техногенного происхождения;
- намывные, насыпные территории по берегам рек и залива, наличие заторфованных грунтов и погребенных слоев торфа;
- гидродинамические процессы, связанные с воздействием поверхностных и подземных вод, вызывающих механическую и химическую суффозию грунта, плывунные явления;
- процессы, связанные с промерзанием-оттаиванием грунтов;
- наличие существующей застройки с дефектами, обусловленными неравномерными осадками, в том числе из-за понижения уровня подземных вод (временного или постоянного).

Применительно к специфическим особенностям инженерно-геологических условий Санкт-Петербурга, для обеспечения надежности и безопасности зданий при строительстве и реконструкции объектов, включая подземные ее части, в особенности определения допустимости их влияния на существующую застройку, следует выполнить комплекс расчетов, включающий предварительную оценку геотехнической ситуации. Основания должны рассчитываться по двум группам предельных состояний. Осадочные деформации здания (сооружения) не должны превышать предельно допустимых значений приведенных в нормах, таблица 4.1 [4,3].

При помощи расчетного комплекса Plaxis 2D, представляющего собой целевой пакет геотехнических программ для конечно-элементного анализа в форме метода перемещений двухмерного напряженно-деформированного состояния системы, в статье проводится анализ полученных результатов решения геотехнической задачи для системы основание-сооружение существующих и строящихся зданий, на очень близком расстоянии, $L \leq 5{,}0$ м друг о друга.

Решение представленной сложной геотехнической задачи рассматривается на этапах строительства, эксплуатации и реконструкции сооружения. Моделирование грунтов основания можно осуществить по одной из двух моделей :

- упругопластической модели Кулона-Мора,
- модели упрочняющегося грунта.

В статье рассматривалось расчетное обоснование влияния на окружающую застройку при реконструкции здания университета МЧС по адресу: Санкт-Петербург, Московский проспект, дом 149;

Цели работы - определение дополнительных осадок примыкающих зданий и проверка прочности и устойчивости подземных конструкций на различных этапах возведения и эксплуатации проектируемых зданий.

Расчетная модель предусматривает возведение каркасного железобетонного четырех блокового разно-этажного здания учебно-административного корпуса университета МЧС (5- 7 этажей), с одноярусным подземным паркингом.

Высота цокольного этажа 3,45 м. Высота надземных этажей 3,9 м. Фундаменты – свайные буронабивные диаметром Ø620 мм, длиной L= 17,00 м. Сваи объединены железобетонным пличным ростверком толщиной 400 мм.

Здания, попадающие в зону влияния нового строительства:

- пятиэтажное учебно-административное с наружными и внутренними несущими кирпичными стенами и кирпичными колоннами. Фундамент – бутовый, ленточный. Перекрытие из сборных железобетонных пустотных плит по металлическим балкам.
- пятиэтажное кирпичное здание с подвалом, с наружными и внутренними несущими стенами. Фундамент – сборные бетонные блоки. Перекрытие – из сборных ребристых и пустотных плит.

В основании заложены следующие грунты: верхний насыпной слой (tQ_{IV}) до 2,5м, суглинок тяжелый пылеватый (lgQ_{III} *1a)* до 7,8м, суглинок тяжелый (lgQ_{III} *1 b)* с прослоями песка, супесь серая пылеватая пластичная (gQ_{III} *2)* и суглинок серый легкий с галькой (gQ_{III} *3)*.

Расчеты проводились по двум перпендикулярным сечениям вдоль и поперек зданий.

Расчетная модель «основание-сооружение» существующего и реконструируемого здания рассматриваются в виде дисков и стержней жестко соединенные между собой. Конечные элементы модели высокоточные 15-узловые треугольные.

В расчетах учитываются нагрузки от веса зданий и от давления грунтов и подземных вод, а также учитываются влияние начальных и дополнительных напряжений и перемещений, возникающих в процессе возведения нулевого цикла, который включает устройство стен и ростверка в грунте, забивку сваи и поэтапной экскавации грунта.

Проанализированы этапы возведения подземной и надземной части здания, а также эксплуатационный период. Определены внутренние усилия в элементах подземной части здания на всех этапах строительства, выполнена проверка несущей способности свай при наличии всех нагрузок строительного и эксплуатационного периодов, получены количественные оценки влияния реконструируемого здания на существующую застройку в период возведения и на стадии эксплуатации.

Расчетами установлено, что при соблюдении рассматриваемой последовательности фаз строительных работ, реконструкция зданий не оказывает существенное влияние на существующую застройку.

Максимальная расчетная дополнительная осадка фундаментов существующих зданий по адресу Московский пр., д. 149 составляет dU_y = 430,89 10^{-6}м в фундаменте Ф1 сечения 1-1 и dU_y = 2,98мм в фундаменте Ф1 сечения 2-2 после завершения процессов консолидации грунтов основания (по завершению возведения здания), и не превышает 14,16 мм на этапах строительного периода. При этом предельно допустимая дополнительная осадка составляет 30мм [4, 3].

Максимальная относительная неравномерность дополнительных осадок существующих зданий составляет 0,0005, что также не превышает предельно допустимого значения 0,0015 для многоэтажных бескаркасных зданий с несущими стенами из кирпичной кладки 2-й категории технического состояния [4, 3].

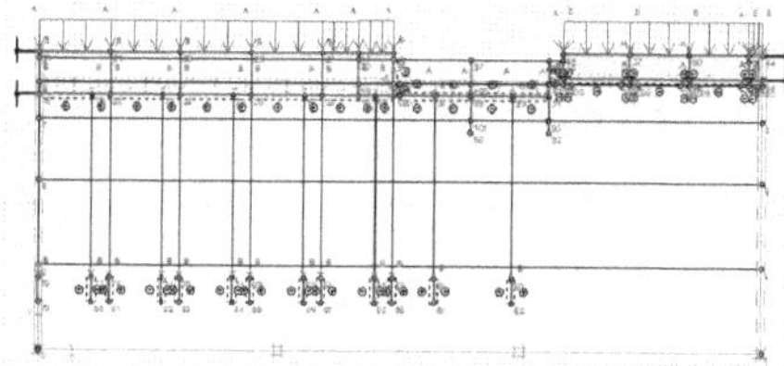

Рис. 1 – Геометрическая расчетная модель

Литература:

1. СП 20.13330.2011. Нагрузки и воздействия. Актуализированная редакция СНиП 2.01.07-85*. Нагрузки и воздействия. – М.:2011.
2. СП 22.13330.2011. Основания зданий и сооружений. Актуализированная редакция СНиП 2.02.01-83*.– М.: 2011.
3. ТСН 50-302-2004 «Проектирование фундаментов зданий и сооружений в Санкт-Петербурге». СПб., 2004г.
4. СП 50-101-2004 Проектирование и устройство оснований и фундаментов зданий и сооружений / М.: ФГУП ЦПП, 2005.

Бабакин Б.С.
проф., д.т.н.
Воронин М.И.
доц., к.т.н.
Московский государственный университет пищевых производств
holod@mgupp.ru; aspirantpp@yandex.ru

КОНЦЕПЦИЯ ПРИМЕНЕНИЯ ЭЛЕКТРОФИЗИЧЕСКИХ МЕТОДОВ НА ПРЕДПРИЯТИЯХ АПК

Одной из важных современных экономических задач страны является снижение энергопотребления при холодильной обработке пищевых продуктов. На выработку холода и эксплуатацию холодильных систем расходуется свыше половины потребляемой предприятиями электроэнергии. Международным институтом холода поставлена задача по снижению энергопотребления холодильными системами к 2020 г. на 30-50% по сравнению с 2000 г. [1]

Сохранение качества скоропортящихся сельскохозяйственных продуктов, в частности плодоовощных, возможно при условии создания непрерывной холодильной технологической цепи на всех этапах их движения от производителя до потребителя. При этом важным связующим звеном в этой цепи является холодильный транспорт и контейнеры для перевозки скоропортящихся продуктов.

Из-за недостатков холодильных ёмкостей и нарушения непрерывности холодильной цепи потери сельскохозяйственных продуктов в промышленно развитых странах составляют 5-7%, а для развивающихся стран этот показатель намного выше, в частности, по данным ЮНЕП, около половины продовольствия в этих странах портится и выбрасывается из-за потери качества. Основная доля потерь продуктов питания вызывается микробиологической порчей, которая к тому же может быть причиной массовых отравлений. Биологическая безопасность пищевых продуктов требует отсутствия в них болезнетворных бактерий и токсинов. [1; 2]

В поисках возможности снижения потерь продуктов питания при холодильной обработке, уменьшения энергозатрат на их обработку, получение искусственного холода и повышения экологической безопасности, нами определены перспективные направления с использованием электрической энергии, базирующиеся на законах электрогазодинамики.

Базовым универсальным инструментом являются электрические поля, использующие различные формы электрических разрядов, в частности, коронный разряд – статический, переменный, импульсный с регулируемой скважностью, барьерный или емкостной разряды разных частот и рабочих напряжений, включая и низкотемпературную неравновесную плазму. [2]

Проведённые нами исследования по применению электрофизических методов, в частности, различных форм электрических разрядов в диапазоне удельных эффективных мощностей от 0,01 до 1 Вт/см^3 при помощи разработанных нами электрогазодинамических (ЭГД) устройств, систем газоразрядных элементов, плазмостерилизаторов и т.п. показали высокую эффективность использования указанных электрофизических факторов при наличии в ряде случаев синергетического действия.

Применительно к процессам электроконвекции, интенсификации процесса охлаждения и антисептирования различных поверхностей при использовании жидких сред и аэрозолей, сушки капиллярно-пористых тел, инактивации микроорганизмов в гетерогенных жидких и твердых средах, стерилизации термолабильных материалов, получении стерильного и асептического льда и ряде других комбинированных процессов обработки газообразных жидких и твердых сред, применяемых в других отраслях промышленности. [4; 5; 6]

В настоящее время всё больший интерес вызывает применение низкотемпературной неравновесной плазмы для обработки термолабильных материалов. Особенность плазмостерилизаторов состоит в возможности получения гарантированных режимов стерилизации термолабильных материалов в различных агрегатных состояниях при температурах, не превышающих 40-50°С.

Перспективные направления применения электрофизических методов на предприятиях АПК:

- обработка овощей и фруктов озоно-воздушной средой, приводящая к существенному уменьшению потерь от гниения, позволяющая регулировать интенсивность дыхания, замедлять созревание их при заготовке, транспортировке, хранении и подготовки к реализации [1; 2; 6];
- применение озоно-жидкостных растворов, являющихся эффективными экологически безопасными антисептиками для обработки холодильных камер, тары, оборудования и сельскохозяйственных продуктов, а также для предпродажной обработки продуктов в местах массовой реализации [1; 2];
- применение низкотемпературной неравновесной плазмы для обработки термолабильных материалов, поддержания асептических условий в холодильных камерах и при холодильной обработке продуктов;
- разработка энергосберегающих асептических холодильников нового поколения, снабжённых разработанными на базе ЭФМ системами, обеспечивающими холодильную обработку и хранение продуктов при отсутствии развития микрофлоры и других загрязнений [3; 4; 5];

- разработка генераторов озона для обработки холодильных камер и пищевых продуктов [1];
- разработка приборов охлаждения с использованием электроконвекции, позволяющей осуществлять направленный и регулируемый процесс инееобразования, повышать наружный теплообмен и увеличивать длительность их работы без оттайки;
- разработка конденсаторов с электроконвективным теплообменом, понижающим температуру конденсации и повышающим наружный теплообмен;
- разработка эффективных вспомогательных аппаратов холодильной техники.

1. Бабакин Б.С., Айтикеев Р.Б., Воронин М.И., Бабакин С.Б., Румянцева М.Н. Энергосберегающие холодильные технологии транспортировки, хранения и дозаривания фруктов. Монография. / –М.: ДеЛи плюс, 2013. -192 с.
2. Бабакин Б.С., Бабакин С.Б., Воронин М.И., Белозеров Г.А. Энергоресурсосберегающие холодильные технологии переработки и хранения луковых овощей. –М.: ДеЛи плюс, 2013. -215 с.
3. Бабакин Б.С., Воронин М.И. Асептические холодильники – холодильники нового поколения. / Холодильный бизнес. 2010. -№2. –с. 22-23.
4. Воронин М.И., Бабакин Б.С., Рукавишников А.М., Белянин В.В. Асептический холод – формула качества и безопасности продуктов. / Холодильная техника. -2010. -№6. –С. 38-40.
5. Воронин М.И., Бабакин Б.С., Рукавишников А.М., Выгодин В.А. Современная модель системы сохранения качества продовольствия и сырья биологического происхождения. / Холодильная техника. -2009. -№6. –С. 20-23.
6. Воронин М.И., Бабакин Б.С. Получение стабильных озоновоздушных смесей. / Мясная индустрия. -2007. -№11. –С. 56-57.

Виниченко И.В.
доцент, кандидат исторических наук,
Омский государственный институт сервиса,
irvin61@mail.ru

ХАРАКТЕРИСТИКА ВОЗМОЖНЫХ СПОСОБОВ ВВЕДЕНИЯ СКЛАДЧАТОЙ СТРУКТУРЫ ОРИГАМИ В КОНСТРУКЦИЮ ПОЯСНЫХ ИЗДЕЛИЙ

За время существования одежды происходило накопление идей трансформации поверхности деталей путём изменения их внешнего вида и фактуры с целью создания выразительных, разнообразных форм и повышения эстетических свойств одежды. К трансформации поверхности детали можно отнести драпировку, защипы, складки, буфы, плиссе, гофре, перфорацию и др. Рассмотрение каждого вида трансформации представляет интерес в плане возможностей расширяющих поле проектной деятельности художника-модельера одежды. Одним из направлений получения новых решений в трансформации поверхности материала является искусство оригами.

Актуальность исследования обуславливается тенденциями развития модной индустрии, таким её направлением как введение в модели одежды индивидуальных элементов, выполненных в различных художественных техниках прикладного искусства.

Дизайнеры не могли ни обратить своё внимание на данный вид искусства, уникальность и стиль оригами послужили толчком к проектированию новых форм в одежде, обуви, аксессуарах и многом другом [1].

Проектирование одежды в стиле оригами позволяет использовать различные техники и материалы. При этом создаются как крупные формы, создающие новый силуэт человека, так и формы, состоящие из множества элементов[2].

Рассмотрим возможные способы введения складчатой структуры оригами в конструкцию поясного изделия в зависимости от ряда характеристик проектируемой модели:

➢ характеристика складчатой структуры оригами:
- плоская или объемная;
- цельная или состоящая из нескольких модулей;
- симметричная или ассиметричная;

➢ характеристика положения складчатой структуры оригами относительно опорной поверхности:
- находится ниже опорной поверхности;
- находится выше опорной поверхности;
- находится выше и ниже опорной поверхности;

➢ характеристика силуэтной формы поясного изделия относительно опорной поверхности:

- повторяет конфигурацию опорной поверхности;
- касается опорной поверхности по верхнему контуру;
- пересекает поверхность поясного изделия;
- соприкасается с поясным изделием ниже опорной поверхности.

Исходя из анализа проектных задач, предлагается разбить всё многообразие юбок с введением складчатых структур выполненных в виде оригами на 4 группы:

1. Юбки со складчатыми структурами, расположенными ниже опорной поверхности.

Основная задача при проектировании подобных юбок правильно определить линию сочленения верхней части конструкции юбки с нижней, выполненной в технике оригами, и согласовать её со структурой и рисунком оригами. Линия сочленения может иметь прямую, ломанную или криволинейную форму

2. Юбки со складчатыми структурами, повторяющими форму опорной поверхности.

Важным фактором для моделирования поясных изделий является правильное определение объёма на разных уровнях и выбор наиболее целесообразных формообразующих конструктивных линий и приёмов при создании определенной модели. Так как в моделях рассматриваемой группы складчатая структура повторяет форму опорной поверхности, то суммарный раствор вытачки у нас сохраняется в неизменном размере. Основная задача заключается в правильном распределении суммарного раствора вытачек по участкам конструкции. Решения могут быть разнообразны: сохранение вытачек; введение конструктивных линий с включением в них растворов вытачек; замена вытачек сборками, мягкими складками, ВТО и т. п. При этом величина опорной поверхности может как сохраняться в первоначальном варианте, максимальная величина которой характерна для конструкции прямой юбки, так и сокращаться.

3. Юбки со складчатыми структурами, соприкасающимися с опорной поверхностью по верхнему срезу.

Уравновешенность изделия и его частей зависит от многих факторов. Важнейшие из них связаны с особенностями фигуры человека, свойствами материалов, применяемых для изготовления одежды, модельными особенностями одежды и т. д.

В конструкции юбок данной группы складчатая структура пересекается с полотнищем юбки по верхнему срезу, который строится с учётом баланса изделия, поэтому основная задача при проектировании подобных юбок правильно определить линию верхнего среза на складчатой поверхности для того чтобы обеспечить её равновесность, и согласовать её со структурой и рисунком оригами.

4. Юбки со складчатой структурой, пересекающей поверхность прямой (конической, клиньевой) юбки.

При конструировании данной группы юбок основная проектная задача заключается в правильном определении линии пересечения двух поверхностей.

Взаимное пересечение поверхностей – позиционная задача, решаемая с использованием метода вспомогательных секущих поверхностей посредников. Линией пересечения двух поверхностей является множество точек, общих для данных поверхностей. Следует иметь в виду, что линия пересечения двух поверхностей в проекциях всегда располагается в пределах контура наложения проекций двух пересекающихся поверхностей.

В общем случае решение задачи по построению линии пересечения двух поверхностей может быть сведено к задачам по определению:

- точек пересечения линии с поверхностью;
- линии пересечения плоскости и поверхности;
- комбинации первой и второй задачи.

Дополнительную группу составляют юбки, где приёмы оригами используются в виде элементов отделки и не связаны непосредственно с конструкцией юбки.

Таким образом, в результате исследования были выявлены возможные способы введения складчатой структуры оригами в конструкцию поясного изделия в зависимости от ряда характеристик проектируемой модели; предложена классификация конструкций поясных изделий с введением складчатой структуры; определены основные проектные задачи по преобразованию плоской поверхности материала в объёмную форму со сложной поверхностью.

Литература

1. Тренд: оригами [Электронный ресурс]. Режим URL: http://elle.ua/moda/trendy/trend_origami (дата обращения: 22.01.2014).

2. BelleWonder Оригами – поэзия в геометрии, одежда [Электронный ресурс]. Режим URL: http://fashiony.ru/page.php?id_n=47822 (дата обращения: 22.01.2014).

Косова Е.Н., Пономаренко Н.И.
доцент, кандидат физико-математических наук Северо-Кавказского Федерального университета
Ведущий инженер научно-технического отдела ОАО «Электроавтоматика» г. Ставрополь
kosovalena@mail.ru

ОБЩЕСИСТЕМНЫЕ ВОПРОСЫ СТРУКТУРНОГО, ЭНЕРГЕТИЧЕСКОГО И ИНФОРМАЦИОННОГО ПРЕОБРАЗОВАНИЯ ПАРАМЕТРОВ ЭЛЕКТРОЭНЕРГИИ

Интенсивность использования энергии в настоящее время столь велика, что она в промышленных районах становится соизмеримой с интенсивностью излучения Солнца на эту же площадь. При этом взаимодействие энергосистем с окружающей средой происходит на всех стадиях добычи и использования топлива, преобразования и передачи электрической энергии, преобразования электрической энергии в другие виды энергии. Такие темпы и объемы использования истощаемых источников энергии (угля, нефти и газа, ядерной энергии) привели не только к энергетической опасности, но и к нарушению экологического равновесия. Общепризнано, что для устранения, возникшего в прошлом нарушения ноосферного экологического равновесия и предотвращения назревшей глобальной энергетической опасности, необходим переход на принципиально новые технологии преобразования, использования и воспроизводства естественных энергоресурсов [8]. Основой этих технологий станет информационная составляющая и новые технические средства, в частности, новые технические средства силовой электроники [1-4] .

Процесс преобразования земных естественных энергоресурсов в электрическую энергию может быть представлен в виде системы с двухконтурной обратной связью: контура на уровне регулятора (саморегуляции) параметров с реакцией на текущие воздействия и контура саморазвития (рисунок 1). На уровне первого замкнутого контура отрицательной обратной связи (гомеостазиса) благодаря циклическому обмену энергии и информации система преобразования энергоресурсов должна находиться в состоянии подвижного равновесия с окружающей средой. На уровне второго замкнутого контура отрицательной обратной связи (саморазвития) благодаря циклическому накоплению и отбору информации, структурно-функциональной адаптации и перестройки, система преобразования энергоресурсов должна переходить на новый более высокий уровень подвижного равновесия с окружающей средой. Процесс преобразования естественных энергоресурсов в электрическую энергию необходимого потребителю качества характеризуется сложной иерархической многоконтурной структурой. В связи с этим проектирование составных частей иерархической структуры не может являться самоцелью и должно быть системным. Сущность системного метода проектирования полупроводниковых преобразователей энергии состоит в том, что как средство преобразования энергии должно рассматриваться в неразрывной связи с источником питания, источником информации, потребителем энергии и окружающей средой.

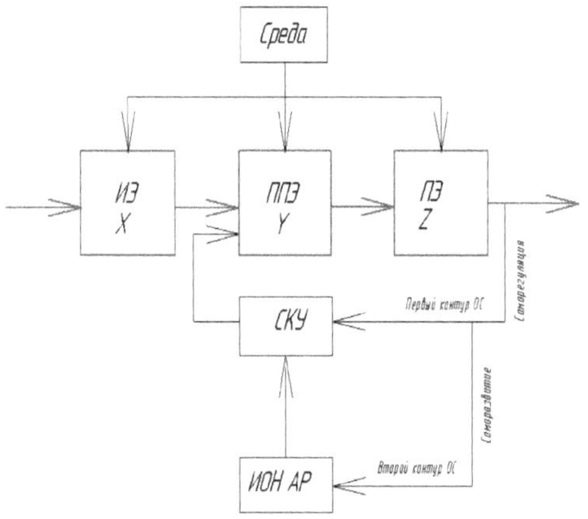

Рисунок 1 – Обобщенная модель циклического преобразования энергии
ИЭ – источник энергии, ППЭ – преобразователь параметров электроэнергии, ПЭ – потребитель энергии, СКУ – система контроля и управления, ИОН АР – информационно-обменный накопитель адаптации и развития системы.

Так как источник энергии ИЭ, преобразователь параметров электроэнергии ППЭ, потребитель энергии ПЭ описываются совокупностью параметров в виде функций времени X, Y, Z соответственно, то обобщенные критерии эффективности процесса преобразования энергии представляют собой функционалы, зависящие от характеристик X, Y, Z:

$$\Phi=Q(X, Y, Z). \qquad (1)$$

Практически функционал Ф количественно может отражать значения некоторых параметров системы ИЭ − ППЭ − ПЭ: точность, устойчивость, энергетическая или информационная эффективность и т. п. [5,7,9]. При анализе, синтезе и оптимизации иерархических структур является принципиально важным оценка информационной эффективности, в частности, оценки коэффициента полезного действии (КПД) источника информации, под которым понимается отношение полезной для потребителя смысловой мощности $N_б$ ко всей смысловой мощности источника N [5]:

$$h=N_б/N. \qquad (2)$$

На современном этапе развития цивилизации взаимодействие человека и природы должно быть согласованным (природосообразным), основанном на универсальных законах и эффектах самоорганизации и саморазвития природы таких, например, как:

- цикличность, волновой характер процессов, когерентность, явление резонанса;
- дискретность вещества, энергии и информации и эффект непрерывности и взаимосвязи энергетических и информационных процессов;
- вероятностный закон пространственных, энергетических и информационных взаимодействий и эффект детерминизма упорядоченной системы;
- неоднородность дискретных элементов вещества и объектов и эффект упорядоченности системы;
- нелинейность реальных процессов и эффект локальной линейности процессов;
- асимметрия неравновесных структур и процессов преобразования вещества, энергии и информации и эффект симметрии упорядоченной системы;
- обратимость процессов преобразования вещества, энергии и информации;
- иерархия структурная, энергетическая и информационная;
- открытость систем, эффект динамического равновесия и гомеостазиса систем;
- естественная способность материального мира к самоорганизации и прогрессивному развитию через динамические процессы хаоса и порядка.

На современном этапе стало возможным более гибкое не противоречивое использование природных свойств управляемых динамических отношений, таких, например, как вероятность и детерминация, дискретность и непрерывность, неустойчивость и стабильность, переходная нелинейность саморазвития и управляемая линейность процессов на уровне гомеостазиса с реакцией на текущие воздействия и т.д. Это может быть достигнуто путем управляемого совместного и согласованного косвенного или прямого взаимодействия человека между собой и средой. Универсальные свойства и законы самоорганизации и саморазвития пространственно-временного континуума мира могут и должны быть использованы на любом иерархическом уровне системы энергообеспечения, а также на уровне любого функционального технического средства каждого иерархического уровня. Одной из характерных тенденций развития электроэнергетики в настоящее время является чрезвычайная сложность средств и процессов преобразования энергии, относящихся к классу больших систем [6]. В отличие от традиционной практики создания относительно несложной системы, создание сложной системы связано не только с учетом свойств и законов функционирования элементов проектируемой системы, но и с выбором наилучшей структуры, оптимальной организации взаимодействия элементов проектируемой системы между собой и элементами взаимодействующих систем, а также средой. Задача создания сложных систем является комплексной и должна решаться системно. На первом этапе она сводится к выявлению наиболее вероятных из числа случайных материальных, энергетических и информационных связей и отношений элементов и процессов, пригодных для синтеза предполагаемой системы. На втором этапе решается задача повышения вероятности возможных детерминированных связей и отношений элементов проектируемой системы и к переходу к детерминированной реальной системе. Задачи первого этапа, должны решаться с учетом основных универсальных явлений и эффектов объективного мира на основе системно-синергетического подхода, а вторая – на основе системно-кибернетического подхода [8].

На основании известных, выше изложенных основных универсальных явлений и эффектов можно считать, что в обозримое время развитие преобразовательной техники должно быть основано на циклическом принципе дискретного преобразования энергии. При этом более широко должны быть учтены эффекты когерентности, явления резонанса и эффект локально детерминированной линейности реальных процессов на основе баланса реактивных составляющих полной мощности.

Цикличность процессов преобразования энергии на данном этапе развития энергетики должна рассматриваться в широком диапазоне и не только исходя из частотных свойств используемых источников энергии и требуемых для потребителей частотных свойств, но и суточных, годичных циклов функционирования больших и малых (автономных) систем электроснабжения. Современная преобразовательная техника невозможна без колебательных, периодических и близких к ним нестационарных процессов. Подобными процессами удобно управлять. Они позволяют создавать детерминированные системы близкие к линейным. Они позволяют также повышать энергетическую и информационную эффективность преобразователей энергии, в огромное число раз усиливать слабые сигналы. Явление резонанса относится к фундаментальным свойствам не только электрических процессов, но и всех физических процессов природы. Оно заключается в том, что при некоторой частоте вынуждающей силы колебательная система становится особенно отзывчивой на действие этой силы. Сто лет назад Никола Тесла называл никуда не годной электротехнику, не основанную на резонансе. В частности, идеи синергетики (теории самоорганизации) появились на основе физики колебаний (в России на почве горьковской школы радиофизики и нелинейной динамики).

Выше изложенные идеи используются для создания современных систем электроснабжения повышенной эффективности.

Литература

1. А. с. 892610 (СССР). Способ дискретного преобразования напряжения и устройство для его осуществления/ Н. И. Пономаренко. Опубл. в Б. И., 1981, № 47.

2. Кобзев А. В., Михальченко Г. Я., Тараскин А. А. Преобразование параметров электрической энергии модуляционным методом в системах со звеном повышенной частоты. Сб. Магнитно-вентильные преобразователи напряжения и тока. Томск, 1976, с.81.

3. Косова Е. Н., Пономаренко Н. И. К вопросу повышения эффективности преобразователей параметров электроэнергии со звеном повышенной частоты. Материалы XL научно-практической конференции по итогам работы профессорского состава СевКавГТУ за 2010 год. Том первый. Естественные и точные науки ,технические и прикладные науки. г. Ставрополь: СевКавГТУ 2011. С.21-24.

4.Косова Е.Н., Пономаренко Н.И. Основы повышения эффективности использования метода дискретного преобразования электроэнергии. Материалы V международной научной конференции. Научный потенциал XXI века. – Ставрополь: СевКавГТУ, 2011. – с 159-163.

5. Косова Е. Н., Пономаренко Н. И. Общность информационных и физических свойств преобразователей электроэнергии. Прикладная математика, управление и информатика. Сборник трудов Международной молодежной конференции. Белгород, 3-5 октября 2012, − с. 420 - 424.

6. Косова Е. Н., Пономаренко Н. И.. Обобщенная функциональная модель оптимизированной системы энергообеспечения. Пятая международная научно-техническая конференция. Ставрополь, 2012. − С. 72 - 76.

7. Косова Е. Н., Пономаренко Н. И. , Пономаренко А. Н. Экономика потребительских свойств электроэнергии. Актуальные проблемы и инновации в экономике, управлении, образовании, информационных технологиях. Материалы международной научной конференции. Ставрополь, 2009, с. 115 — 117.

8. Косова Е. Н., Пономаренко Н. И. , Пономаренко А. Н., Степанова В. С. Системные проблемы и задачи развития, использования и воспроизводства экономических ресурсов. Экономика Северокавказского региона на пути к устойчивому развитию в рыночных условиях. Сборник материалов первой региональной научно-практической конференции, г. Краснодар, 2003, с. 87 – 90.

9. Пономаренко Н.И. Оптимизация системы первичный источник – вольтореверсивный преобразователь постоянного напряжения. ЭП. «Преобразовательная техника», №7(126), 1980, с.7 – 9.

Долгих О.Г. - к.т.н.
Северо-Кавказский федеральный университет (г. Ставрополь)

ИСПОЛЬЗОВАНИЕ АДСОРБЦИОННЫХ ТЕХНОЛОГИЙ И УГЛЕРОДНЫХ АДСОРБЕНТОВ НА ОСНОВЕ ЛУЗГИ ПОДСОЛНЕЧНОЙ В СИСТЕМАХ ОЧИСТКИ НЕФТЕЗАГРЯЗНЕННЫХ ВОД

Одним из наиболее опасных веществ, загрязняющих среду обитания, является нефть – сложная система углеводородов и их производных различного строения и молекулярной массы, состоящая почти из 3000 ингредиентов, поэтому токсическое воздействие нефти и продуктов ее переработки на биосферу чрезвычайно обширно. Опасность углеводородов как загрязнителей обусловлена не только их биохимической активностью, но и высокой подвижностью, способствующей распространению вследствие таких явлений, как смачивание и растекание, сорбция, фильтрация через пористые среды и т.п. Разливы нефти на воде считаются более опасными, чем на почве, где она до определенной степени удерживается ее частицами. Известно, что 100-200 л нефти образуют пленку толщиной в 0,1 мкм на водной поверхности площадью 1 км^2. Сейчас почти 30% поверхности океана покрыто нефтяной пленкой.

Наибольшие потери нефти связаны с ее транспортировкой. В мировом масштабе они ориентировочно составляют около 60 млн. т в год. К основным загрязнителям также относятся добывающие и нефтеперерабатывающие предприятия, элементы системы перекачки нефти и нефтепродуктов, нефтебазы, автозаправочные комплексы и станции компаний и автопредприятий. В недостаточно очищенных сточных водах этих объектов содержание «нефти» часто превышает ПДК в десятки тысяч раз.

Из всех известных методов ликвидации нефтяных загрязнений водных объектов следует выделить четыре основных: механический, осуществляемый с помощью всевозможных конструкций и устройств для сбора нефти; физико-химический, основанный на использовании одноименных явлений; биологический – с помощью микробиологических культур и фотохимический, происходящий под действием солнечного света и катализаторов. Если разлив углеводородов произошел на воде, либо нефтепродукт, разлитый на поверхности земли, все же попал в воду, то методы очистки воды должны учитывать тип загрязнения – поверхностное или объемное.

Для ликвидации последствий поверхностного нефтяного разлива используют преимущественно механические и адсорбционные методы. Однако при толщине нефтяной пленки 1-2 мм, а также при малой глубине водоема использование механических средств становится невозможным. В таких условиях наиболее эффективны нефтесорбирующие материалы.

В нашей стране масштабы использования адсорбентов для очистки нефтезагрязненных вод значительно разнятся с зарубежной практикой, ограничения вызваны высокой стоимостью. Если соответствовать мировому уровню внедрения адсорбционных технологий, то расхождение спроса и предложения составит несколько порядков. Сейчас с учетом импорта потребление нефтесорбентов в России составляет 6-7,5 тыс. т в год. Приняв во внимание, что около 60% разлившейся нефти не собирается (оставляется на самоочищение и фотохимическое разложение), 20% – устраняется с помощью механических средств (скиммерные устройства) и вручную, а средняя нефтеёмкость адсорбентов составляет 20-30 кг на 1 кг сорбирующего материала, то средняя годовая ёмкость рынка сорбентов России для жидких углеводородов равняется приблизительно 110-130 тыс. т. Необходима разработка новых технологических решений, направленных на расширение ассортимента используемых нефтесорбентов. В регионах может быть создано производство адсорбентов из распространенного местного природного сырья, особенно являющегося отходом производства.

Нами разработаны способы получения дисперсных и гранулированных адсорбентов из лузги подсолнечника – отхода в процессе шелушения семян на маслоэкстракционных заводах, основанные на карбонизации сырья, то есть его термообработке в токе инертного газа.

Для получения дисперсных адсорбентов лузга подвергается двухстадийной обработке: предварительному химическому модифицированию суспензией из неорганических соединений и воды с последующей карбонизацией в среде азота при 300-400°С. В результате развивается пористость, повышается гидрофобность, растёт нефтеемкость до 5,8 г/г, увеличивается плавучесть и снижается водопоглощение. По характеристикам дисперсные адсорбенты подходят для сбора разливов нефти с поверхности воды. Способ запатентован [1].

Технология получения гранулированных адсорбентов заключается в измельчении сырья, обработке связующим – поливинилацетатной дисперсией, грануляции и термообработке в токе азота при 200-300°С. Способ получения гранулированных адсорбентов также запатентован [2]. Гранулированные адсорбенты отличаются высокой механической прочностью наряду с хорошей поглотительной способностью по углеводородам до 4,8 г/г. Они наиболее эффективны при удалении объемных загрязнений из нефтесодержащих сточных вод путем фильтрации через неподвижный слой адсорбента.

Адсорбционные технологии ликвидации разливов нефти и очистки сточных вод имеют свои особенности.

Для предотвращения распространения нефтяного пятна и его попадания на берег или береговые сооружения необходимо использовать сорбирующие боновые заграждения. Они состоят из отдельных секций различной длины, которые изготавливаются из сетного рукава или проницаемых материалов, заполненных поглотителем. Предлагаемые нами дисперсные адсорбенты отвечают основным требованиям к адсорбентам для заполнения бонов, то есть являются нетоксичными для человека и гидробионтов, гидрофобными, плавучими, обладают достаточной нефтеёмкостью. С точки зрения экологической чистоты и дешевизны они могут быть альтернативой традиционно используемым для этих целей синтетическим поглотителям. Причем после свертывания такие боны не требуют отмывания и их можно сжигать. С помощью боновых заграждений следует уменьшить площадь пятна загрязнения и, соответственно, увеличить толщину слоя нефти для обеспечения оптимальных условий дальнейшего сбора нефти нанесенным на ее поверхность дисперсным адсорбентом: толщина слоя поглотителя должна быть близка к толщине слоя нефти на поверхности воды. Эффективность очистки воды дисперсными адсорбентами с учетом волнения водной поверхности достигает 92%. Расчетная эффективность сбора нефти механическим путем в большинстве случаев – 80-90%, на практике этот показатель может снижаться на 30-40%. Такого падения эффективности при использовании адсорбентов не наблюдается.

Адсорбционная доочистка нефтезагрязненных стоков предприятий также достаточна эффективна и позволяет довести их качество до требований нормативов, уменьшая концентрацию нефтепродуктов от 10-400 мг/л до 0,05 мг/л. Проведены испытания гранулированных адсорбентов в системе водоочистки АЗС. На этих объектах традиционно применяются механические методы отстаивания загрязнений сначала в песколовке емкостного типа, затем в нефтеловушке. Из-за неравномерности поступления стоков, колебания состава и концентрации примесей эффективность такой очистки достигает только 70-80%. Внедрение узла доочистки после нефтеловушки в виде блока из песчаного и сорбционного фильтров позволяет довести степень очистки стоков до 98%, что не только снизит экологические платежи, но и предоставит возможность организовать повторный водооборот для технических нужд объектов по хранению и реализации нефтепродуктов.

Литература

1. Пат. 2395336 РФ, МПК^7 B 01 J 20/20, B 01 J 20/24. Способ получения углеродного адсорбента из лузги подсолнечной / О. Г. Долгих, С. Н. Овчаров; заявка № 2008143817 / 15 ; заявл. 05.11.08 ; опубл. 27.07.10, Бюл. № 21. 9 с.

2. Пат. 2411080 РФ, МПК^7 B 01 J 20/24. Способ получения гранулированного адсорбента из лузги подсолнечной / О. Г. Долгих, С. Н. Овчаров; заявка № 2009127298 / 05 ; заявл. 15.07.09 ; опубл. 10.02.11, Бюл. № 4. 7 с.

УДК 633.1:631.563.2

Купреенко А.И.
доцент, д.т.н., ФГБОУ ВПО «Брянская государственная сельскохозяйственная академия», kupreenkoai@mail.ru
Исаев Х.М.
доцент, к.э.н., ФГБОУ ВПО «Брянская государственная сельскохозяйственная академия»
Байдаков Е.М.
к.т.н., ФГБОУ ВПО «Брянская государственная сельскохозяйственная академия»
Ченин А.Н.
аспирант, ФГБОУ ВПО «Брянская государственная сельскохозяйственная академия»

БАРАБАННАЯ ГЕЛИОСУШИЛКА ЗЕРНА: КОНСТРУКТИВНЫЕ ПАРАМЕТРЫ И ЭФФЕКТИВНОСТЬ ИСПОЛЬЗОВАНИЯ

На основании анализа существующих конструкций гелиосушилок в Брянской ГСХА была создана и испытана барабанная гелиосушилка зерна (рис. 1).

Конструкция сушилки обеспечивает сушку зерна и в ночное время за счет накопления в течение дня тепловой энергии в гравийном аккумуляторе и отдачи ее в ночное время. Гравийный аккумулятор и увеличенная тяга в вытяжной трубе за счет верхнего солнечного коллектора препятствуют образованию конденсата в сушилке и повышению влажности зерна в период дождей. Это позволяет хранить в сушилке влажное зерно в течение такого периода без опасности его самосогревания.

Гелиосушилка состоит (рис. 2) из входного коллектора с двойным прозрачным покрытием 1, гравийного аккумулятора тепла 2 с объёмом 0,5...0,75 м^3 на 1 м^2 площади коллектора. Аккумулятор тепла имеет перегородку 3, которая служит для организации прохода воздуха через гравий. Верхний зачерненный слой гравия служит тепловоспринимающей поверхностью. Для усиления тяги установлен дефлектор 4 вытяжной трубы, представляющей собой вертикальный солнечный коллектор, образованный двойным прозрачным покрытием 5 и задней тепловоспринимающей стенкой 6.

Рис. 1 – Барабанная гелиосушилка зерна

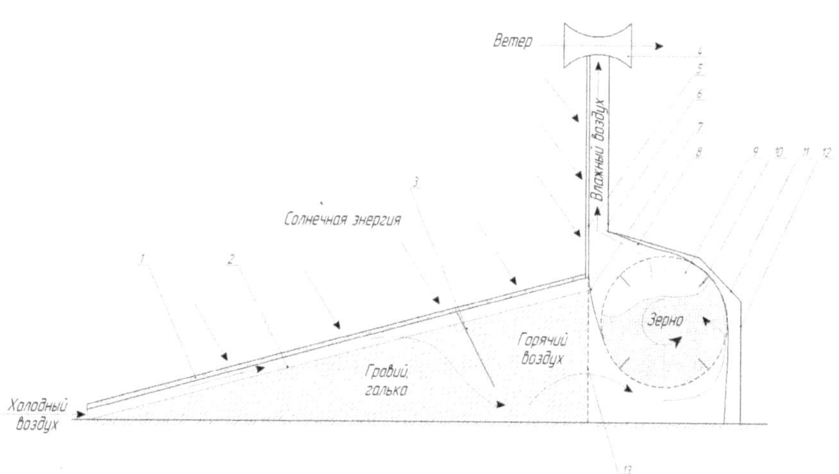

Рис. 2 – Схема барабанной гелиосушилки зерна

В сушильной камере установлены резиновые фартуки 7 и 8 для организации потока нагретого воздуха. Барабан 9, заполняемый зерном на $^{3}/_{4}$ своего объёма, установлен в опорах и имеет крышки для загрузки-выгрузки зерна. В барабане имеются лопатки 10, с помощью которых происходит перемешивание продукта сушки. Для загрузки барабана сушильная камера имеет открывающие крышки 11 и 12. Барабан приводится во вращение двигателем через редуктор. От коллектора камера отделена сеткой 13.

Время сушки зависит от влажности зерна и солнечной активности. В яркий солнечный летний день 1 м^2 коллектора может дать до 1 кВт тепловой мощности. При кратковременных летних дождях зерно в гелиосушилке укрыто от дождя, а сушка продолжается за счет тепла, накопленного в аккумуляторе. При работе без аккумулятора на грунт укладывают, например, зачерненный шифер волнами поперёк потока, грунт накрывают пленкой, рубероидом и т.п., в том числе и перед засыпкой гравия.

Удельная нагрузка составляет до 100 кг зерна на квадратный метр площади горизонтального солнечного коллектора. При этом обеспечивается сушка партий зерна, имеющих различную влажность. Отмечено также, что через два часа после сушки не наблюдается некоторого повышения влажности зерна в отличие от напольной сушилки.

При двухсменной работе барабанной гелиосушилки максимальная продолжительностью времени сушки одной партии зерна не более 11 ч с учетом времени на загрузку и разгрузку сушилки.

Неблагоприятные погодные условия приводят к увеличению времени сушки зерна. В этом случае можно дооборудовать гелиосушилку системами активной вентиляции и дополнительного электроподогрева сушильного агента в сушильной камере.

В результате экспериментальных исследований и расчета [1, 48] определены оптимальные конструктивно-технологические параметры барабанной гелиосушилки: диаметр сушильного барабана 0,88 м; вместимость сушильного барабана 2350 кг; длина сушильного барабана 7,14 м; площадь нижнего солнечного коллектора 42,31 м^2; площадь верхнего солнечного коллектора 11,19 м^2; требуемая мощность электродвигателя привода барабана 2 кВт; ширина гелиосушилки 7,54 м; длина гелиосушилки 6 м; высота гелиосушилки 5,4 м; угол наклона нижнего солнечного коллектора к горизонту 40^0; масса гравийного аккумулятора гелиосушилки 14570 кг.

Прямые эксплуатационные затраты на процесс сушки зерна составят 189 руб./т. Удельная производительность, показывающая, какая масса зерна высушивается в 1 м^3 сушилки за час составляет 50 кг/(м$^3 \cdot$ ч).

Стоимость барабанной гелиосушилки с такими конструктивными параметрами составит примерно 75 тыс. руб. в ценах 2013 г.

В настоящее время для сушки зерна в условиях небольших коллективных и фермерских хозяйств могут использоваться барабанные сушилки непрерывного действия типа СЗСБ-8А.

На основе технической характеристики барабанной сушилки СЗСБ-8А, определены прямые эксплуатационные затраты на сушку зерна.

Балансовая стоимость сушилки зависит от вида топлива, на котором она работает. Стоимость сушилки СЗСБ-8А на газу составляет 1316561,4 руб., на жидком топливе 1284264,8 руб. (по данным Белопольского машиностроительного завода - основного производителя и поставщика сушилок типа СЗ на Российском рынке).

Для расчетов принимаем стоимость сушилки СЗСБ-8А, работающей на жидком топливе 1425300 руб., на газе - 1460334 руб. с учетом НДС в размере 18 %, стоимости монтажных работ, которая равна 10 % от балансовой стоимости сушилки, стоимости железобетонных фундаментов и закладных (объем железобетона 16 $м^3$ и вес стальных закладных 60 кг). Время монтажа 10 дней (количество монтажников - 4 человека), для монтажа требуется кран грузоподъемностью не менее 7 т.

Прямые эксплуатационные затраты на сушку зерна в барабанной зерносушилке СЗСБ-8А составят в зависимости от вида топлива, соответственно: для работающей на газе - 189 руб./т, для работающей на жидком топливе - 435 руб./т.

Таким образом, при использовании барабанной гелиосушилки снижение прямых эксплуатационных затрат на сушку зерна по сравнению с зерносушилкой СЗСБ-8А, работающей на жидком топливе, составит 245 руб./т.

Равные прямые эксплуатационные затраты на сушку зерна составят в сравнении с зерносушилкой СЗСБ-8А, работающей на газе. Экономия топлива при использовании барабанной гелиосушилки составит 11 кг жидкого или 11 $м^3$ газообразного топлива на тонну зерна.

Кроме этого, щадящий режим тепловой обработки зерна, используемый в барабанной гелиосушилке, уменьшает трещинообразование в зерне, что повышает его семенные и хлебопекарные качества.

С учетом отчислений на страхование техники, налога на имущество, экологического налога экономический эффект от использования гелиосушилок будет еще выше.

Важным технологическим преимуществом гелиосушилок является возможность использования их для прогрева семян перед посевом для повышения их энергии прорастания и всхожести.

Эффективным приемом подготовки семян к посеву является их воздушно-тепловой обогрев. Он обеспечивает особенно хорошие результаты в том случае, когда созревание и уборка проходили при пониженных температурах и повышенной влажности. В таких условиях обогрев повышает энергию прорастания и полевую всхожесть семян. Особенно полезен обогрев семян озимых хлебов, если высевают свежеубранные семена.

Свежеубранные семена обычно имеют высокую жизнеспособность, но низкую всхожесть. Для повышения всхожести семян их рекомендуют перед посевом прогреть.

Объективным критерием является полевая всхожесть, которая показывает, как послеуборочная обработка зерновой массы влияет на качественные показатели зерна.

Воздушно-тепловой обогрев семян перед посевом увеличивает энергию прорастания на 4…22 %, повышает полевую всхожесть зерна на 15…18 %, урожайность на 1,5…3 ц/га при улучшении качественных показателей зерна (клейковина, качество клейковины, стекловидность) [2, 93].

При использовании сушилки СЗСБ-8А для этих целей зерно выдерживается в ней в течение 2…3 часов при температуре 40…42 ^{0}С. При этом тратится значительное количество топлива.

Барабанная гелиосушилка позволяет осуществить данную технологическую операцию без затрат энергоносителей в режиме камерной сушилки, т.е. без вращения барабана.

Таким образом, перспективными направлениями использования гелиосушилки являются: сушка высококачественного семенного материала в сельскохозяйственных предприятиях, личных подсобных и фермерских хозяйствах, селекционно-семеноводческих станциях; сушка зерна с целью обеспечения его высоких хлебопекарных качеств; предпосевная воздушно-тепловая обработка семян зерновых.

Литература

1. Купреенко, А.И. К обоснованию параметров барабанной гелиосушилки зерна / А.И. Купреенко, Х.М. Исаев, Е.М. Байдаков // Вестник ФГБОУ ВПО «Московский государственный агроинженерный университет им. В.П. Горячкина», № 1 (52), 2012. - С. 48-51.

2. Посыпанов, Г.С. Растениеводство / Г.С. Посыпанов, В.Е. Долгодворов, Г.В. Коренев и др.; под ред. Г.С. Посыпанова. - М.: Колос, 1997. - 448 с.

Semenov G.V.
Professor, Doctor of Science, Moscow State University of Food Production
e-mail: sgv47@yandex.ru
Bulkin M.S.
Ph.D., Moscow State University of Food Production
Krasnova I.S.
Ph.D., Moscow State University of Food Production

THE INTENSIFICATION OF VACUUM DEHYDRATION OF HEAT-SENSITIVE COMPONENTS

Now vacuum freeze-drying is recognized to achieve high level of saving native properties of heat-sensitive components - food, enzymes, herbal extracts and etc. It has many advantages, but it also has disadvantages, such as the long time of process (12-20 hours that depends on the kind of raw material) and relatively high energy consumption. The combining different processes remove moisture in a single technological cycle is perspective for increasing the efficiency of the vacuum dehydration [1,98]. There are possible following combinations:

- 30-40 % of moisture is removed due to evaporation in vacuum at 4000-7000 PA, then pressure is decreased, after it the freeze is begins, and then moisture is removed to the desired content of moisture due to the phase transition "ice - vapor" (freeze-drying);
- main part of moisture is removed due to freeze-drying, then pressure is increased, after it there is final drying in vacuum and pressure is below the triple point of water in this time;
- approximately half of the moisture is removed due to vacuum (evaporation or freeze-drying), then there is heating final drying at atmospheric pressure.

It is shown the first method is prefer to achieve a rational combination of energy and the desired level of quality of dried foods in our experiment

The objects of study were apples varieties "Antonovka" due to high content of ascorbic asid in the samples. Apples were divided into 6 parts to determine the content of ascorbic asid in different stages of moisture removed (start of vacuum drying, middle of vacuum drying, finish of vacuum drying, finish of freeze, 2 hours after freeze-drying, finish of process) (Figure 1). Each part was milled in a blender to puree and put a thick layer (4 ÷ 6) • 10-3 m on the trays. Vacuum dehydration was performed using create the laboratory pilot dryer [2,1]. The change in mass during dehydration was recorded using weighing-machine with electronic unit in dryer.

The content of ascorbic asid was determined by voltammeric method. The process of dehydration was finished when each intermediate stage begins, the product was removed and measured the content of ascorbic asid. The experiments were performed 3–5 times.

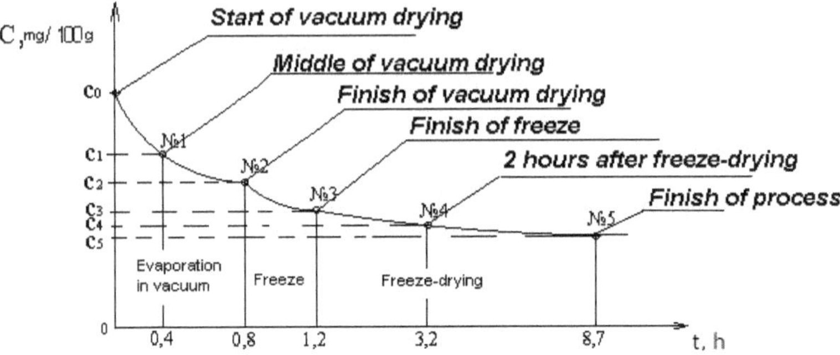

Figure 1 - The experiment to determine the content of ascorbic asid

The most intensive decrease the content of ascorbic acid was at the stage of evaporation with vacuum (Figure 2). Therefore, in each case it is necessary to define the ratio between the time of evaporation in vacuum, the period of the further process and changing the quality of product.

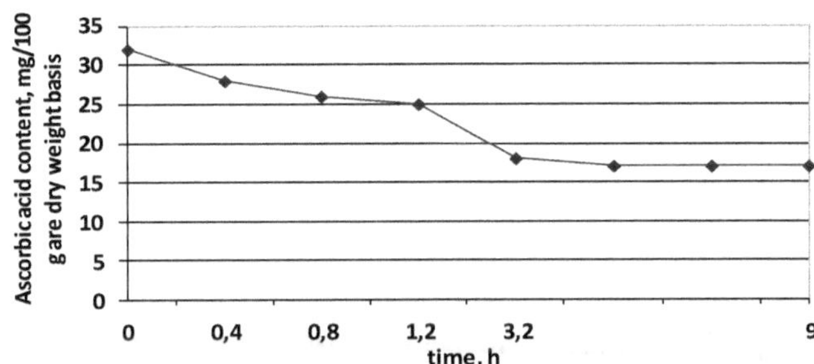

Figure 2 - Changes in ascorbic acid of apples puree in different stages of moisture removed

After there was determined the change of content of ascorbic acid (Figure 3), depending on the three cycles of dehydration: vacuum drying at a pressure of 1300-2500 PA; freeze-drying at a pressure of 30-60 PA, and combinations of these two processes in a single cycle.

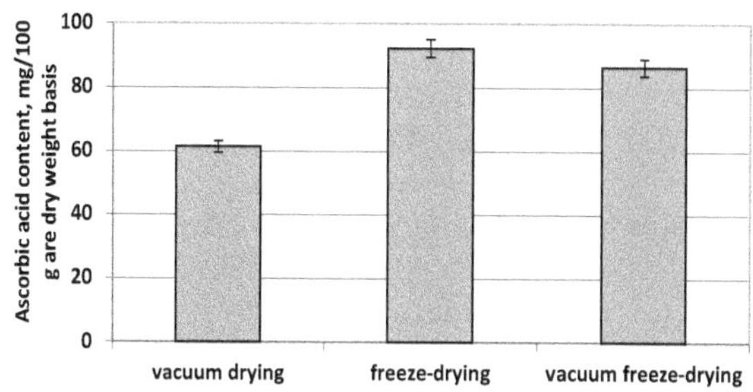

Figure 3 - Content of ascorbic acid in different cycles of dehydration

Comparison of the content of ascorbic acid indicates that freeze-drying and vacuum freeze-drying provide to obtain approximately similar results.

References

1. Semenov G.V. Vacuum freeze-drying . - M.: DeLee plus , 2013 - 264 p.
2. Patent № 2357166 C1 , F26B 5/ 06. Device for vacuum drying of thermolabile materials / Semenov G.V., Shabetnik G.D., Gluhman V.N., Budantsev E.V., Bulkin M.S. - Appl . 19.12.2007 . Publ . 27.05.2009 . Bull . № 15.

Голенок Е.А.[1], Трубочкина Н.К.[2]
1 – Научный сотрудник лаборатории "Nano-3D", Факультет информационных технологий и вычислительной техники,
МИЭМ НИУ ВШЭ
golenok-ea5@narod.ru
2 - Профессор, доктор технических наук, руководитель лаборатории "Nano-3D", Факультет информационных технологий и вычислительной техники, МИЭМ НИУ ВШЭ
nadin@miem.edu.ru

БЫСТРОДЕЙСТВУЮЩИЕ ЛОГИЧЕСКИЕ НАНОСТРУКТУРЫ В СЛОЖНЫХ ВЫЧИСЛИТЕЛЬНЫХ СИСТЕМАХ

Аннотация

В данной статье рассматриваются проблемы быстродействия для однослойных кремниевых наноструктур с проектной нормой 10 нм, которые являются основой элементной базы для быстродействующих вычислительных и интеллектуальных систем, представлены результаты работы лаборатории "Nano-3D".

Введение

В 21 веке приоритетным направлением развития научно-технического прогресса является создание принципиально новых вычислительных и интеллектуальных систем, обладающих улучшенными техническими параметрами. [1, 1168; 3, 525] Одним из таких параметров является быстродействие. В настоящее время быстродействие достигается: параллелизмом, увеличением количества ядер, процессоров и снижением проектной нормы технологического процесса. Так, например, суперкомпьютер, разработанный в МГУ в 2012 году включает в себя 12422 CPU/82468 ядер. Технологический лидер Intel разрабатывает элементную базу с проектной нормой 22, 14 нм. [4, 8; 5, 541]

До настоящего момента вычислительные системы использовали старую концепцию схемотехники - транзисторную схемотехнику, что не позволяло сделать рывок в улучшении качества технических параметров этой схемотехники.

Решение лаборатории "Nano-3D" - новая схемотехническая концепция

Суть новой концепции - уход от транзисторной схемотехники к переходной, в которой минимальным элементом синтеза схем является не транзистор, а материал и связь между материалами - переход.

В связи с новой схемотехникой необходимо разрабатывать новые методы для синтеза, моделирования и технологической разработки качественно новой наносхемотехники. (Задачи лаборатории "Nano-3D")

Решения лаборатории "Nano 3D" МИЭМ НИУ ВШЭ

Для достижения улучшения технических параметров, таких как быстродействие, информационная плотность, радиационная стойкость и стоимость элементной базы в лаборатории "Nano-3D" используются:

- переходная наносхемотехника (синтез математических моделей из физических переходов); [2, 286]

- реализация в виде однослойных наноструктруктур;

- математико-компьютерное моделирование наноструктур с проектной нормой 10 нм. [2, 59]

Переходная ЭСЛ лаборатории "Nano-3D"

В статье представлена наноструктура ЭСЛ класса. [2, 240]

На рисунке 1 представлена переходная модель наноструктуры ЭСЛ, где n, p - это области кремний n,p-типа; in1, in2 - логические входы; out1, out2 - логические выходы; E1, E2 - источники питания; gnd - контакт "земля". [2, 241]

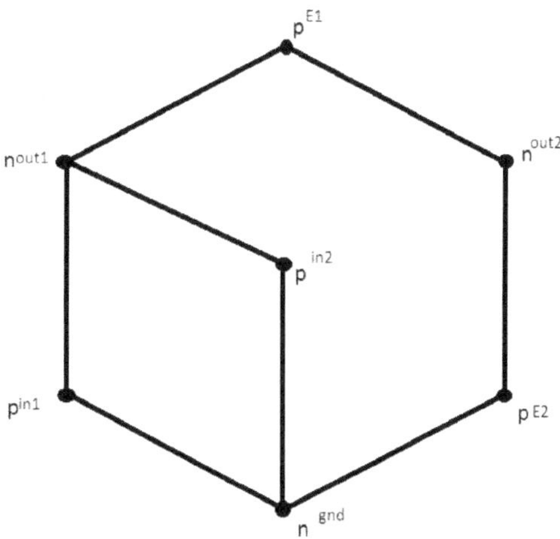

Рис. 1. Переходная модель наноструктуры ЭСЛ

В зависимости от технологической реализации данная модель может содержать 3 транзистора (2 логических и 1 опорный) или 5 транзисторов (логические, опорные и 1 инжектирующий)

В результате проведённого моделирования была получена рабочая наноструктура. [2, 64]

На рисунке 2 представлены результаты пространственного заряда в наноструктуре ЭСЛ с моделью на рисунке 1.

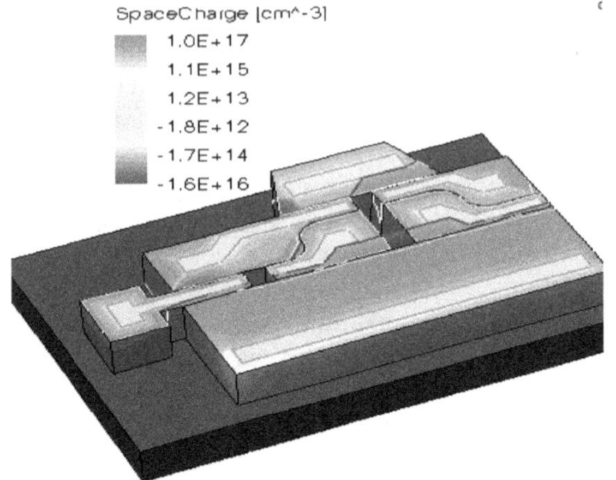

Рис.2. Результаты физического моделирования пространнственного заряда

Задержка данного класса наноструктрур зависит от различных параметров и в среднем равна 10 пикосекундам.

Заключение

Основываясь на новых концепциях, лаборатория "Nano-3D" представила новый класс быстродействующих работоспособных наноструктур, синтезируемых на основе новой концепции с технологической проектной нормой 10 нм. Данный класс наноструктур может стать основой элементной базы быстродействующих вычислительных и интеллектуальных систем нового поколения.

Литература

1. Lombardi C. et al. A physically based mobility model for numerical simulation of nonplanar devices // IEEE Transactions on Computer-Aided Design, 1988, Vol. 7, № 11, pp. 1164-1171.
2. Трубочкина Н.К. «Моделирование 3D наносхемотехники» Бином. Лаборатория знаний, 2012г, 499 стр.
3. Furkay S.S. Thermal characterization of plastic and ceramic surface-mount components // IEEE Transactions on Components, Hybrids, and Manufacturing Technology, 1988, Vol. 11, № 4, pp. 521-527
4. Tian-Ming Fu, Xiaojie Duana, Zhe Jiang, Xiaochuan Dai, Ping Xie, Zengguang Cheng, and Charles M. Lieber, 2013, Sub-10-nm intracellular bioelectronic probes from nanowire–nanotube heterostructures. Публикация (Web): 12 DECEMBER 2013.
5. Li Xiaolin et al. Highly conducting grapheme sheets and Langmuir-Blodgett films // Nature Nanotech, 2008, Vol. 3, P. 538-542.

Герасимов В.Н.
МГТУ им. Н.Э. Баумана
vovka_ok@list.ru

СПОСОБ ОПРЕДЕЛЕНИЯ ПАРАМЕТРОВ ДИНАМИЧЕСКИХ ПРЕПЯТСТВИЙ ПО ДАННЫМ ЛАЗЕРНОГО ДАЛЬНОМЕРА

В современном мире сервисные мобильные роботы набирают популярность. Для успешного перемещения робота в сложной динамической недетерминированной среде необходима бортовая навигационная система. Однако существующие системы навигации для сервисных роботов не учитывают подвижные препятствия.

Ранее мною была разработана навигационная система, состоящая из алгоритмов SLAM (одновременной локализации и построения карты), поиска кратчайшего пути и управления движением трехколесного мобильного робота. В статье [1] данная система была дополнена алгоритмом определения параметров динамических препятствий, а также модификацией алгоритмов управления движением.

В данной статье предложен способ определения параметров подвижных препятствий, а также в ходе работы получены результаты его реализации в составе навигационной системы.

Задача определения параметров подвижных препятствий поставлена следующим образом. Мобильный робот, оснащенный сканирующим лазерным дальномером, находится в помещении. Имеется карта помещения, построенная с помощью алгоритма NDT (преобразование нормальных распределений) [2]. Входными данными является массив точек, описывающий рельеф помещения в плоскости измерения. В результате решения данной задачи необходимо получить список подвижных объектов со следующими параметрами: $\boldsymbol{s}=(x, y, \varphi, v, \omega, W)^{\mathrm{T}}$, где x, y, φ – текущие координаты и курс препятствия, соответственно, v, ω – текущая линейная и угловая скорость его движения, W – диаметр габаритной окружности.

Ограничения и допущения, которые необходимо учесть, подробно рассмотрены в [1, 316]. Алгоритм решения также описан в вышеуказанной статье. В данной работе этот алгоритм был модифицирован, с целью повысить точность и устойчивость определения вектора состояния $\boldsymbol{s}$ препятствия. Для достижения заявленного результата я применил МНК (метод наименьших квадратов), чтобы определить параметры габаритной окружности, и комплементарный фильтр для оценки скорости и курса.

Рассмотрим подробнее обоснование применения и реализацию этих методов. Исследовав дальнометрическое изображение типовых подвижных препятствий (человек, мобильный робот), я ввел еще одно допущение: все типовые препятствия можно считать «круглыми», т.е. цилиндрической формы, либо близкой к таковой. Поэтому, через точки, принадлежащие объекту можно провести наиболее близкую окружность с помощью МНК.

Для расчета были использованы следующие выражения. Сумма квадратов ошибок:

$$E = \sum_{i=1}^{N} \left((x_i - x_c)^2 + (y_i - y_c)^2 - R^2 \right)^2 ,$$

где N – число точек, описывающих объект, x_i, y_i – координаты этих точек, x_c, y_c – координаты центра окружности, R – радиус окружности.

Сделаем замену переменных:

$$u_i = x_i - \overline{x}; \qquad v_i = y_i - \overline{y}; \qquad \overline{x} = \frac{1}{N}\sum_{i=1}^{N} x_i; \qquad \overline{y} = \frac{1}{N}\sum_{i=1}^{N} y_i .$$

Запишем систему уравнений в переменных u, v:

$$\begin{cases} u_c \cdot \sum\limits_{i=1}^{N} u_i^2 + v_c \cdot \sum\limits_{i=1}^{N} u_i v_i = \frac{1}{2}\left[\sum\limits_{i=1}^{N} u_i^3 + \sum\limits_{i=1}^{N} u_i^2 v_i \right] \\ u_c \cdot \sum\limits_{i=1}^{N} u_i v_i + v_c \cdot \sum\limits_{i=1}^{N} v_i^2 = \frac{1}{2}\left[\sum\limits_{i=1}^{N} u_i v_i^2 + \sum\limits_{i=1}^{N} v_i^3 \right] \end{cases}.$$

Решив ее, найдем необходимые параметры, проведя обратную замену переменных:

$$x_c = u_c + \overline{x}; \qquad y_c = v_c + \overline{y}; \qquad R = \sqrt{u_c^2 + v_c^2 + \frac{1}{N}\left[\sum_{i=1}^{N} u_i^2 + \sum_{i=1}^{N} v_i^2 \right]} .$$

Получившаяся окружность является габаритной только в случае цилиндрического препятствия ($W_{ku}=2R$), в противном случае, радиус необходимо скорректировать, установив равным расстоянию от центра получившейся окружности до максимально удаленной точки, принадлежащей данному объекту:

$$W_{ku} = 2 \cdot \max_i \left(\sqrt{(x_i - x_c)^2 + (y_i - y_c)^2} \right).$$

Вычислив параметры габаритной окружности, можно обновить оценку параметров объекта. Для этого применяются следующие методики. Сначала алгоритм предсказывает новое положение объекта, используя уравнения кинематики:

$$\varphi_{kp} = \varphi_k + \omega_k \cdot h; \quad x_{kp} = x_k + v_k \cdot \cos(\varphi_{kp}) \cdot h; \quad y_{kp} = y_k + v_k \cdot \sin(\varphi_{kp}) \cdot h ,$$

где x_k, y_k, φ_k, v_k, ω_k – текущие переменные состояния объекта, h – шаг интегрирования.

Затем, используя предсказание и параметры окружности, с помощью комплементарного фильтра находим (k+1) оценку положения объекта:

$$x_{k+1} = K \cdot x_{ku} + (1-K) \cdot x_{kp}; \quad y_{k+1} = K \cdot y_{ku} + (1-K) \cdot y_{kp} ,$$

где $x_{ku}=x_c$, $y_{ku}=y_c$ – измеренное положение препятствия, K – коэффициент фильтрации.

Затем определяем длину перемещения и направление, вдоль которого оно было совершено:

$$\Delta l = \sqrt{(x_{k+1} - x_k)^2 + (y_{k+1} - y_k)^2}; \quad \varphi_{ku} = \operatorname{atan} 2\left(\frac{y_{k+1} - y_k}{x_{k+1} - x_k}\right)$$

Угол пропускаем также через комплементарный фильтр, следует обратить внимание, что коэффициент в данном случае зависит от длины перемещения: чем больше длина, тем мы более доверяем измерениям, нежели предсказанию, и наоборот.

$$\varphi_{k+1} = K_\varphi \cdot \varphi_{ku} + (1 - K_\varphi) \cdot \varphi_{kp}; \qquad K_\varphi = \begin{cases} \Delta l \cdot K_\varphi^0, K_\varphi < 1 \\ 1, K_\varphi \geq 1 \end{cases},$$

где $K_\varphi{}^0$ – максимальный коэффициент фильтрации.

Скорости находим путем дискретного дифференцирования перемещения и курсового угла:

$$v_{ku} = \frac{\Delta l}{h}; \qquad \omega_{ku} = \frac{\varphi_{k+1} - \varphi_k}{h}$$

Наконец, полученные скорости, а также диаметр габаритной окружности пропускаем через фильтр нижних частот, обращаясь к инерционности препятствия.

$$v_{k+1} = \lambda_v \cdot v_{ku} + (1 - \lambda_v) \cdot v_k; \qquad \omega_{k+1} = \lambda_\omega \cdot \omega_{ku} + (1 - \lambda_\omega) \cdot \omega_k;$$

$$W_{k+1} = \lambda_W \cdot W_{ku} + (1 - \lambda_W) \cdot W_k,$$

где λ_v, λ_ω, λ_W – характеристические коэффициенты фильтров, определяющие частоту среза.

Полученные оценки параметров движения объекта можно использовать в алгоритме обхода препятствий. Было проведено моделирование, а затем поставлен эксперимент, подтверждающий улучшение характеристик определения параметров подвижного объекта.

Таким образом, задача, поставленная в данной работе, решена. Полученные результаты подтверждают работоспособность предложенного метода, а также возможность его применения в реальной навигационной системе мобильного робота.

СПИСОК ЛИТЕРАТУРЫ

1. **Герасимов В.Н.,** К вопросу управления движением мобильного робота в динамической среде [Текст] ЭКСТРЕМАЛЬНАЯ РОБОТОТЕХНИКА – робототехника для работы в условиях опасной окружающей среды. // Труды 7-го международного симпозиума. – Санкт-Петербург: Изд-во «Политехника-сервис», 2013. – С. 312–319.
2. **Biber P., Strasser W.** The normal distributions transform: a new approach to laser scan matching [Текст] // Proceedings of the 2003 IEEE/RSJ International Conference. – 2003. – Т. 3. – С. 2743–2748.

Баранов А.Н. [1], **Трубочкина Н.К.** [2]
[1]аспирант, Факультет информационных технологий и вычислительной техники, МИЭМ НИУ ВШЭ
[2]профессор, доктор технических наук, Факультет информационных технологий и вычислительной техники, МИЭМ НИУ ВШЭ
[1]aleksej_baranov@pochta.ru, [2]nadin@miem.edu.ru;

РАЗРАБОТКА И МОДЕЛИРОВАНИЯ МАТРИЦ НАНОПРОВОДОВ ДЛЯ ИНТЕЛЛЕКТУАЛЬНЫХ СИСТЕМ

1. Аннотация

Авторами исследуется возможность создания структуры матрицы нанопроводов, с сечением 10x10нм^2, реализующих функции памяти. Предметной областью является наносхемотехника[1], как элементная база для интеллектуальных систем нового типа[2], биофизика, регенирирующая и усиливающая биомедицина[3].

2. Введение

Нанопровода – один из объектов исследований лаборатории N3D (Nano-3D), занимающейся моделированием различных новых вариантов элементной базы для персональных суперкомпьютеров. Нанопровода являются уникальными объектами, которые позволяют решать различные фундаментальные и прикладные задачи инновационных направлений от создания новых материалов до создания новых устройств. Помимо известных методов использования нанопроводов из различных материалов исследуется возможность реализации логических функций на нанопроводах из кремния.

3. Применение нанопроводов

В последнее время устройствам на нанопроводах уделяется большое внимание. Они перспективны для в использования в интегральной наноэлектронике, а также для изучения фундаментальных свойств структур и приборов с очень малыми размерами. Для создания компонентов электрических схем на основе нанопроводов отдельные нанопровода легируют, чтобы получить полупроводники n-типа или p-типа. Затем простой переход p-n-типа фиксируют посредством простого физического соединения провода p-типа с проводом n-типа или при помощи химического легирования различными примесями. За счет этого процесса переход p-n-типа можно получить с помощью всего одного провода. После создания переходов приступают к созданию логических затворов на основе нескольких переходов p-n-типа.

4. Основные направления в работе

Работы по разработке новых наноструктур в лаборатории NANO-3D осуществляются по следующим критериям:

1. Предельная информационная плотность.
2. Быстродействие.

3. Энергосбережение.

4.Минимальная стоимость технологической реализации.

Основными направлениями разработки являются:

1. Энергосберегающие наноструктуры (2D и 3D наносхемотехника).

Особенностью нанопроцессоров, созданных на нанопроводах, является низкое энергопотребление. В отличие от транзисторов в обычных микросхемах нанотранзисторы энергонезависимы, то есть после программирования цепи не происходит расходования электричества на ее поддержание. Малые размеры и низкое энергопотребление делают такие процессоры идеальной основой для сверхмалых электронных датчиков и самого широкого спектра бытовой электроники.

2. Быстродействующие логические наноструктуры на основе кремниевых нанопроводов.

3. Дешевые наноструктуры логики и памяти, выполненные по технологии одного информационного слоя на изоляторе (самые дешевые схемы).

4. Проведение программного моделирования разрабатываемых наноструктур.

5. Новая схемотехника с использованием нанопроводов – как возможная элементная база для вычислительных и интеллектуальных систем нового типа.

5. **Устройства на нанопроводах.**

Простейшие цифровые устройства для суперкомпьютера это вентили (элементы выполняющие простейшие логические функции) и ячейки памяти (хранящие бит информации). Из этих простейших устройствах строятся процессоры и матрицы (кубоиды) памяти.

На рис.1 показан нанопровод, на котором реализована функция инверсии.

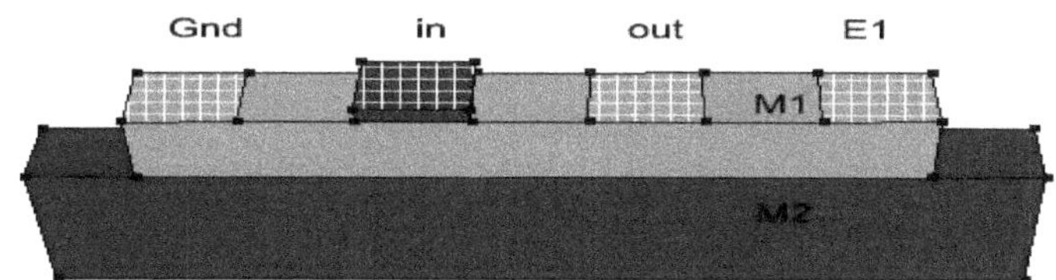

Рис. 1. Исследуемая структура нанопровода

На двуокиси кремния (M2) осажден кремниевый нанопровод n-типа (M1),с сечением 10x10 нм2, на котором с шагом 10 нм имеются: контакт шины «земля» (Gnd), входной контакт (in), расположенный на слое тонкого окисла (SiO2), выходной контакт (out), подключенный к нагрузке и контакт питания (E1).

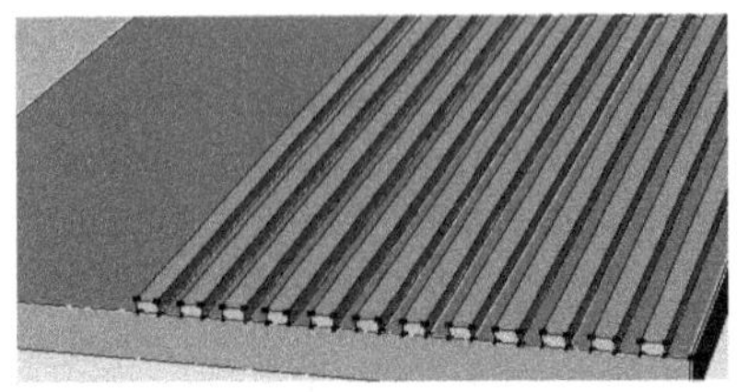

Рис 2. Моделирование фрагмента матрицы нанопроводов

Матрицы – организованные системы из нанопроводов. Данные матрицы можно использовать, как для реализации логических схем, так и для схем памяти очень больших объемов.

Важнейшими свойствами логических комплексов из нанопроводов является их предельная информационная плотность, минимальные энергетические потери при реализации логических функций и высокое быстродействие. Они технологически легко выстраиваются в сложнейшую систему многоядерных процессоров. Это дает возможность говорить о качественно новой элементной базе, на основе которой можно создать компактный, относительно недорогой суперкомпьютер.

5. Заключение

На основании анализа направлений развития нанотехнологий в интеллектуальной наноэлектронике, как элементной базе для вычислительных и интелектуальных систем нового типа, разрабатываются и моделируются новые наноструктуры с проектной нормой 10 нм., что соответствует мировым инновационным проектам.

Литература

1. Трубочкина Н.К. Моделирование 3D наносхемотехники. М.: БИНОМ. Лаборатория знаний, 2012 — ISBN 978-5-9963-0291-8 — с.499
2. Hao Yan, Hwan Sung Choe, SungWoo Nam, Yongjie Hu, Shamik Das, James F. Klemic, James C. Ellenbogen & Charles M. Lieber. Programmable nanowire circuits for nanoprocessors. Nature 470, 240–244
3. Tian-Ming Fua, Xiaojie Duana,b,1, Zhe Jianga, Xiaochuan Daia, Ping Xiea, Zengguang Chenga, and Charles M. Liebera. Sub-10-nm intracellular bioelectronic probes from nanowire–nanotube heterostructures. Harvard University. c,1

Магомедова М.Р.
кандидат технических наук, ФГБОУ ВПО «Дагестанский государственный технический университет»
n-guseinova@mail.ru

АПРОБАЦИЯ МАТЕМАТИЧЕСКОЙ МОДЕЛИ ТРАНСПОРТА ПРИДОННЫХ НАНОСОВ НА ЭКСПЕРИМЕНТАЛЬНЫХ И НАТУРНЫХ ДАННЫХ

Исходя из неоднородности гранулометрического состава русловых отложений при разработке математической модели транспорта руслоформирующих наносов турбулентным потоком был принят стохастический подход, основанный на представлении о срыве со дна и переносе частиц наносов крупномасштабными турбулентными возмущениями, амплитудные и частные характеристики которых определяют параметры траекторий скачкообразного движения придонных наносов и их концентрацию в потоке.

С использованием теории вероятностей и теории выбросов случайных процессов, с учетом нормального закона распределения горизонтальной и вертикальной составляющих мгновенных скоростей течения и Релеевского закона распределения их максимумов, получена формула удельного расхода придонных наносов в параметрической форме:

$$q_T = \rho_{отл} d V_{\Delta ндоп} \varphi(\overline{u}_\Delta / V_{\Delta ндоп}), \tag{1}$$

где $\rho_{отл}$ – плотность русловых отложений, кг/м^3; d – диаметр частиц грунта, м; $\overline{u}_\Delta$ – осредненное значение продольной составляющей донной скорости, м/с; $V_{\Delta ндоп}$ – допускаемая неразмывающая донная скорость, м/с;

Для апробации разработанной математической модели транспорта придонных наносов были проведены численные эксперименты на ЭВМ с помощью программного комплекса BedLoadTransp. При этом использованы экспериментальные и натурные данные различных исследователей: В.Н. Гончарова, Г.К. Джильберта, В.Ф. Талмазы, А.С. Пейнтела и А.М. Мухамедова. Массив охватывает следующий диапазон изменения гидравлических характеристик потока и русла: расход воды Q = 0,0026…27,8 м^3/с, глубина потока h = 0,01…1 м, ширина потока b = 0,2…12,3 м, средняя скорость потока V = 0,3…2,5 м/с, диаметр частиц наносов d = 0,0003…0,06 м.

При расчетах осуществлялся отбор данных по критериям, соответствующим влекомым и полувзвещенным наносам, и по критериям при движении наносов по плоскому дну и при грядообразном дне.

Сопоставление полученных в результате разработки математической модели теоретических кривых относительного расхода придонных наносов, вычисленного по формуле (1) с экспериментальными и натурными данными различных авторов, качественно правильно отражает зависимость расхода придонных наносов от обусловливающих его факторов и дает удовлетворительное согласие в широком диапазоне изменения характеристик водного потока и наносов.

На рис. 1 дано сопоставление опытных и расчетных значений удельного расхода придонных наносов по формуле (1) и формуле И.И. Леви (2). Формула И.И. Леви, предложенная в 1957 г., имеет вид:

$$q_T = 0{,}002\left(\frac{V}{\sqrt{gd}}\right)^3 d(V - V_н)\left(\frac{d}{h}\right)^{0,25}, \quad м^3/(с.м) \qquad (2)$$

Формула (2) применима только для частиц диаметром $d > 0{,}5 \div 1{,}0$ мм и при относительной шероховатости $\dfrac{d}{h} > 2 \cdot 10^{-4}$.

Результаты сопоставления показывают, что разработанная математическая модель транспорта наносов дает лучшее соответствие экспериментальным и натурным данным.

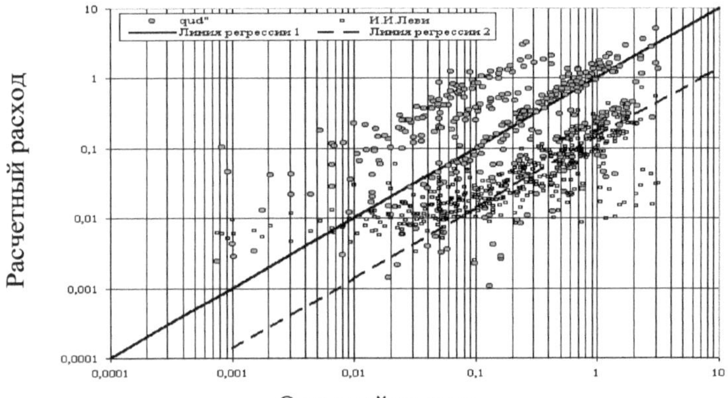

Опытный расход

Рис. 1 – Сопоставление с экспериментальными данными расчетных значений расхода придонных наносов по формуле (1) и по формуле И.И. Леви (2); опытные данные В.Н. Гончарова, В.Ф. Талмазы, Г.К. Джильберта, А.С. Пейнтела, А.М. Мухамедова

Для проверки применимости разработанной математической модели транспорта придонных наносов для условий образования на дне и перемещения донных гряд были выполнены численные эксперименты по сопоставлению теоретических значений расхода придонных наносов с данными гидравлических экспериментов при грядовой форме дна. Отбор данных для сопоставления выполнялся по критериям грядового движения В.Н. Гончарова и Н.С. Знаменской (таблица 1).

Таблица 1 - Критерии донногрядового режима

Критерии	Гладкая фаза	Микроформы	Вторая гладкая фаза	Мезо-формы
Критерии Н.С. Знаменской	$\frac{V}{w} \le 1{,}2$	$1{,}2 \le \frac{V}{w} \le 60$	–	$\frac{V}{w} > 1{,}2$
Критерии В.Н. Гончарова	$\frac{V}{V_н} < 2{,}5\left(\frac{d_5}{h}\right)^{1/12}$	$2{,}5\left(\frac{d_5}{h}\right)^{1/12} \le \frac{V}{V_н} < 2{,}5\left(\frac{h}{d_5}\right)^{1/12}$	$\frac{V}{V_н} \ge 2{,}5\left(\frac{h}{d_5}\right)^{1/2}$	–
Преобразованные критерии В.Н. Гончарова	$\frac{\overline{u}_\Delta}{V_{\Delta ндоп}} < 1{,}77\left(\frac{d_5}{h}\right)^{0{,}083}$	$1{,}77\left(\frac{d_5}{h}\right)^{0{,}083} \le \frac{\overline{u}_\Delta}{V_{\Delta ндоп}} < 1{,}77\left(\frac{h}{d_5}\right)^{0{,}083}$	$\frac{\overline{u}_\Delta}{V_{\Delta ндоп}} \ge 1{,}77\left(\frac{h}{d_5}\right)^{0{,}083}$	–

Результаты сопоставления, представленные на рис. 2 (а, б), свидетельствуют об удовлетворительном соответствии расчетных и экспериментальных значений относительного расхода придонных наносов при грядовой форме дна.

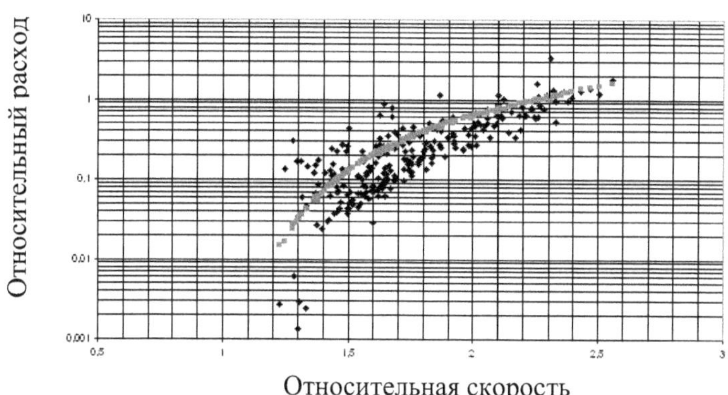

а

б

Рис. 2 – График зависимости $q_T/(\rho_{отл} d_{ср} V_{\Delta н.доп}) = \varphi(\overline{u}_\Delta / V_{\Delta н.доп})$ для расчета расхода придонных наносов в сопоставлении с экспериментальными и натурными данными при грядовой форме дна, отобранных по критериям Н.С. Знаменской и В.Н. Гончарова (табл. 1)

Учитывая большой диапазон изменения гидравлических характеристик потока и расходов придонных наносов в анализируемых экспериментальных данных, на основе результатов численных экспериментов можно сделать вывод, что разработанная математическая модель, основанная на вероятностном подходе, с применением теории выбросов случайных процессов, в целом правильно отражает процесс транспорта придонных наносов в открытых руслах.

Литература

1. Знаменская Н.А. Грядовое движение наносов. – Л.: Гидрометеоиздат, 1968. – 188 с.

2. Знаменская Н.А. Донные наносы и русловые процессы. – Л.: Гидрометеоиздат, 1976. – 192 с.

3. Леви И.И. Динамика русловых потоков. – Л.: Госэнергоиздат, 1957. – 247 с.

4. Магомедова А.В. Эрозионные процессы в руслах рек и каналов. – М.: ВЗПИ, 1990. – 203 с.

5. Магомедова А.В., Гусейнова М.Р. Применение теории выбросов случайных процессов для расчета транспорта придонных наносов в каналах оросительной сети // Проблемы мелиорации и перспективы развития водохозяйственного комплекса Республики Дагестан: Сб. ст. / Минмелиоводхоз. – Махачкала, 2005. – С. 81-88.

Девятериков Е.А., Михайлов Б.Б.

Девятериков Е. А. аспирант 2-го года обучения кафедры «Роботы и робототехнические системы» Московского Государственного Технического Университета им. Н. Э. Баумана
retegor@mail.ru

ИСПОЛЬЗОВАНИЕ АЛГОРИТМА ВИЗУАЛЬНОЙ ОДОМЕТРИИ ДЛЯ УПРАВЛЕНИЕМ МОБИЛЬНЫМ РОБОТОМ

Введение

Для управления мобильным роботом в случае движения по траектории необходима система определения местоположения и ориентации в пространстве. В настоящее время для навигации широко используются: энкодеры, инерциальные системы, GPS и дальномеры. Но перечисленные устройства имеют свои недостатки. Использование энкодеров невозможно при проскальзывании колес. Инерциальные системы накапливают ошибку. GPS недостаточно точна для локальной навигации, неустойчива в закрытых помещениях. Система с дальномером имеет высокую стоимость и сложна.

Рост производительности встраиваемых вычислительных решений позволяет обрабатывать видео-данные бортовой системы технического зрения робота в реальном времени, и использовать их для решения все более сложных задач, в том числе и для навигации.

Метод визуальной одометрии [1, 2, 3, 4] основан на измерении смещения ключевых точек в пространстве, информация о которых получается из анализа последовательности стереоизображений системы технического зрения. Изображения одного и того же объекта, наблюдаемого двумя камерами, расположенными на определенном расстоянии друг от друга, отличаются. Сопоставляя эти два изображения можно находить 3-х мерные координаты точек пространства. Идея алгоритма визуальной одометрии заключается в том, чтобы выделять на стереоизображениях набор точек, обладающих определенным свойством, например, углы зданий, темные пятна на асфальте и т. д., и наблюдать изменение их положения, а затем пересчитывать это изменение в смещение и угол поворота робота. Такая система может работать в недетерминированной среде, позволяет решать сопряженные задачи, такие как, например, построение карты помещения.

В [3, 4] была предложена наша реализация алгоритма визуальной одометрии, позволяющего вычислять текущие координаты мобильного робота с помощью системы 3-х мерного технического зрения. Был собран макет визуального одометра, проверены его работоспособность, точность и быстродействие. Результаты показали, что визуальный одометр позволяет с частотой 10 Гц измерять перемещение робота с точностью 7% и угол курса с точностью 10%. В этом эксперименте визуальный одометр не был задействован в контуре системы управления робота, точность и время вычисления координат оценивались независимо.

Для оценки возможности использования предложенного способа измерения пути как датчика обратной связи по положению в [5] была смоделирована система управления для того же лабораторного трехколесного робота, который использовался в эксперименте, но с визуальным одометром в обратной связи. В модели были учтены несовершенства визуального одометра: дискретизация измерений по времени; квантование, обусловленное разрешением телекамер; внесены шумы, имитирующие неточности в каждой итерации. Результаты моделирования оказались удовлетворительными. Система оставалась устойчивой, даже если время обработки изображений достигало 0,3 с, что в 3 раза больше реального значения. Относительная ошибка выхода в заданную точку при моделировании движения по траектории с несколькими поворотами составила 14%.

В ходе последней работы [6] была реализована система управления мобильным роботом с визуальным одометром в обратной связи по положению. Эта система была проверена экспериментально, определена ее точность при решении задачи объезда конкретной траектории длиной 4 м с 6-тью поворотами на 90°. Средняя ошибка выхода робота в исходную точку составила 13% от длины траектории. При этом к конструкции робота не предъявлялись какие-либо специальные требования: диаметры колес отличались более, чем на 5% от заданных в модели; люфт колес достигал 10°. Результат подтверждает, что визуальный одометр может быть использован в системе управления мобильного робота в качестве датчика обратной связи по положению.

Литературы

1. Nist´er D., Naroditsky O., Bergen J. Visual odometry for ground vehicle applications. Journal of Field Robotics, выпуск 23(1), 2006. С. 3-20.
2. Xu J., Shen M., Wang W., Yang L., Liu J., Kalyaev I. Robust stereo visual odometry for autonomous rover, 6th WSEAS International Conference on Signal, Speech and Image Processing. 2006.
3. Девятериков Е. А., Михайлов Б. Б. Система технического стереозрения для измерения координат мобильного робота.

Техническое зрение в системах управления 2012: Сб. трудов НТК. Москва. 2012. С. 72-78.

4. Девятериков Е. А., Михайлов Б. Б. Визуальный одометр. Вестник МГТУ им. Н. Э. Баумана. Сер. Приборостроение. 2012. Спец. вып. №6. С. 68-82.
5. Девятериков Е. А., Михайлов Б. Б. Использование данных визуального одометра в системе управления мобильного робота. Экстремальная робототехника 2012: Сб. трудов НТК. Спб. 2012. С. 155-163.
6. Девятериков Е. А., Михайлов Б. Б. Использование данных визуального одометра в системе управления мобильного робота. Экстремальная робототехника 2013: Сб. трудов НТК. Спб. 2013. С. 303-308.

Нгуен А.В.

А.В.Нгуен. аспирант 3-го года обучения кафедры «Роботы и робототехнические системы» Московского Государственного Технического Университета им. Н. Э. Баумана
vantb_tv@yahoo.co.in, robot@bmstu.ru

СОВРЕМЕННЫЙ АЛГОРИТМ РАСПОЗНАВАНИЯ ПРОСТРАНСТВЕННЫХ ОБЪЕКТОВ

Введение

Сегодня, большое внимания уделяется задаче создания роботов для замены человека в экстремальных и опасных для жизни условиях, а также на производстве. Для решения ряда сложных задач роботы могут использовать 3D системы технического зрения, чтобы адаптироваться в рабочей среде, и затем в автоматическом режиме управлять движением или манипулировать с объектами. Использование 3D системы зрения повышает информативность изображения и позволяет построить эффективные алгоритмы распознавания, работающие в условиях помех, вызванных изменением освещенности и тенями. В даной статья расматривается алгоритм распознавания объектов по изображению, полученому от современой 3D системы технического зрения со структурной подсветкой.

В основе предлагаемого алгоритма лежит анализ расположения характеристических точек, с помощью которых выполняется описание объекта. Характеристической точкой в данном случае является точка пересечения трех плоскостей, для которой выполняется определеное условие: точка должна принадлежать объекту.

Структура исходных данных

Выходными 3D системы зрения являются: число точек рабочей сцены и их пространственные координаты. При этом каждая точка является вершиной элементарного треугольника, с помощью которых описываются все объекты рабочей сцены. В результате на входе алгоритма мы имеем файл, содержащий [1]:

- число точек и количество треугольников;

- координаты всех точек поля зрения (x_i, y_i, z_i);

- координаты вершин треугольников.

Используя эти данные, выполняем процесс сегментации сцены. Цель сегментации – выделить на изображении локальные однородные области. Поскольку предпологают, что на сцене расположены только многогранные объекты, то можно считать, что каждый сегмент является плоскостью одного объекта. Для решения задачи сегментации сцены можно использовать много способов. Проведенные эксперименты показали, что большинство из них дают хорошие результаты на простых сценах [2, 4, 5]. По результатам сегментации определяем линии пересечения (ребра) двух плоскостей (двух сегментов) и находим характеристическую точку как точку пересечения от двух линии или трех плоскостей (трех сегментов).

В качестве параметров характеристической точки используем векторы совпадающие с линиями пересечения двух плоскостей и углы между ними. С помощью этих параметров можно сравнить расположение характерных точек на реальном объекте и точек на модели [3, 6].

Алгоритм распознавания объектов

Очедвидно, что характеристические точки рабочей сцены могут принадлежать разным объектам. Поэтому сначало анализируем связи между ними и для каждого объекта формируем свои массив. После этого определяем расположение характеристических точек на объекте и составляем файл их параметров. Поскольку на реальном объекте обычно имеется несколько характеристических точек дополнительно используется параметры, описывающие их связи и взаимое расположения.

До начало работы в базе данных системе зрения строим пространвственные модели объектов, которые могут находиться в рабочей зоне робота. В процессе распознавания осуществляется последовательное сравнения характеристических точек объекта с точками одной из модели и оценивается степень совпадения.

Рассматривая варианты совпадения характеристических точек (на реальном объекте и на модели) и возможные связи между ними, мы сравниваем изображения 3D объекта с его моделью и оцениваем вероятность распознавания по заданому критерию.

Например, модель параллепипеда (или куба) имеет восемь характеристических точек, но в его реальном 3D изображении можно найти максимум семь точек. И это при условии, что объект виден полностью и не перекрыт другими объектами. Отсюда очедвидна многовариантность сравнения. Более того, параллепипед может находиться в разных местах в рабочей сцене. Поэтому алгоритм учитывает изменение масштаба изображения объекта относительно модели.

Результаты экспериментальных исследований

Для экспериментальной проверки предположенного алгоритма на мобильный робот была установлена 3D система технического зрения и написана программа обработки визуальной информации. Результаты показали, что система позволяет достаточно точно распознавать многогранные объекты и может быть использована в системе управления мобильного робота.

Выводы

В работе рассмотрен алгоритм распознавания пространственных объектов с использованием данных от 3D системы зрения.

Литературы

1. А. В. Нгуен, Б. Б. Михайлов. Система распознавания объектов с использованием 3D системы зрения.// Сборник докладов Всероссийской научно – технической конференции.- Санкт – Петербург: Изд-во «Политехника-сервис», 2012. -514с. 200-205

2. А. В. Нгуен, Б. Б. Михайлов. Метод распознавания многогранных 3D объектов.// Труд 7-го международного симпозиума. – Санкт – Петербург: Изд-во «Политехника-сервис», 2013. -556с. 444-459

3. Ю. С. Володин, А.В.Орлов, Б.Б.Михайлов. Калибровка системы трехмерного зрения со структурной подсветкой при помощи плоских объектов.//труды международной конференции с элементами научной школы для молодежки. –Санкт Петербург: Изд-во «Политехника-сервис».2010. - 300с.314-322

4. А. В. Хрущ. Алгоритм распознавания препятствий для системы трехмерного технического зрения мобильного робота. // Труды Восьмой Всероссийской научно-практической конференции. Санкт- Петербург 2005. 454с.257-262

5. Ю. С. Володин, Б. Б. Михайлов Использование телевизионной системы объемного зрения для обнаружения препятствий. //Материалы международной конференции с элементами научной школы для молодежи. – Политехника-сервис, 2009. – с 179-181.

6. А. Оппенгейм, Р. Шафер. Цифровая обработка сигналов: Издание 2-е, исправленное Москва: Технофераб 2007.- 856 с.

Сафина Г.Ф.
к.ф.-м.н., доцент
Нефтекамский филиал Башкирского государственного университета,
г. Нефтекамск
e-mail: Safinagf@mail.ru

МОДЕЛИРОВАНИЕ В ОБРАТНОЙ СПЕКТРАЛЬНОЙ ЗАДАЧЕ КОЛЕБАНИЙ СИСТЕМЫ С ЗУБЧАТОЙ ПЕРЕДАЧЕЙ

Решаемая в работе обратная спектральная задача по крутильным колебаниям механической системы с зубчатой передачей относится к задачам акустической диагностики механических систем. Колебания систем с зубчатыми передачами приводят порой к дребезжанию, лишнему шуму. Связано это с тем, что спектры частот колебаний иногда находятся в опасном для здоровья человека диапазоне. Поэтому, решенная задача важна также при исследовании проблемы сохранения безопасных частот колебаний систем с зубчатой передачей.

Прямая задача по определению частот крутильных колебаний систем с зубчатыми передачами рассмотрена в классических трудах по теории колебаний, например, в [1, 2]. Но обратная спектральная задача в них не исследуется.

Рассмотрим свободные крутильные колебания механической системы с зубчатой передачей с двумя шестернями (рисунок 1).

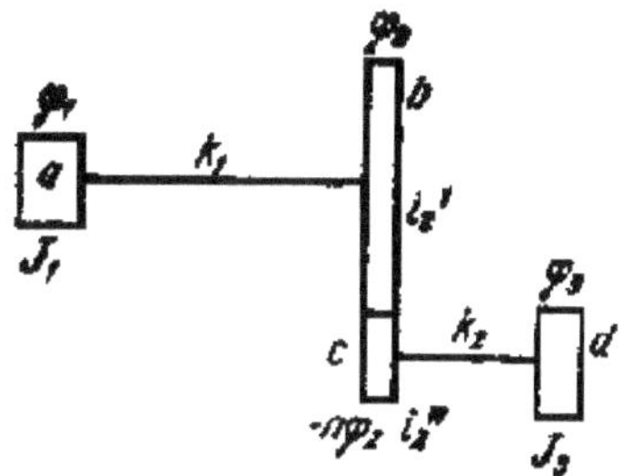

Рис. 1 – Система с зубчатой передачей

Здесь I_1, I_3 – моменты инерции вращающихся масс a и d, φ_1, φ_3 – соответствующие углы поворота, i_1', i_2' – моменты инерции шестерен b и c, n – передаточное отношение, φ_2, $-n\varphi_2$ – углы поворота шестерен, k_1 k_2 – коэффициенты жесткостей валов системы с зубчатой передачей.

Дифференциальные уравнения крутильных колебаний такой системы с зубчатой передачей имеют вид:

$$\begin{cases} I_1 \dfrac{d^2\varphi_1}{dt^2} + k_1(\varphi_1 - \varphi_2) = 0, \\ I_2 \dfrac{d^2\varphi_2}{dt^2} - k_1(\varphi_1 - \varphi_2) + k_2(\varphi_2 - \varphi_3) = 0, \\ I_3 \dfrac{d^2\varphi_3}{dt^2} - k_3(\varphi_2 - \varphi_{n3}) = 0, \end{cases} \quad 1)$$

где $i_2' + n^2 i_2'' = I_2$, $n^2 I_3 = I_3'$, $\varphi_3 = -n\varphi_3'$, $k_2 n^2 = k_2'$. Подставляя решения $\varphi_i = M_i \sin(pt + \alpha)$ в систему уравнений (1), получим

$$\begin{cases} I_1 M_1 p^2 - k_1(M_1 - M_2) = 0, \\ I_2 M_2 p^2 + k_1(M_1 - M_2) - k_2(M_2 - M_3) = 0, \\ .I_3 M_3 p^2 + k_2(M_2 - M_3) = 0. \end{cases} \quad 2)$$

Здесь M_i – амплитуды, p – собственная частота колебаний системы с зубчатой передачей. Последовательно исключая $M_1, M_2, .M_3$ из системы (2), получим следующее частотное уравнение

$$I_1 I_2 I_3 p^4 - k_1(I_1 + I_2) I_3 p^2 - k_2(I_2 + I_3) I_1 p^2 + k_1 k_2 (I_1 + I_2 + I_3) = 0. \quad (3)$$

По решению прямой спектральной задачи исследована зависимость частот крутильных колебаний системы с зубчатой передачей от ее характеристик. Показано, например, что увеличение коэффициентов жесткостей валов ведет к увеличению собственных частот колебаний механической системы, а увеличение моментов инерции масс шестерен – к уменьшению частот колебаний.

Поставим и решим обратную спектральную задачу – задачу диагностирования жесткостных характеристик системы с зубчатой передачей по известным частотам ее крутильных колебаний. Итак, известны собственные частоты p колебаний системы с зубчатой передачей, известны моменты инерции I_1, I_2, I_3 вращающихся масс a, $b+c$, d, необходимо определить коэффициенты жесткостей k_1, k_2 валов системы с зубчатой передачей.

Исследуем вопрос о единственности решения поставленной задачи. Для этого задачу с частотным уравнением (3) обозначим через L, а задачу с таким же частотным уравнением и физическими параметрами, но с другими коэффициентами жесткостей k_1, k_2 обозначим через L^-. Через k_1^-, k_2^- обозначим коэффициенты жесткости первого и второго участка, соответственно, для задачи L^-. Сформулирована и доказана следующая теорема.

Теорема 1. Если собственные частоты задач L *и* L^- *с характеристическими определителями* $\Delta(p)$ *и* $\Delta^-(p)$ *совпадают с учетом их кратностей, то* $k_1 = k_1^-$ *и* $k_2 = k_2^-$.

Из доказанной теоремы следует, что жесткости валов рассматриваемой системы с зубчатой передачей можно восстановить единственным образом по известным частотам ее колебаний.

Найден метод нахождения жесткостей k_1, k_2 по известным двум собственным частотам. Если известны две собственные частоты p_1 и p_2, то уравнения (3) представляют собой систему нелинейных алгебраических уравнений с двумя неизвестными k_1, k_2.

$$\begin{cases} I_1 I_2 I_3 p_1{}^4 - \left(k_1 I_3 (I_1 + I_2) + k_2 I_1 (I_2 + I_3)\right) p_1{}^2 + k_1 k_2 (I_1 + I_2 + I_3) = 0; \\ I_1 I_2 I_3 p_2{}^4 - \left(k_1 I_3 (I_1 + I_2) + k_2 I_1 (I_2 + I_3)\right) p_2{}^2 + k_1 k_2 (I_1 + I_2 + I_3) = 0. \end{cases} \quad (4)$$

Из этой системы можно получить следующие аналитические выражения для коэффициентов k_1 и k_2 участков вала на кручении:

$$k_1 = \frac{I_1 I_2 I_3 \left(p_1^2 + p_2^2\right) - k_2 (I_2 + I_3) I_1}{(I_1 + I_2) I_3},$$

$$k_2 = \frac{(I_2 (I_1 + I_2 + I_3)(p_1^2 + p_2^2) + \sqrt{D}) I_3}{2(I_1 + I_2 + I_3)(I_2 + I_3)}, \quad (5)$$

где

$$D = \left((I_1 + I_2 + I_3) I_2 \left(p_1^2 + p_2^2\right)\right)^2 - 4 I_2 (I_1 + I_2)(I_2 + I_3)(I_1 + I_2 + I_3) p_1{}^2 p_2^2. \quad 6)$$

Таким образом, формулы (5) и (6) определяют коэффициенты жесткостей валов системы с зубчатой передачей.

Теорема 2. Если известны две собственные частоты p_1 *и* p_2 *крутильных колебаний системы с зубчатой передачей, ранг матрицы системы (4) равен двум, то коэффициенты жесткостей валов определяются по формулам (5)-(6).*

Поскольку изменения жесткостей валов на кручение системы с зубчатой передачей ведут к изменениям частот колебаний и тем самым могут характеризовать степень изношенности, неисправности механической системы, то полученные результаты по решению обратной задачи применимы для диагностирования характеристик составляющих системы без дорогостоящей ее разборки.

Литература

1. Тимошенко С.П. Колебания в инженерном деле. М.: Физматгиз, 1959. – 440с.

2. Бабаков И.В. Теория колебаний / И.В. Бабаков – М: Дрофа, 2004. – 591с.

Шейко Т.И.
доктор техн. наук, профессор, Институт проблем машиностроения им. А.Н. Подгорного НАН Украины
E-mail: sheyko@ipmach.kharkov.ua
Максименко-Шейко К.В.
доктор техн. наук, ст. науч. сотр., Институт проблем машиностроения им. А.Н. Подгорного НАН Украины; Харьковский национальный университет имени В.Н. Каразина
E-mail: sheyko@ipmach.kharkov.ua

АНАЛИТИЧЕСКАЯ ИДЕНТИФИКАЦИЯ ГЕОМЕТРИЧЕСКИХ ОБЪЕКТОВ И ИССЛЕДОВАНИЕ ФИЗИЧЕСКИХ ПОЛЕЙ МЕТОДОМ R-ФУНКЦИЙ (RFM)

В основу работ положены фундаментальные исследования по теории R-функций, созданной академиком НАН Украины В.Л. Рвачевым. Теория R-функций позволила решить сформулированную еще Декартом обратную задачу аналитической геометрии: дан геометрический объект — надо написать его уравнение. Теория R-функций даёт возможность описывать геометрические объекты непрерывно дифференцируемыми функциями, значения которых определяют границу, внутреннюю часть и другие свойства моделируемого объекта.

Теорией R-функций пользуются математики и ученые многих стран мира для решения задач геометрического проектирования, твердотельного моделирования, распознавания образов и исследования физико-механических полей в объектах сложной формы. Она может использоваться для построения структур решений, которые точно удовлетворяют всем граничным условиям краевой задачи. Такие структуры могут в дальнейшем быть скомбинированы со многими численными методами для нахождения приближенных решений задачи без разбиения области на сетки.

Аналитическое проектирование сложных конструкций на основе R-функций. Разработаны новые технологии синтеза и анализа сложных конструкций в системах аналитического проектирования с автоматизацией построения многопараметрических уравнений объектов машиностроения в двухмерном и трехмерном пространствах. Разработаны методы построения уравнений границ геометрических объектов, обладающих симметрией трансляционного, циклического и винтового типа. Предлагается конструировать уравнения составных геометрических объектов из стандартных примитивов. Это является технологической основой для автоматизации процесса построения этих уравнений. Представление геометрического объекта в виде аналитической формулы позволяет существенно уменьшить объём данных, описывающих его вид и пространственную ориентацию.

Ниже приведены примеры визуализации объектов, описанных уравнениями, построенными с помощью теории R-функций (рис.1).

Рис. 1. Примеры визуализации описанных объектов

Исследования магнитогидродинамических течений, в том числе при больших значениях числа Гартмана. Разработаны методики решения задач магнитной гидродинамики с различными граничными условиями. Рассматривается МГД-течение жидкометаллического теплоносителя в гибридном бланкете термоядерного реактора, а также модель МГД-насоса.

Исследования физических полей в областях фрактальной природы. В настоящее время фракталы широко применяются в радиотехнике при проектировании антенных устройств и волноводов. Для электромагнитных полей в регулярных волноводах рассматриваются задачи нахождения Е- и Н-волн в волноводе с поперечным сечением в виде снежинок (островов) Коха, построенных на правильном треугольнике (рис.2) и квадрате (рис.3). Также рассматривается стационарное температурное поле тонкой платы с источниками тепла, равномерно распределенными по подобластям, причем одной из впервые рассматриваемых схем распределения источников различной мощности является область фрактальной природы — ковер Серпинского (рис.4).

Рис. 2. Остров Коха, построенный на правильном треугольнике

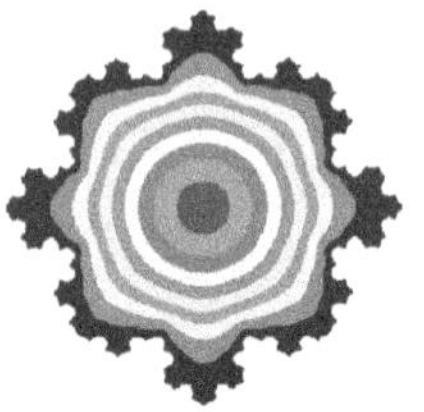

Рис. 3. Остров Коха, построенный на квадрате

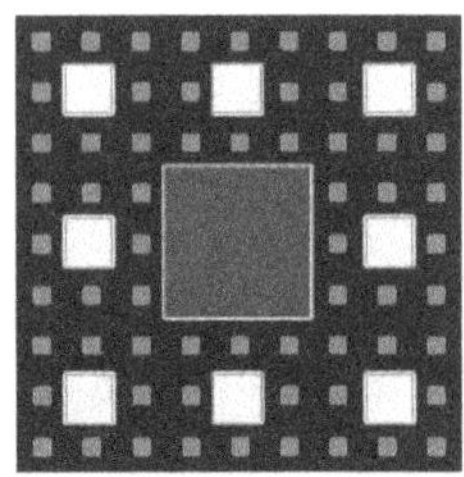

Рис. 4. Ковер Серпинского

Исследование движения несжимаемой вязкой жидкости и теплообмена в каналах с винтовым типом симметрии. Построены математические и компьютерные модели течения несжимаемой вязкой жидкости и теплообмена при движении жидкости по каналам с винтовым типом симметрии (рис. 5) в криволинейных неортогональных координатах. Исследовано влияние угла закрутки на характер течения несжимаемой вязкой жидкости. Исследован теплообмен при движении жидкости по скрученным каналам, каналам с центральными и пристеночными винтовыми вставками и для ТВЭЛов с полизональным оребрением. Получены оценки влияния угла закрутки, длины крыла вставок, их количества на распределение поля скоростей и температуру.

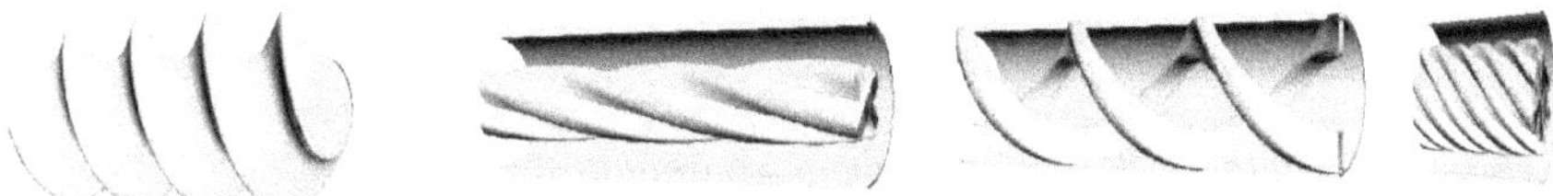

Рис. 5. Каналы с винтовым типом симметрии

Литература

1. Рвачев В.Л. Теория R-функций и некоторые ее приложения.—К., Наук. думка, 1982.—552 с.
2. Максименко-Шейко К.В. R-функции в математическом моделировании геометрических объектов и физических полей. – Харьков, ИПМаш НАН Украины, 2009. – 306 с.
3. Rvachev V.L., Sheiko T.I. R-functions in boundary value problems in mechanics // Applied Mechanics Reviews.—**48**, n.4.—1995.—Pp.151 – 188.

Захаров А.В.
профессор, кандидат технических наук,
Московский Государственный Строительный Университет,
trzabalueva @ yandex.ru

ЗАКОНЫ СОХРАНЕНИЯ МЕХАНИКИ В ЗАДАЧАХ ПРОХОЖДЕНИЯ И ИЗОЛЯЦИИ ЗВУКА

Классическая волновая теория звукоизоляции, разработанная к середине XX века, до настоящего времени не получила должного экспериментального подтверждения. Накопленный же массив экспериментальных данных позволил создать прикладные методы расчета звукоизоляции, включаемые в справочную и нормативную литературу, например, [1,10].

Отсутствие теории, подтвержденной экспериментом, однако, тормозит развитие новых конструктивных решений звукоизоляции. Поэтому существует необходимость нового рассмотрения ряда фундаментальных задач, лежащих в основе теории звукоизоляции.

Первая задача. Прохождение гармонической волны через границу двух сред, достаточно полно рассмотрено, например, в [2,130]. Полученные из условий неразрывности на границе двух сред при нормальном падении звука, формулы Френеля коэффициентов прохождения и отражения волн имеют следующий вид:

$$\alpha = 2\rho_2 c_2/(\rho_2 c_2 + \rho_1 c_1), \qquad \beta = (\rho_2 c_2 - \rho_1 c_1)/(\rho_2 c_2 + \rho_1 c_1), \tag{1}$$

где ρ и c - плотности и скорости распространения волн соответственно в первой и второй средах.

Сравним результаты расчетов, выполненных по этим формулам, с практическими данными на примере прохождения звука из воздуха в воду (численные значения взяты из [2,134]):

Для воды $\rho = 1$ г/см^3, $c \cong 1{,}5\cdot10^5$ см/сек, $\rho c = 1{,}5\cdot10^5$г/см$^2\cdot$ сек; для воздуха $\rho = 1{,}25\cdot10^{-3}$ г/см^3, $c = 3{,}4\cdot10^4$ см/сек, $\rho c = 42 = 0{,}00042\cdot10^5$ г/см^2 $\cdot$ сек. $\alpha = 2 \times 1{,}5\cdot10^5 / (1{,}5\cdot10^5 + 0{,}00042\cdot10^5) = 1{,}99944$, в действительности $\alpha = 0{,}000559843$. $\beta = (1{,}5\cdot10^5 - 0{,}00042\cdot10^5) / (1{,}5\cdot10^5 + 0{,}00042\cdot10^5) = 0{,}99944$. Совпадает с действительным значением числено, но не по знаку.

Для того, чтобы получить действительное значение коэффициента прохождения звука вводятся дополнительные физические величины: *относительное волновое сопротивление* сред, через которые проходит звук и *медленность звука.* При помощи комбинации этих величин достигаются действительные значения коэффициента прохождения звука.

Ошибочные результаты, получаемые по формулам Френеля, можно объяснить тем, что указанные формулы, заимствованные из теории электромагнитных волн, способных распространяться в безинерционной среде (например, в вакууме), не вполне пригодны для акустических волн, распространяющихся только в инерционной среде.

Известно, что передача движения в объектах, обладающих инерцией, подчиняется законам сохранения энергии, и сохранения количества движения. На первый взгляд применение законов сохранения к сплошной среде затруднено из-за сложности определения величин масс, охватываемых движением до и после прохождения волны через границу сред. Однако, сама природа гармонической волны позволяет справиться с этим затруднением, поскольку длины волн в средах на любой частоте «отмеряют» части смежных сред, охватываемых движением за один и тот же промежуток времени. Таким образом, принимаемые в расчет массы будут заключены в объемы частей сред, получаемые умножением единичной площади поперечного сечения звукового луча на длины волн или их пропорциональные части. При этом нет необходимости учитывать условия неразрывности, так как промежуток времени прохождения волны через границу сред не рассматривается. В расчет принимаются энергия и количество движения в падающей, отраженной и прошедшей волне до и после процесса прохождения звука через границу сред. Приняв за единицу значение колебательной скорости в падающей волне, законы сохранения количества движения и энергии можно представить в следующем виде:

$$\rho_1\lambda_1 = \rho_1\lambda_1\,\beta + \rho_2\lambda_2\,\alpha, \qquad \rho_1\lambda_1/2 = \rho_1\lambda_1\,\beta^2/2 + \rho_2\lambda_2\,\alpha^2/2, \tag{2}$$

где λ – длина волны.

Совместное решение этих у равнений дает следующие выражения коэффициентов прохождения и отражения колебательной скорости:

$$\alpha = 2\rho_1\lambda_1/(\rho_1\lambda_1 + \rho_2\lambda_2), \quad \beta = (\rho_1\lambda_1 - \rho_2\lambda_2)/(\rho_1\lambda_1 + \rho_2\lambda_2). \tag{3}$$

Принимая во внимание известное соотношение

$$\lambda = c/f, \tag{4}$$

где f – частота колебаний, выражения (3) можно представить в следующем виде:

$$\alpha = 2\rho_1c_1/(\rho_1c_1+\rho_2c_2), \quad \beta = (\rho_1c_1-\rho_2c_2)/(\rho_1c_1+\rho_2c_2) \tag{3^1}$$

При общем сходстве структуры выражений (1) и(3^1), отметим различие в формулах коэффициентов прохождения: в числителе формулы Френеля стоит выражение волнового сопротивления второй среды, в полученной формуле – волновое сопротивление первой среды; в числителе формулы Френеля для коэффициента отражения и полученной формулы выражения волновых сопротивлений сред переменены местами (знаками). Отметим также, что выражения (3) структурно полностью совпадают с известными формулами [3, 183] для определения скоростей тел, полученных при центральном упругом ударе движущегося тела по покоящемуся другому телу.

Расчет коэффициентов отражения и прохождения в рассмотренном выше примере дает сразу правильные результаты, без каких либо дополнительных вычислений.

Вторая задача . Прохождение волны через «сосредоточенную массу» m. Такой массой обычно представляют поверхностную плотность несжимаемой по толщине пластины при простейших расчетах изоляции воздушного шума в зданиях. Если принять площадь поперечного сечения звукового луча равной единице и представить, что при нормальном падении его на пластину, скорости движения пластины и среды за пластиной будут равны, то уравнения законов сохранения количества движения и энергии можно представить в следующем виде:

$$\rho\lambda = \rho\lambda\,\beta + (\rho\lambda + m)\,\alpha, \qquad \rho\lambda/2 = \rho\lambda\,\beta^2/2 + (\rho\lambda + m)\,\alpha^2/2 \qquad (5)$$

Коэффициент прохождения колебательной скорости

$$\alpha = 2\rho\lambda\,/\,(2\rho\lambda + m). \qquad (6)$$

Поскольку сосредоточенная масса разделяет одну и ту же среду, коэффициент прохождения энергии в данной задаче равен квадрату коэффициента прохождения колебательной скорости. Поэтому звукоизоляция будет представлена в следующем виде:

$$R = 10\lg 1/\alpha^2 = 20\lg\,(2\rho\lambda+m)/2\rho\lambda = 20\lg(1+ m/2\rho\lambda) \cong 20\lg m/2\rho\lambda \text{ дБ}. \quad (7)$$

Принимая во внимание формулу (4) и взяв в выражениях (5) не полную длину волны, а $1/2\pi$-ую её часть, получим запись известного закона массы изоляции при нормальном падении звука:

$$R = 20\lg \pi m f/\rho c \text{ дБ}. \qquad (8)$$

В данном контексте известная величина *волновое число* $k = \lambda/2\pi$ приобретает физический смысл *коэффициента приведения массы среды, охватываемой одной волной, к эквивалентной величине сосредоточенной массы*:

$$\mu = \rho k = \rho\lambda/2\pi. \qquad (9)$$

Такую массу автор предложил назвать *приведенной* [4,63] .

Введение понятия приведенной массы дало предпосылку для создания дискретных моделей прохождения звука через границы сред, а также через сосредоточенные массы, упругости и т.д., в которых возможно использование аппарата (физических моделей) теоретической механики.

В дискретной форме выражение звукоизоляции будет выглядеть в следующем виде:

$$R = 20 \lg m/2\mu \text{ дБ}. \qquad (10)$$

Третья задача. Косое падение звука. Звукоизоляция при угле θ падения волны к нормали пластины определяется известной формулой:

$$R = 10\lg[1 + (\pi m f \cos\theta/\rho c)^2] \text{ дБ}, \qquad (11)$$

полученной из условий неразрывности. Реального экспериментального подтверждения за три четверти века существования эта формула не получила. Более того, формула (11) дает результат $R = 0$ для ограждений протяженных объемов, например, стен длинных коридоров, и стенок вентиляционных коробов прямоугольного сечения, в которых преобладают волны, движущиеся вдоль этих ограждений (при углах $\theta \cong 90^0$). На самом деле, здесь наблюдается обычная изоляция, как и в любых других помещениях.

Ошибка в формуле проистекает из записи условий неразрывности при рассмотрении лучевой картины прохождения и отражения звука в *т о ч к е*, где лучи представлены линиями, у которых отсутствуют поперечные сечения. Как и в предыдущей задаче, для получения возможности применить законы сохранения количества движения и энергии, необходимо задать поперечные сечения звуковых лучей и определить приведенные массы, содержащиеся в пределах этих сечений.

При нормальном падении звука на пластину площадь поперечного сечения луча и его следа на пластине одинаковы. При наклонном падении звука, ширина луча меньше ширины его следа на пластине пропорционально $\cos\theta$. Это означает, что с ростом угла падения растет величина звукоизолирующей (противостоящей лучу) массы. Это обстоятельство не учитывается при рассмотрении условий неразрывности в точке. Таким образом, в формуле (11) вместо величины m должно стоять величина m / cos θ, что полностью компенсирует снижение изоляции, пропорциональное cos θ.

Из этого следует, что *изоляция пластины н е з а в и с и т о т*

у г л а п а д е н и я звука.

Таким образом, логика метода дискретных моделей прохождения звука, использующая законы сохранения, позволяет избежать ошибок , возникающих при рассмотрении условий неразрывности, используемых в волновых моделях.

На практике, однако, звукоизоляция бывает всегда ниже значений, определяемых законом массы, представленным формулами (8 и10). В работе [4,63] автор показал, что это снижение на низких частотах определяется резонансами пластин, величина которых определяется степенью отражения изгибных волн от краев пластин.

Четвертая задача. Звукоизоляция в диапазоне волнового совпадения.

Явление волнового совпадения до семидесятых годов прошлого века представлялся как пространственно-частотный резонанс, в результате которого по резонансной кривой происходит резкое снижение звукоизоляции по сравнению с значениями, получаемыми расчетом в соответствии с законом массы. Дальнейшие экспериментальные исследования не подтвердили существование резонансной кривой в диапазоне частот волнового совпадения. Было показано, что в этом диапазоне также соблюдается закон масс, но при этом наблюдается значительное и постоянное во всем диапазоне волнового совпадения снижение изоляции. Величина этого снижения не находила теоретического обоснования.

Автором [4,63] была предпринята попытка такого обоснования, которое заключалось в следующем: до граничной частоты волнового совпадения пластина рассматривается как поле герметично, но подвижно связанных между собой *сосредоточенных масс*, а выше граничной частоты – как *среда распространения изгибных волн*. Поэтому в дискретной модели передача движения до граничной частоты волнового совпадения рассматривалось по следующим элементам: *приведенная масса среды перед пластиной → сосредоточенная масса пластины + приведенная масса среды за пластиной*; выше граничной частоты: *приведенная масса среды перед пластиной → приведенная масса пластины + приведенная масса среды за пластиной.* В результате формула (10) преобразуется в формулу

$$R = 20\lg \mu_{изг}/2\mu, \text{ дБ}, \qquad (12)$$

где $\mu_{изг}$ – приведенная масса пластины при распространении в ней изгибной волны.

Формула (12) отличается от формулы (10) на величину $20\lg 2\pi \cong$ 16 дБ.

Необходимо отметить, что формула (12) является приближенной (в небольшой запас звукоизоляции) поскольку в расчет принималось, что поступательное движение частиц в звуковой волне вызывает только поступательное поперечное, движение в изгибной волне пластины. На самом деле в изгибной волне имеет место и вращательное движение. При этом доля энергии вращательного движения по сравнению с энергией поступательного движения в изгибной волне не столь велика, чтобы существенно повлиять на конечный результат, а решение уравнений сохранения энергии, количества движения и момента количества движения неоправданно усложнит задачу.

Расчеты звукоизоляции для диапазона волнового совпадения, произведенные по формуле (12) для пластин с поверхностной плотностью более 50 кг/м^2, выполненных из различных непористых материалов, дали наибольшее совпадение с экспериментальными данными, содержащимися в отечественных и зарубежных публикациях за последние 50 лет, по сравнению с результатами расчетов, выполненных другими известными методами.

Таким образом, рассмотренные в статье примеры показали, что метод дискретных моделей вполне пригоден для решения некоторых акустических задач. Причем, применение в методе фундаментальных законов сохранения энергии и количества движения оказалось более плодотворным, чем использование условий неразрывности на границах сред. Это обстоятельство послужило предпосылкой создания практических методов расчета изоляции воздушного и ударного шумов, а также и виброизоляции.

Литература

1.СП 23-103-2003 Проектирование звукоизоляции ограждающих конструкций жилых и общественных зданий. Госстрой России. М. 2004., с.10

2.Исакович М.А. Общая акустика. Изд. «Наука», 1973.,с. 130

3.Хайкин С.Э. Механика. ОГИЗ Государственное издательство технико-теоретической литературы. 1947., с.183

4.Захаров А.В. Расчет изоляции воздушного шума однородными ограждающими конструкциями. Докл. Ш Национальной конференции по борьбе с шумом. Болгария, Варна.1973.-с.63-68.

Шелбогашев В.А.
аспирант каф. общего и исторического языкознания
languagetranslate@yandex.ru

НЕКОТОРЫЕ АСПЕКТЫ ТРАНСФОРМАЦИИ КОНЦЕПТА «ЗНАНИЕ» В ФИЛОСОФИИ

Понятие «знание» в философии со времён античности рассматривалось с различных точек зрения: Парменид, Платон и Аристотель понимали его как эпистемное знание, т.е. множество всеобщих и необходимых объективных истин (парадигма фундаментальной эпистемологии). Существовало и противопоставление знания как достоверного представления о чем-либо или ком-либо доксе как плюралистическому множеству мнений.

При всём разнообразии определений понятия «знание» постепенно выкристаллизовались его характерные особенности. К примеру, Ганс Георг Мёллер отмечает в рамках гуманистической традиции такую черту знания, как желание знать, интеллектуальная жажда, подчёркивая тем самым, что жаждущие знать находятся в поисках истины, в процессе достижения знания [3,66]. Само же знание понимается в западной традиции двойственно, как знание о фактах и процессах и знание теорий, объясняющих и предсказывающих факты и процессы. Российский учёный В.А. Канке указывает на неразрывную связь знания и теории, предлагая следующую дефиницию: «знание – предложение или суждение, равно как и любой более обширный фрагмент теории, представленное определённым образом (например, речевым актом или же тем или иным действием. Вне теории знания нет. Знание можно определить и таким образом: это такие фрагменты теории, которые удовлетворяют критерию истинности» [1, 67].

Отметим, что философия даосизма считает жажду всё большего знания сродни плотским желаниям, телесным пристрастиям человека, но свойственным уже и его духу [5, 67].

Ни Пэймин выделяет такие особенности знания в конфуцианской традиции, как понимание концепта «знание» в виде допустимого алгоритма действия, «знания пути» к моральному совершенству [4,47].

Согласованную позицию занимает и Генри Роузман: Конфуций в «Аналектах» представляет «знание» как модель нравственного и вербального поведения, включающую и ощущения от результатов реализации этой модели: - почувствовать то, что нужно сделать в данной ситуации, понять, почему так должно поступить, совершить эти действия и получить чувство удовлетворения от того, что сделано [5,21].

Объединяющим же даосскую и конфуцианскую традиции качеством знания является его практическая направленность, способность к успешной реализации, свойственная китайской цивилизации в целом.

Другой российский учёный С.А. Лебедев объединяющим концепт «знание» признаком считает то, что знание выступает прежде всего как определённый свод сведений, то есть информация, причём определённым образом систематизированная, кодифицированная: «знание – кодифицированная и благодаря этому идентифицируемая информация любого рода. В зависимости от средств кодификации сознанием информации различают перцептивное и понятийное знание, дискурсное и интуитивное, явное и неявное, эмпирическое и теоретическое, научное и вненаучное и др». При этом информацию в гуманитарных науках он трактует как «совокупность сведений об объектах, явлениях, процессах, их свойствах и отношениях» [2, 366].

В отличие от направленности китайского знания на прагматику, для индийской философской мысли, по мнению Чакраварти Рам-Прасада, в соответствии с центральной идеей индийской философии о превосходстве (или вообще инаковости) мира высшей реальности над миром нашего повседневного опыта, развитие теоретического знания было детерминировано необходимостью познать эту высшую реальность [7,79].

Сложности перипетий развития исламской мысли, всегда включавшей разум в обоснования веры, а философские постулаты – в ашаризм, систему теологии, пытается разрешить, в частности, концепция египетского философа Османа Амина «джуванийя», основной мыслью которого является невозможность вычленения знания из ткани мусульманской жизни [6, 193].

Сопоставляя подходы к знанию в разных культурах, мы приходим к пониманию невозможности трактовки и использования данного концепта только в значении «научное знание» т.е. точное, объективное, воспроизводимое и объясняемое знание. Современное знание есть живой конгломерат из различных форм научного и вненаучного, неявного и личностного, интуитивного и обыденного, литературного и мифологического, религиозного, идеологического и философского знания, изменяющийся по законам, которые далеки от познания.

Заключение

Таким образом, предлагается содержание понятия «знание» как системы разнородных ментальных компетенций человека и общества, его составляющих, а понимание трансформации концепта «знание» как эволюции его вследствие внутренних (взаимодействие элементов) и внешних (вызовы окружающей среды) возмущений.

При этом эволюция всеобщей системы знания не является жёстко детерминированной изменениями отдельных элементов: подсистемы знаний в гуманистической традиции, знаний в конфуцианстве и даосизме, индийской и арабо-мусульманской философии подвержены собственным пертурбациям; изменение же поведения всей знаниевой совокупности человечества является качественным преобразованием состояния подобно стремлению системы к определённым траекториям развития, или аттракторам, в синергетике.

Список литературы

1. Канке В.А. Философия науки: краткий энциклопедический словарь. - М.: Омега-Л, 2008. – 328 с.

2. Лебедев С.А. Философия науки: краткая энциклопедия (основные направления, концепции, категории). - М.: Академический Проект, 2008. – 692 с.

3. Мёллер Г.Г. Знание как «вредная привычка». Сравнительный анализ // Сравнительная философия: знание и вера в контексте диалога культур / Ин-т философии РАН. М.: Восточная литература, 2008. – 342 с.

4. Пэймин Ни. Два типа обоснования – конфуцианский ответ на теорию Плантинги о знании Начала – Предела // Сравнительная философия: знание и вера в контексте диалога культур / Ин-т философии РАН. М.: Восточная литература, 2008. – 342 с.

5. Роузман Г. О знании (чжи): дискурс-руководство к действию в «Аналектах» Конфуция // Сравнительная философия: знание и вера в контексте диалога культур / Ин-т философии РАН. М.: Восточная литература, 2008. – 342 с.

6. Фролова Е.А. Концепция веры и разума в современной арабской философии // Сравнительная философия: знание и вера в контексте диалога культур / Ин-т философии РАН. М.: Восточная литература, 2008. – 342 с.

7. Чакраварти Рам-Прасад. Алетическое (истинностное) знание: основные черты классической индийской эпистемологии и ннесколько компаративных замечаний // Сравнительная философия: знание и вера в контексте диалога культур / Ин-т философии РАН. М.: Восточная литература, 2008. – 342 с.

Сорокин В.Б.
доцент кафедры русской литературы Московского педагогического государственного университета
кандидат философских наук
e-mail: sorokin-vladbor@yandex.ru

ПЕРЕОЦЕНКА ЦЕННОСТЕЙ В РУССКОЙ ЛИТЕРАТУРЕ XVIII ВЕКА

Выявление ведущих тем в искусстве эпохи является условием, позволяющим приступить к анализу проблем, коллизий, реализованных в рамках темы, понимаемой в данном случае как ценностная сфера общественной (социальной, политической, художественной) или личной жизни людей.

Искусство разных эпох выдвигает на первый план разные проблемы, общественное сознание фиксируется на разных сферах жизни общества, что стимулирует детальное освещение в искусстве всех граней наиболее актуального для времени явления.

Широта представленности той или иной темы (проблемы) в искусстве является своего рода ранжирующим признаком, позволяет выстраивать иерархию коллизий, отражающих иерархию ценностей того или иного периода духовной истории социума.

Петровское время выдвинуло на первый план идею государственного могущества России, идеальным воплощением которого стал самодержец, прославленный трудами и военными победами. Ораторский и песенный (кантовый) панегирик стали знамением новой эпохи. Но вместе с тем реакционный консерватизм духовенства и старого дворянства дал пищу для яростных сатирических обличений Кантемира, Сумарокова и других авторов эпохи Просвещения.

Главная проблема Просветительства – совершенный человек как цель и средство совершенного общества и государства.

Что есть совершенный человек?

В представлении классициста – это человек, воплощающий гражданские добродетели: человек образованный, развитый умственно и нравственно, подчиняющий страсти рассудку, одолевающий слабости и искушения волей, вдохновляясь высокой целью – служением Отечеству и стремлением к совершенству.

Таков положительный аксиотип, воплощенный в трагедиях, эпистолах и посвящениях. Отступление от нормы гражданственности и разумности – пища для комического – материал для сатир, басен, эпиграмм, комедий.

На смену классицистскому гражданскому идеалу в конце столетия пришло руссоистско-сентиментальное представление о совершенном человеке – человеке естественном, искренне чувствующем, нежно любящем, добродетельном, честном и непритязательном.

Сложилась иная мера достоинств, но по-прежнему неприемлемы, неценны такие черты, как лицемерие, предательство, лесть, обман, карьеризм, зависть, жадность, жестокость – вот пороки света, утратившего восхитительную чистоту нравов «золотого века», вот аксиономия комического, воплощенная во всем разнообразии жанров поэзии и прозы.

В рамках столетия произошел не переворот (отрицательное не стало положительным), а смещение спектра ценностей, изменилась их иерархическая значимость.

На фоне разочарования просвещенной элиты в карьерных устремлениях (отчасти подогреваемых масонскими проповедями), высокий ценностный статус получают душевные качества индивида, личные достоинства.

У большинства поэтов конца века появилась ирония по поводу военной славы, богатства, науки, торжественного стихотворства ради предпочтения чувствам: любви, дружбе, наслаждению сельским покоем, семейным застольем, что нередко противопоставлялось величию царей.

Несмотря на это изменение ценностных приоритетов этически монолитным, общим преемственным остается отторжение пороков «светской черни», греховной сущности грубого душой, непросвещенного, безнравственного человека.

Именно эта единая нравственная позиция просвещенных людей эпохи, не приемлющих общественные и личностные пороки, сформировала круг тем и проблем, отраженных в единстве отрицательных аксионом и аксиотипов для самых разных жанров в искусстве столетия, отразивших сатирические мотивы эпохи.

Это явление можно назвать «законом единого нравственного отрицания» , сохраняющем преемственность национальной ценностной традиции на протяжении веков: от древности и средневековья до наших дней, ибо глупость, ложь, предательство, трусость, обжорство и нечистоплотность во все века нашей истории оставались одинаково презренными, вызывая смех и порицание.

Отношение к иноземцам в конце XVIII века отразило традиционную ценностную коллизию «свое – не свое», где любое свое ценнее всякого чужого, но теперь уже в контексте зреющего национально-культурного самосознания, национально-культурной идентификации, особенно отчетливо проявившейся в ценностном отношении к чистоте национального языка в противовес галломании и моде на иностранные словечки и вещицы.

Сатирические жанры составили критическое изображение жизни российского общества 2-й половины 18 столетия с точки зрения просвещенной дворянской и разночинной интеллигенции, разочарованной в идее служения престолу, противопоставляющей ценностям карьеры (чинам и богатству) ценности гуманитарные (дружбу, любовь), лицемерию света – искренность, притворству – честность.

Проблематика сатирических текстов очерчивает наиболее актуальные в эпоху Просвещения ценностные коллизии: знание и невежество; служение лицам или делу, ради денег или чести, истине или лжи; честность и лицемерие, искренность и притворство, свобода от пороков или подчинение низким страстям: алчности, пьянству, картежному азарту, похоти; презрение к спеси, самодовольству, корыстной лести, ограниченности.

Созданы аксиотипы, образно воплотившие аксиономику эпохи и зафиксированные в песнях, сатирах, эпистолах, баснях, комедиях, эпиграммах и других сатирических жанрах:

- щеголь (петиметр) – волокита, галломан;
- псевдовлюбленный, притворно-томный, слащавый воздыхатель из разных сословий и профессий;
- картежник – жертва или шулер;
- пьяница//весельчак – выпивоха;
- обжора//жизнелюб – эпикуреец;
- самодовольный невежа;
- взяточник – подьячий;
- ростовщик – кащей;
- плут (пролаз);
- обманутый муж;
- развратная жена, девица;
- любитель сельской тишины, нашедший счастье в любви и дружбе и (или) в вине, застольном веселье.

Литературная полемика, а также политическое неприятие масонской скрытности породили новый, близкий современному тип пародии и зачатки политической сатиры.

Эстетическое сознание эпохи перешло через состязательность от средневековых представлений об общности плодов поэзии к осознанию ценности неповторимой индивидуальности и принципиальной важности правильности и чистоты родного языка.

Иванов К.А.
ESCP EUROPE, Master in Management
Kirill_ivanov@ro.ru

АНАЛИЗ ВЗАИМОДЕЙСТВИЯ РЕФЕРАЛЬНЫХ АГЕНТОВ И КОНЕЧНЫХ ПОТРЕБИТЕЛЕЙ

В условиях возрастающей информационной перегруженности, барьеров потребительского восприятия и ограниченности средств на продвижение эффективность использования традиционных каналов в коммуникации с конечным потребителем снижается. В такой ситуации компании вынуждены искать альтернативные способы продвижения товара на рынке. Успешнее становится та компания, которая при продвижении продукта способна не только выстроить отношения с конечным потребителем, но и создать устойчивую инфраструктуру с группами, которые оказывают влияние на поведение потребителя на разных стадиях выбора продукта. Вопрос заключается в том, как должна быть организована система взаимоотношений с группами агентов на рынке, чтобы компания была устойчива и конкурентоспособна.

Рассмотрим модель шести рынков в рамках теории концепции маркетинга взаимоотношений. В рамках модели шести рынков рассматриваемые в данной работе внешние группы, которые влияют на принятие потребительского решения посредствам исходящих рекомендации конечным потребителям, в конкретной ситуации могут быть отнесены к трем рынкам: потребительскому, реферальному и рынку влияния. При этом рынки в модели не являются совершенно обособленными, они могут пересекаться и иметь общие подгруппы, собственно, это отмечают и сами авторы. [13 с.221]. На рисунке показана более подробная структура этих трех рынков.

Рис. Рекомендатели в рамках модели шести рынков

Дадим определение агентам реферального рынка в связи принятием потребительского решения. Агент реферального рынка – внешний агент (или группа отдельных индивидов), относимый потребителем к определенной профессиональной группе или обладающий специфической экспертизой по отношению к предмету выбора потребителя и находящийся на пути потребительского решения [10].

Агенты реферального рынка, окружая потребителей, взаимодействуют с ним в процессе всего пути потребительского решения. Более того осознаннее потребности может произойти под влиянием реферального агента. Потребитель может не подозревать о скрытой потребности или свыкнуться с существующей ситуацией при предыдущем безрезультатном поиске информации о решение проблемы. Примерами таких агентов могут быть узкие специалисты, косметологические и медицинские работники или сотрудника автоцентра, где производится техническое обслуживание автомобиля. При нехватке знаний потребитель не имеет возможность осознать потребность и приступить к ее многостороннему анализу без экспертного мнения, которое может обеспечить агент реферального рынка.

Если потребитель получает косвенные рекомендации, отзывы не направленные на формирование его поведения, или пассивные рекомендации, когда потребитель не проявляет открытость или заинтересованность в получении дополнительной информации о продукте, это создает основу для попадания бренда в первичное рассмотрение при условии, что индивид способен сохранить эту информацию. Как правило, продукты попавшие в первичное рассмотрение на основе рекомендаций имеют не менее сильную позицию, чем бренды, о которых потребитель узнает из рекламы или СМИ. Таким образом, для оценки влияния агентов реферального рынка на потребителя на этапе первичного рассмотрения, формирования начального набора альтернатив, до активного решения проблемы и поиска информации самим потребителем, необходимо определить нахождение агента в окружении потребителя и его связь с ним.

Роль агентов рынка влияния на первичное рассмотрение также интересна: знание продукта вследствие его рекомендации отраслевой ассоциацией или профессиональным сообществом может давать продукту преимущества и на этапе оценке.

Сильное влияние на наш взгляд агенты реферального рынка оказывают на этапе активной оценки вариантов потребителем, когда планируется совершение будущего выбора. Потребитель часто самостоятельно инициирует контакт на этом этапе для получения профессионального мнения о предмете его выбора. При поиски информации может происходить поиск агентов, мнению которых потребитель будет доверять, а значит это мнение будет использовано при оценке альтернатив. Под воздействием агента реферального рынка может происходить непосредственный процесс оценки вариантов. Здесь важна возможность аргументации реферальным агентом своего мнения на понятном потребителю языке, т.е. отсутствие коммуникационных барьеров связанных с отраслевой принадлежностью. В определенных случаях активная оценка может происходить совместно с агентом или даже осознанно или неосознанно делегироваться агенту реферального рынка. Передача этапа активной оценки связана с желанием сократить собственную ответственность за принятие решения, при этом потребитель может стремиться сократить риски будущей покупки за счет передачи решения более компетентному, на его взгляд, лицу.

Этап пути	Влияние агентов реферального рынка
Первичное рассмотрение (initial-consideration set)	Косвенно влияние, в зависимости от положения агента в окружении потребителя. Пассивные рекомендации усиливают первичную осведомленность. Создание стимула и поддержка в осознании потребности
Активная оценка (active evaluation)	Частичное или полное участие в анализе альтернатив. Включение дополнительных продуктов. Агенты являются источниками информации.
Момент покупки (moment of purchase)	Важная роль торговых консультантов. Разная вероятность успешного воздействия при различной уверенности потребителя в правильности выбора.
Опыт после покупки (post purchase)	Формируют восприятие и потребительский опыт, при инициированном потребителем контакте.
Петля лояльности (loyalty loop).	Возможность потребителю сменить продукт на новый. Невозможность удержать потребителя, оставшегося неудовлетворенным продуктом.

Табл. Взаимодействие реферальных агентов и конечных потребителей (составлено автором)

Как уже описывалось этап активной оценки может характеризоваться активным добавлением и сокращением альтернатив. С маркетинговой точки зрения роль реферальных агентов трудно переоценить в этом процессе. Агенты реферального рынка могут быть проводниками бренда сразу на эту стадию потребительского решения, а в дальнейшем его сторонниками при потребительской оценке. С этой точки зрения реферальные группы можно рассматривать как возможную альтернативу традиционным инструментам создания осведомленности и включения продукта в анализ потребителя, минуя предшествующие стадии. Компаниям следует переориентироваться на активацию реферальных агентов на этом этапе их стимулирование и информационную поддержку вместо использования push-инструментов продвижения.

В момент покупки наибольшее влияние оказывают торговые посредники. В этот момент потребитель при выборе незнакомого или сложного продукта испытывает дефицит информации, который может быть компенсирован рекомендацией торгового консультанта. Торговые консультанты находятся на решающей стадии потребительского пути и их рекомендации могут не только корректировать потребительский выбор, но и полностью его изменить. При четко запланированной покупке это более трудозатратно, при частично запланированной покупки более вероятно. Потребительское совершение покупки достаточно скоротечно, потребитель действует уже под ранее оказанным влиянием агентов реферального рынка. Совершение сделки на B2B рынке более длительное и при согласовании договора вполне могут быть привлечены реферальные агенты. На этапе покупки необходимо сопоставлять торговых консультантов, как социальный фактор, и физическое пространство торговой точки, чтобы к примеру рекомендации торгового персонала не вызвали диссонанс с рекламными материалами размещенными в зале.[9]

Можно было бы предположить, что реакция на покупку формируется самостоятельно потребителем вне влияния агентов реферального рынка. Но это не всегда так. После потребления реферальные группы могут участвовать в послепокупочном анализе. Потребителю может понадобиться помощь в интерпретации результатов потребления, например при употреблении БАД или использовании детского питания. На этом этапе чаще потребитель самостоятельно инициирует контакт с агентом. Таким образом, агент реферального рынка участвует в создании потребительского опыта. Возможно, привести пример и совместного использования продукта, когда агент реферального рынка вовлечен в процесс подготовки продукта к его потреблению или оказания услуг связанных с покупкой, например при установке сложнотехнического оборудования, применения косметологического средства или использование стройматериалов. Но такое влияния, кажется нам, редким.

Реферальный рынок может сыграть роль в разрыве потребителем петли лояльности и переключении на другой продукт. Рекомендация попробовать новое спортивное питание личного тренера или использование другой марки шин может быть не менее эффективным, чем маркетинговые усилия направленные на переключения потребителя на новые продукты. Но все-таки приверженность потребителя формируется вне зависимости от позиции агента реферального рынка. В случае если потребитель считает, что продукт недостаточного качества или не несет заявленных потребительских свойств и реферальный агент не смог изменить это мнение, потребитель, безусловно, способен самостоятельно выйти из петли лояльности и найти другой продукт, при условии, что обладает достаточными компетенциями или может основываться на мнении других реферальных агентов.

Таким образом, мы проанализировали взаимодействие агентов реферального рынка на этапах пути потребительского решения. Компаниям, находящимся на рынках, где рекомендации от реферальных агентов могут вносить свой вклад в продвижении товара на рынок необходимо активировать рекомендации от реферальных групп на ключевых, для конкретного рынка, стадиях пути решения. Немало важно убеждение самих агентов в преимуществах продукта, именно это убеждение они могут распространять среди конечных потребителей за счет WOM-эффекта.

Агенты должны обладать широкими социальными сетями и быть готовыми их использовать для распространения рекомендаций. По сути при стимулировании рекомендаций, неорганическом WOM, агенты вовлекаются в маркетинговую коммуникацию бренда. Социальный капитал агентов реферального рынка, который накапливается в результате группового взаимодействия, имеющего место во всей системе жизнедеятельности личности, используется для увеличения продаж и конверсии в корпоративный капитал. Под социальным капиталом - преимущество индивида за счет положения в социальной сети. WOM-капитал может быть фактором оценки реферальных агентов. Этот фактор можно учитывать при измерении ценности клиента: WOM-капитал увеличивает отдачу от взаимоотношений с клиентом (ROR). [2 с. 204]

Далее можно отметить, что при измерении результата маркетинговых усилий и использования CRM подхода в отношении агентов реферального рынка компания не может использовать объем их собственного потребления, а должна измерять количество потребления конечных потребителей, использовавших их рекомендации, т.е. количество рекомендаций ставших успешными с учетом потребления каждого потребителя. Это является важным в управлении CRM для реферальных агентов и основным отличием от потребительского CRM. Под CRM подходом автор имеет в виду две составляющие CRM систему и CRM программу. [5 с. 39]

Вторая особенность реферального CRM связана с мотивационной составляющей CRM программы. Если потребительский CRM, как правило, нацелен на стимулирование покупки и посредством предоставления наилучшего сервиса клиенту формирования у него приверженности и лояльности к бренду, то задача реферального CRM стимулирование рекомендаций, как уже было сказано выше. Программы лояльности для реферального рынка имеют концептуальные отличия от потребительских программ лояльности. Нет возможности использовать те же механизмы удержания. Концепция реферальной программы лояльности уникальна для каждой отдельной отрасли, но часто основывается на предоставлении профессиональной экспертизы компании, специализированных сервисов и бесплатных продуктовых экземпляров.

Борьба за агентов реферального рынка может иногда рассматриваться как определяющий фактор на рынке, в особенности при высокой корреляции между рекомендациями определенной группы реферальных агентов и долей рынка продукта. По этой причине построение отношений с группами агентов осложняется и за счет борьбы конкурентов на лояльность реферальных агентов. И программ лояльности бывает недостаточно, организуются временные активности для стимулирования рекомендаций и специальные мотивационные программы для агентов реферального рынка. В таких условиях борьба за агентов реферального рынка по масштабам не уступает борьбе за конечного потребителя. Создаются группы в отделах маркетинга, специалисты которых заняты организацией маркетинговых активностей для непотребительской аудитории.

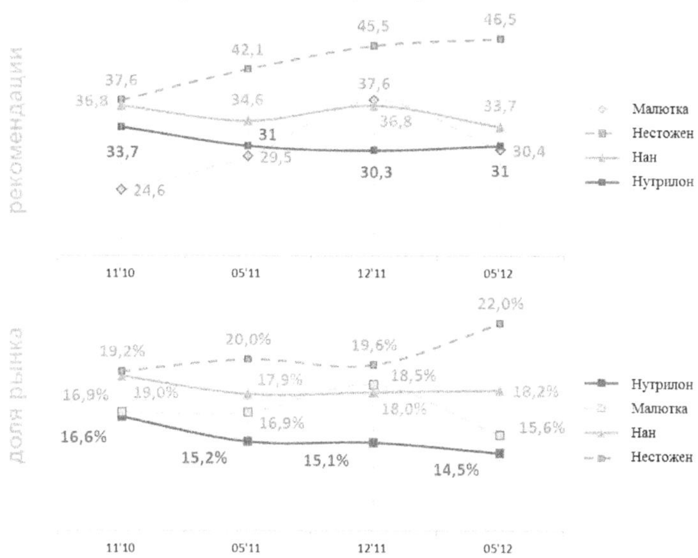

Рис. Зависимость доли рынка бренда детских смесей от рекомендации педиатров (построено автором на основе отчетов компаний Comcon Synovate и Nielsen)[1]

В условиях все большей информационной нагрузки на потребителя и усиливающихся барьеров восприятия маркетинговых сообщений востребованность описанного в работе подхода и в целом интерес к теме будет расти. Необходимы инструменты, которые могут облегчить трансформационные процессы в системе взаимоотношений с внешними агентами.

[1] Рекомендации отражены как показатель бренда первого выбор (One Brand) для марок Нутрилон и Нан, премиум категории, и как показатель бренд второго выбора (Second Recommended Brand) Малютки и Нестожена, мейнстрим категории. Показана доля рынка по всему сегменту.

Список литературы

1. Блэкуэлл Р., Миниард П., Энджел Дж. Поведение потребителей. – СПб.: Питер, 2007.
2. Иган Д . Маркетинг взаимоотношений . Анализ маркетинговых стратеги й на основе взаимоотношений / пер . с англ . 2-е изд . М .: ЮНИТИ-ДАНА, 2008.
3. Отчет компании Nielsen , Рынок заменителе грудного молока 2012.
4. Отчет компании Synovate Comcon, Comcon Tracking Рынок детского питания 2012.
5. Пейн. Э. Руководство по CRM. Путь к совершенствованию менеджмента клиентов. – М.: Гревцов Паблишер, 2007.
6. Рожков А. Г. Формирование и развитие отношений клиентоориентированной компании, 2012
7. Хьюз, Артур М. Маркетинг на основе баз данных / Артур М. Хьюз – М. : Издательский дом Гребенникова, 2008.
8. Черкашин П. А. Готовы ли Вы к войне за клиента? Стратегия управления взаимоотношениями с клиентами (CRM) / Черкашин П. А. - М.: ИНТУИТ.ру, 2004.
9. Иванов К.А. Корпоративная коммуникационная стратегия на российском B2B рынке: взаимодействие с государством // Современный менеджмент: вопросы теории и практики. Сборник статей аспирантов и студентов. под. ред.: М.Ю. Шерешева. М.: Издательский дом НИУ ВШЭ, 2012, с. 205-216.
10. Court D., Elzinga D., Mulder S. The consumer decision journey Электронный ресурс:
11. Gummesson E. Relationship Marketing and Imaginary Organizations: A Synthesis // Euro-pean Journal of Marketing. 1996. Vol. 30. N 2. P. 31–44. с. 32
12. Kumar, V., Petersen, J. Andrew and Robert P. Leone (2010), “Driving Profitability by Encouraging Referrals: Who, When, and How,” Journal of Marketing, 74 (5), 1-1
13. Payne A., Christopher M., Clark M., Peck H. Relationship Marketing for Competitive Advantage: Winning and Keeping Customers. Oxford, 2000.

Левина М.И., Петров В.Ю.
магистрант Санкт-Петербургского Национального Исследовательского Университета Информационных Технологий, Механики и Оптики., к.т.н., доцент

УПРАЛЕНИЕ ИНФОРМАЦИОННЫМИ РИСКАМИ ПРИ ВНЕДРЕНИИ ИНФОРМАЦИОННЫХ СИСТЕМ

Для хранения, обработки и выдачи информации используют *Информационные системы* - взаимосвязанную совокупность средств, методов и персонала. Информационные системы (ИС) бывают разного назначения и масштаба, отличаются по степени охвата сфер деятельности предприятия, но обладают рядом свойств, которые являются для них общими. В основе любой информационной системы лежат средства хранения и доступа к данным, они предназначены для конечного пользователя, должны включать в себя клиентские приложения, обеспечивающие интуитивно понятный интерфейс.

Рассматривая функционирование ИС во времени, следует учитывать, что их информационные ресурсы и объекты (ИО) могут подвергаться действиям, приводящим к негативным последствиям, которые искажают данные и могут привести к разрушению информационных систем.

Возможность наступления случайного события в информационной сфере (информационной системе) предприятия, в результате которого предприятию будет нанесен ущерб, называют *Информационным риском.* Воздействуя на информационную систему риски, в конечном итоге, приводят к ущербу или убыткам предприятия, в чем и заключается экономический смысл понятия "информационный риск". Схема воздействия информационных рисков на процесс функционирования предприятия предоставлена на рис.1.

Если причины информационного риска порождаются внутри предприятия, то такой риск относится к внутренним, за пределами предприятия - внешним.

Целью управления информационными рисками является минимизация суммы расходов предприятия на противодействие информационным рискам и суммарного ущерба от этих рисков. На основании всестороннего анализа 2 возможных стратегий управления информационными рисками предлагаются следующие *стратегии управления*: принятие риска; предотвращение риска; снижение возможного ущерба от риска; предотвращение риска и снижение возможного ущерба от него.

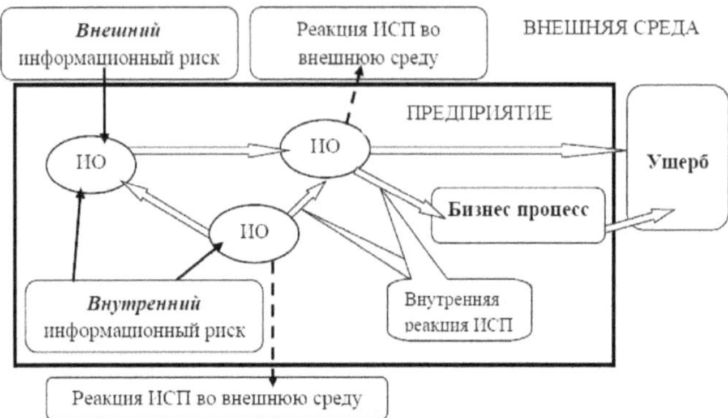

Рис. 1. Схема воздействия информационных рисков на процесс функционирования предприятия

Применительно к задаче построения систем управления информационными рисками (СУИР) предлагается использовать *методологические принципы*, основанные на принципах системного анализа и синтеза систем, а также на принципах разработки информационных систем (принцип соответствия целей создания каждой подсистемы общей цели создания СУИР; принцип создания СУИР как подсистемы информационной системы предприятия; принцип построения адаптивной СУИР и др [2,3].

Общий алгоритм системного анализа применительно к исследованию информационных рисков предполагает [4] определение целей анализа информационных рисков, постановку задачи исследования и построение информационной модели, идентификация информационных рисков, выявление источников, факторов рисков и причин их порождающих, определение взаимосвязи информационных рисков, выбор показателей оценки рисков, выбор методов и средств оценки рисков, построение моделей; определение тенденций развития информационных рисков.

При этом одной из наиболее важных проблем анализа информационных рисков является *создание классификации информационных рисков*. Если информационные риски группировать в соответствии с их природой и механизмом действия можно использовать индексированную схему классификации, представленную на рис.2. Схема показывает разделение информационных рисков на группы по одному из пяти классификационных признаков[1, 5].

Рис. 2 - Индексированная схема классификации информационных рисков

Этапы управления рисками

Большинство специалистов в области управления рисками пришли к выводу, что управление риском проекта состоит из четырех основных этапов [6]: идентификация риска, его оценка, разработка мероприятий по реагированию, документирование и контроль.

Идентификация риска. Исходя из критериев оценки проекта, в первую очередь необходимо идентифицировать (выявить) все риски, способные в значительной мере повлиять на достижение его цели и успех. Даже если нельзя провести всесторонней идентификации рисков, следует включить в устав четыре существенных риска практически любого проекта, в том числе проекта внедрения ИС:

- риск низкого качества результатов проекта - выполнение работ с низким уровнем качества и неспособность удовлетворять разумные требования конечных пользователей;
- риск срыва сроков проекта - невыполнение работ в установленные сроки, зависимость выполнения работ от смежных проектов и мероприятий;
- риск увеличения затрат - недостаток определенных бюджетом проекта средств, необходимость увеличения бюджета;

- риск остановки проекта - изменение условий и масштабов проекта.

Далее следует определить *факторы риска* - характеристики (события, свойства, факты) проекта, которые существенно влияют на него и качество его результатов. В случае с внедрением ИС наиболее значимыми факторами риска являются: несоответствие фактического статуса проекта в компании; несогласованные или нечеткие формулировки цели и результатов проекта и др. Данные вопросы позволят сконцентрироваться на выявлении действительно значимых факторов и не останавливаться на изучении малозначительных.

Оценка риска. Цель оценки рисков - всесторонний анализ вероятности каждого риска и влияния его последствий на проект и его результаты.

Существует множество моделей и методов для оценки рисков, но, как показывает практика, в большинстве случаев оценку вероятности неблагоприятного события и степени его влияния делают на основе субъективных суждений. Для обеспечения целей проекта ИС достаточно провести элементарную категоризацию или ранжирование рисков по степени вероятности и последствий по степени серьезности (тяжести последствий). Последующее перемножение этих величин позволит определить статус риска, который может быть минимальным, низким, средним, высоким и чрезвычайно высоким.

Оценка рисков, описанная выше, может считаться необходимой. Однако для достаточной оценки следует провести анализ вероятности с помощью специальных методов, например "дерева распределения" вероятностей, диаграмм влияния, распределения вероятности, профилей чувствительности. Эти методы требуют специального подхода, и их использование должно диктоваться условиями конкретного проекта.

Разработка мероприятий по реагированию. Разработка мероприятий по реагированию на риски, как правило, осуществляется на основании стратегии преодоления выявленных рисков. В случае с рисками хорошо, когда есть не одна, а несколько стратегий реагирования на риски. Тогда одна из стратегий принимается как основная, а остальные - как резервные. Если основная стратегия "не сработает" или окажется малоэффективной, то можно быстро приступить к реализации резервной.

Мероприятия должны быть направлены в первую очередь на исключение условия возникновения рисков (предпосылок), т.е. на обеспечение превентивного отношения к ним со стороны проектной организации.

Методы управления рисками должны основываться на принципе возложения ответственности на тех, кто является источником их возникновения или лучше других может обеспечить контроль над развитием неблагоприятных процессов.

Документирование и контроль. Важно понимать, что заказчик проекта внедрения КИС должен максимально обеспечить неизменность условий, в которых выполняется проект. В частности, он должен предусмотреть свою ответственность перед исполнителем за возникновение крайне неблагоприятных, но маловероятных событий, связанных, например, с вмешательством государства или нехваткой трудовых или финансовых ресурсов.

Следует не забывать, что статус риска может изменяться в ходе проекта. Риски могут расти или снижаться в широких пределах при изменении масштабов и методов работы, поэтому нужно постоянно вести наблюдение за ситуацией и выполнять необходимые корректировки. Для этого требуются контроль и документирование.

Список литературы

1. Завгородний В.И. Информационные риски: сущность, концепция управления /М.: ЗАО «Издательство «Экономика», 2007 - 177с.

2. Завгородний В.И. Информационные риски и экономическая безопасность предприятия /М.: Финакадемия, 2008 - 160с.

3. Кошелев С. «Управление рисками при внедрении корпоративных информационных систем», Статья из «Финансовая газета. Региональный выпуск», 2008, выпуск №29.

4. Баззел Р.Д., Кокс Д.Ф., Браун Р.В. Информация и риск в маркетинге. – М.: Финстатинформ, 2011.- С.95.

5. Петренко, С.А. Управление информационными рисками. Экономически оправданная безопасность / С.А. Петренко, С.В. Симонов. М.: Компания АйТи; ДМК Пресс, 2010. - 384 е.: ил.

6. Покровский, П. Оценка информационных рисков / П. Покровский // Журнал LAN. 2010, выпуск № 10.

Педошенко Т.А.
аспирант кафедры «Бухгалтерский учет в коммерческих организациях», Финансовый университет
pedoshenkot@gmail.com

ОСОБЕННОСТИ КЛАССИФИКАЦИИ РИСКОВ И СИСТЕМ УПРАВЛЕНИЯ РИСКАМИ В БАНКАХ

Управление рисками в банках в той или иной форме появилось значительно раньше, чем в других сферах экономики, что связано с повышенной рискованностью банковской деятельности, а также с высокой общественной значимостью кредитных организаций. Кроме того, развитию управления рисками в банках во многом поспособствовало повышенное внимание и достаточно жесткое регулирование со стороны государства. Риск – это неотъемлемая характеристика любой экономической деятельности, приносящей доход. Доказано, что риск и доходность имеют обратную зависимость между собой.

Риски, присущие деятельности кредитных организаций, зачастую разрозненны и разнонаправленны. Для того чтобы систематизировать знания и понимание рисков, их можно разделить на основе нескольких критериев классификации.

Наиболее распространённой как в научно-теоретическом обществе, так и среди практикующих банкиров и национальных регуляторов банковской системы классификацией является деление рисков на следующие группы:

1) кредитный риск;
2) рыночный риск (включающий в себя фондовой, процентный и валютный риск);
3) операционный риск;
4) риск ликвидности;
5) правовой риск;
6) риск потери деловой репутации;
7) прочие риски.

Такая классификация рисков позволяет обеспечивать эффективное управление ими в процессе осуществления банковской деятельности. Однако необходимо понимать, что мировые и локальные рынки находятся в постоянном развитии, а следовательно, структура рисков и подход к управлению или должны соответствовать вызовам нового времени. Так, финансовый кризис 2008 года показал, что слабое управление риском концентрации привело к печальным последствиям для многих крупных финансовых организаций.

По мнению автора, к представленной классификации следует добавить ряд рисков, которые с высокой частотой реализуются в различных стрессовых ситуациях – стратегический риск, риск потери деловой репутации и риск мошенничества.

Стратегический риск представляет собой риск выбора банком ошибочной стратегии развития, которая приведет к негативным финансовым последствиям. На сегодняшний день управление этим риском практически никак не регулируется в России, а следовательно может привести к убыткам банка и к финансовой ответственности перед вкладчиками и акционерами.

Вопрос о выделении стратегического риска как отдельного вида риска поднимается также А.А. Валинуровой [1,10]. Автор статьи предлагает использовать балльную шкалу для оценки стратегического риска на основе ответов на качественные вопросы. Шкалу, предлагаемую автором, целесообразно доработать, так как закрытый перечень вопросов может привести к неполной картине и повлиять на объективность оценки. По мнению автора, необходимо дополнить шкалу рядом открытых вопросов, а также допустить большие отклонения в показателях по принципу пропорциональности (то есть установить разные пороговые значения для крупнейших, крупных, средних и мелких банков).

Так как в России действует более 900 банков по состоянию на 2013 год, и лишь первая сотня банков уделяет должное внимание вопросам стратегии и выбору направлений развития, то необходимо уделять большее внимание этому вопросу. Проблема недостаточного внимания к стратегическому риску является проблемой не только риск-менеджмента, но и проблемой слабого корпоративного управления. При наличии грамотной системы корпоративного управления стратегический риск может быть значительно снижен.

Риск потери деловой репутации является одним из ключевых для организаций, деятельность которых основана на доверии, в том числе для банков. Деловая репутация банка – один из ключевых активов, который никаким образом не учитывается в финансовой отчетности, однако, оказывает существенное влияние на возможность банка успешно функционировать. Банк России выделяет риск деловой репутации в отдельную группу рисков, которые рекомендуется принимать во внимание в процедурах оценки достаточности капитала [2].

Наибольшая проблема, касающаяся управления риском деловой репутации – это невозможность оценить риск количественно и качественно с должным уровнем достоверности. При оценке риска потери деловой репутации возникает проблема субъективности: оценка риска работниками банка приведет к искажению результатов, так как работник является инсайдером и обладает некой информацией, недоступной рынку. Альтернативным решением оценки данного риска может быть привлечение к оценке третьих лиц (например, рейтинговых агентств, оценщиков, консультантов). При таком решении обеспечивается большая объективность, но возникает барьер высоких издержек для банка:

профессиональные услуги внешних специалистов высокого уровня далеко не дешевые.

Риск мошенничества является риском, которые характеризуется финансовыми потерями в случае мошеннических действий сотрудников, органов управления банка или клиентами банка. Риск мошенничества можно рассматривать как часть операционного риска, однако, на взгляд автора в силу значимости этого риска, его необходимо выделять в отдельную группу. На риск мошенничества обращают внимание международные организации, например, CPA разработал специальное руководство по минимизации риска мошенничества [3].

К сожалению, риск мошенничества является часто реализуемым, однако, ущерб, как правило, не приводит к коллапсу и прекращению деятельности банка. Банк России во многих случаях лишает подозрительные кредитные организации лицензии на основании обнаружения фактов мошенничества на высоком уровне управления. Для минимизации риска мошенничества может применяться страхование ответственности сотрудников банка, страхование ответственности органов управления, а также обеспечение подразделениями безобразности должной проверки клиентов.

Эффективность риск-менеджмента во многом зависит от того, каким образом построена система управления рисками.

Управление рисками представляет собой интегрированную систему, которая тесно связана со всеми процессами в банке. Неверно полагать, что участниками управления рисками являются только руководство банка и блок управления рисками. В современной модели риск-менеджмента заложена взаимосвязь между всеми функциональными блоками банка, позволяющая эффективно управлять рисками. Так, качественно построенная система управления риском предполагает участие фронт-офиса, мидл-офиса, бэк-офиса, риск-менеджмента, внутреннего контроля, блока стратегического развития банка и руководства банка (см. рисунок 1).

Рисунок 1. Участники управления рисками в банке

Под фронт-офисом (от англ. front office) принято понимать подразделения, которые непосредственно предоставляют банковские услуги клиентам, активно взаимодействуют с клиентами. Фронт-офис представляет собой структурные единицы банка, которые ответственны за принятие риска (то есть за заключение сделок).

Мидл-офис (от англ. middle office) представляет собой подразделения, задействованные в оказании методологической, документационной и организационной поддержки фронт-офису. Некоторые исследователи относят риск-менеджмент к мидл-офису, однако, по мнению автора, риск-менеджмент является независимой единицей с большим спектром полномочий, следовательно, необходимо выделять его в отдельную функциональную группу.

Под бэк-офисом (от англ. back office) понимается ряд подразделений, ответственных за документальное оформление сделок и бухгалтерские записи.

Под руководством на рисунке подразумеваются все уровни управления, в том числе исполнительные органы управления, совет директоров (наблюдательный совет), акционеры (участники).

Организационная схема может значительно различаться от банка к банку. Так, во многих мелких (и некоторых средних) банках отсутствуют самостоятельные структурные подразделения управления рисками. Однако в связи с внедрением рекомендаций Базельского комитета по банковскому надзору (БКБН) все больше и больше банков предпринимают активные меры по развитию систем управления рисками, что должно оказать положительное влияние на развитие банковского сектора России.

ЛИТЕРАТУРА:

1. Валинурова А.А. Оценка системы управления стратегическим риском в коммерческом банке // Экономика, финансы и управление производством. №11 (23). 2012. С. 9-17.
2. Письмо Банка России от 29.06.2011 N 96-Т «О Методических рекомендациях по организации кредитными организациями внутренних процедур оценки достаточности капитала»
3. Managing the Business Risk of Fraud: A Practical Guide. CPA. 2009.

Лихачева В.В. - магистрант кафедры Финансы и кредит
Лихачева Е.В. - магистрант кафедры Финансы и кредит
Петечел Т.А. - к.э.н., доцент кафедры Финансы и кредит Дальневосточный Федеральный университет

НАЛОГОВЫЕ РИСКИ В СИСТЕМЕ ФИНАНСОВЫХ РИСКОВ ОРГАНИЗАЦИИ

Для осваивающей рыночное пространство Российской экономики характерна высокая степень появление самых различных рисков в любой отрасли. Так как для выживания в условиях рыночных отношений, нужно решаться на внедрение технических новшеств и на смелые, решающие действия, что приводит к усилению риска. Современный бизнес немыслим без риска, так как успех в бизнесе зависит не только от правильности и обоснованности выбранной стратегии предпринимательской деятельности, но и от учета вероятности критических ситуаций. Следовательно, главными задачами предпринимателя является умение оценивать степень риска и умение управлять им, а не избегать риска.

Факторами, повышающими степень риска, являются нестабильность уровня спроса и предложения, ужесточающаяся конкуренция, опережающие темпы развития техники и технологии, изменения валютных курсов, инфляция, несовершенство законодательной базы. Эти, а также многие другие негативные явления, характерные для текущего состояния российской экономики, создают условия, при которых даже тщательно спланированные коммерческие операции могут не принести ожидаемого успеха. По результатам некоторых исследований, рисковая обстановка в России примерно в полтора раза более напряженная, чем в странах с обустроенной рыночной экономикой. Этот факт не является уникальным явлением, т.к. в свое время все страны с развитой рыночной экономикой прошли такой этап, но он был растянут на многие годы, что давало возможность накопить опыт, развить рыночную инфраструктуру, организовать систему обучения. Кроме того, нельзя забывать об уровне экономической нестабильности во время перехода к рыночной экономике, которая многократно возрастала из-за развала государства, когда рушились десятилетиями существовавшие экономические связи между собственно Россией и бывшими союзными республиками.

Существует большое разнообразие мнений по поводу понятия определения, сущности и природы риска, что связано с многоаспектностью этого явления, недостаточным использованием в реальной деятельности, игнорированием в существующем законодательстве.

Из выделенных в мировом риск-менеджменте двух направлений (управление рисками в финансовом и реальном секторах экономики), на сегодняшний день общепризнано, что финансовое направление риск-менеджмента в России развивается успешнее реального, благодаря тому, что Центральный банк РФ создал систему нормативных актов по управлению рисками и внутреннему контролю, а экономические вузы России готовят специалистов в области финансов, обеспечивая банки кадрами, в том числе и в области управления рисками. В реальном секторе экономики предприниматели России, занимающиеся практической деятельностью и постоянно сталкивающиеся с рисками, в силу отсутствия научной и методической базы не так успешно управляют ими. Так как для комплексного правления рисками в реальном секторе предложено пользоваться отраслевыми ГОСТами по промышленной безопасности и другими индустриальными стандартами.

Наибольшая степень риска в современных российских условиях присуща налоговым формам, непосредственно связанным с обложением прибыли и доходов организаций и физических лиц. Для повышения эффективности управления налогами в масштабе страны или ее отдельной территории необходимо определить: что же такое налоговой риск, причины его возникновения и методы управления им.

В сложившейся ситуации управление налоговыми рисками организации играет не последнюю роль в общем процессе управления предпринимательскими рисками, так как возникающие в процессе исполнения налоговых обязательств налоговые риски, влекут и финансовые последствия. Отсутствие налоговых претензий или их успешное обжалование повышает доверие инвесторов и в конечном итоге повышает стоимость бизнеса. При этом успешное управление налоговыми рисками в широком смысле позволяет организации, и экономить, поскольку налоговые риски – это не только риск налоговых доначислений, это еще и инструмент для повышения эффективности налогообложения, т.е. исключения переплат налогов, использования налоговых льгот, налоговых резервов, отсутствие кредитования бюджета.

Налогообложение является обязательным элементом системы государственного управления и служит одним из инструментов осуществления ее функций: политических, социальных или экономических. Но в России на данном этапе сложилась ситуация, когда налоговая система ориентирована в основном на сбор налоговых доходов, а задачам регулирования и стимулирования экономического развития не уделяется должного внимания, что в совокупности увеличивает налоговые риски хозяйствующих субъектов. Причинами этого служит то, что нормативно-правовое регулирование российского налогообложения трудно прогнозируется, постоянное внесение изменений в законодательство не устраняет существующих неясностей и пробелов, что порождает дополнительные судебные прецеденты. Неопределенность и неоднозначность толкования законодательства о налогах и сборах, фискальная направленность налогового администрирования и контроля сдерживают экономический рост организаций и угрожают их безопасности. В существующих условиях организациям необходимо уделять больше внимания формированию механизма защиты от угроз, вызванных недочетами государственной системы налогообложения, чтобы они не оказывали негативного влияния на развитие бизнес-субъектов и достижение ими поставленных целей. В данных условиях риски организаций, связанные с налогообложением, возрастают, соответственно и появляется необходимость в управлении ими.

Вопросы теории налоговых рисков и управления ими разрабатывались в трудах таких российских исследователей: С.В. Барулина [2], Л.И. Гончаренко [4, С.17], Е.Н. Евстегнеева [6], М.Р. Пинской [10, С.44], Д.Н. Тихонова [11], С.А. Филиной [12, С.9-23], Д.М. Щекина [15] и др.

По мнению Л.И. Гончаренко [4, С.17.], именно комплексный подход к определению родовых признаков понятия экономических рисков позволяет включить в их состав налоговые риски как полноценную разновидность, ибо им присущи как материальные, так и нематериальные негативные последствия [5, С.10-15.].

Налоговые риски являются составной частью финансовых рисков. Такого мнения придерживаются Г.А. Цыркунова и М.И. Мигунова, утверждая, что «налоговые риски представляется целесообразным рассматривать как разновидность рисков финансовых, поскольку они имеют денежное выражение и влекут за собой повышение расходов» [13, С. 48-52.]. Д. Тихонов и Л. Липник обращают внимание на то, что «налоговый риск – это возможность для налогоплательщика понести финансовые и иные потери, связанные с процессом уплаты и оптимизации налогов, выраженная в денежном эквиваленте» [11].

Значительная часть авторов, в исследованиях которых присутствует понятие налоговых рисков, чаще всего рассматривают налоговые риски налогоплательщиков. Такая позиция особенно была характерна для 90-х гг. прошлого века, но имеет место и сейчас, причем как в экономической, так и в юридической литературе [6; 12, С. 9-23; 15]. Между тем в последние годы активизируется обсуждение налоговых рисков государства, в том числе в результате неправомерных действий крупнейших налогоплательщиков.

Налоговые риски присущие всем участникам налоговых правоотношений, т.е., по крайней мере, трем их субъектам: налогоплательщикам, налоговым агентам и государству. Негативными материальными, в частности финансовыми, последствиями у государства являются: недопоступление (снижение) налоговых доходов в бюджетную систему страны и ухудшение состояния налогового климата страны.

Таким образом, включение в содержание понятия налогового риска всех участников налоговых правоотношений может рассматриваться в качестве фактора, определяющего его специфику, и объективной причиной возникновения налоговых рисков является диалектическое противоречие, внутренне присущее фискальной функции налогов, а также взаимосвязи их фискальной и регулирующей функций. Если для государства успешная реализация фискальной функции находит проявление в обеспечении запланированных поступлений налоговых доходов в бюджет, то для налогоплательщика это расходы, которые он стремится оптимизировать (минимизировать) в силу их неизбежности. Гармонизация интересов государства и налогоплательщиков в этих объективных условиях, в том числе обеспечиваемая путем совершенствования национального законодательства, выступает важным фактором минимизации налоговых рисков всех участников налоговых правоотношений и создания объективных условий повышения финансовой устойчивости налогоплательщиков и роста налоговых поступлений в бюджетную систему государства в целом.

Рассогласование в реализации основных функций налогов, проявляющееся и в недостатках налогового законодательства, приводит к усилению вероятности налоговых рисков, как у налогоплательщика, так и у государства. Так, повышение налоговой нагрузки в ущерб стимулированию развития прогрессивных сфер деятельности зачастую провоцирует налогоплательщиков к уходу из бизнеса и от налогообложения (минимизации налоговых платежей), что отрицательно сказывается на налоговых поступлениях в бюджет или на финансовом положении организаций при обнаружении налоговых нарушений.

Специфика налогов как обязательного индивидуально безвозмездного платежа, сопровождающегося обеспечительными мерами по его, в случае необходимости, принудительному взысканию, отражается как в базовом признаке налоговых рисков, так и в том, что их субъектами выступают участники правоотношений, возникающих в налоговой сфере.

Из вышесказанного следует что - налоговый риск – это возможное наступление неблагоприятных финансовых и иных последствий для налогоплательщика или государства в результате действий (бездействия) участников налоговых правоотношений.

Факторы возникновения налоговых рисков разнообразны. Но на данный момент они не систематизированы и, как правило, рассматриваются в отношении одного из участников налоговых правоотношений, что еще раз подтверждает отсутствие комплексного подхода к определению содержания налоговых рисков. Систематизация выявленных в процессе исследования факторов возникновения налоговых рисков, основанная на обобщении арбитражной практики, позволила выделить следующие общие причины (факторы) негативных последствий для участников налоговых правоотношений: несимметричность ряда положений налогового и гражданского законодательства; изменения, внесенные в зарубежное или отечественное законодательство, в том числе в порядке корректировки экономической и налоговой политики страны; несовершенство норм российского законодательства о налогах и сборах, включая внутренние противоречия между нормами различных глав НК РФ [7, С. 15]; ошибки в налоговом планировании (как на федеральном, субфедеральном, муниципальном уровнях, так и на уровне организации); действия (в том числе неправомерные) субъектов налоговых правоотношений или уполномоченных органов власти и управления; некомпетентность работников [12, С. 26].

Приведенные причины у разных субъектов налоговых правоотношений специфичны и определяются целями и задачами их деятельности. Поскольку интересы государства и налогоплательщиков, исходя из содержания категории налогов, объективно противоречивы, то при конкретизации факторов возникновения налоговых рисков их содержание и последствия будут существенно отличаться применительно к налогоплательщикам и государству в лице уполномоченных органов. В этом смысле факторы налоговых рисков имеют специфику по отношению к участникам налоговых правоотношений (государству, налогоплательщикам, налоговым агентам).

Негативным последствием ошибок в экономической (в том числе налоговой) политике как фактора налоговых рисков государства может стать ухудшение финансового состояния налогоплательщиков. Недостатки в планировании налоговых доходов в бюджетную систему страны вследствие применения несовершенных методик, ошибок в оценке стоимостных показателей, используемых в расчетах, искажения статистических данных и др., как правило, негативно отражаются на оценке деятельности налоговых органов по обеспечению налоговых поступлений в бюджет.

Одно из центральных мест среди факторов налоговых рисков налогоплательщиков отводится их действиям в области оптимизации налоговых платежей или налогового планирования [6]. Особую опасность представляет агрессивная налоговая оптимизация, поскольку чаще всего по используемым методам она может быть максимально приближена к уходу от налогообложения. Исследование этого явления, а также обобщение арбитражной практики, выступлений представителей налогоплательщиков и налоговых органов на различного рода экономических форумах, конференциях, в профессиональной литературе позволяют выделить новый аспект взаимоотношений налоговых органов и налогоплательщиков, который можно назвать налоговой культурой.

На уровень налоговых рисков влияет нечеткое законодательное регулирование тех или иных вопросов налогообложения, ошибочная трактовка положений налогового законодательства (особенно в части расходов и налоговых льгот), наконец, законодательно предусмотренная возможность переквалификации сделок (признание недействительными, мнимыми или притворными).

Обобщение результатов камеральных и выездных налоговых проверок показывает, что значительная доля рисков в налоговой сфере связана с некомпетентностью (заблуждениями) работников, исчисляющих и уплачивающих налоговые платежи организации, а также с низким уровнем организации документооборота и низким качеством внутреннего контроля (отсутствие или ненадлежащее оформление первичных документов; нарушение сроков уплаты налогов, представление отчетности в налоговые органы и т.д.), с недостаточной проработкой вопросов методологического и методического характера, связанной с ведением налогового учета (этой проблеме налоговые органы не уделяют должного внимания). Прослеживаются существенные отличия в системах факторов возникновения налоговых рисков у государства (в лице уполномоченных органов управления в налоговой сфере) и налогоплательщиков, в результате чего наблюдаются и различия в проявлении налоговых рисков. Поэтому налоговые риски надо рассматривать отдельно для государства и налогоплательщика.

Налоговые риски государства включают в себя:

1) риск снижения (невыполнения плана) налоговых поступлений в бюджетную систему страны, в том числе вследствие применения налогоплательщиками «легальных» схем минимизации налоговых платежей;

2) риск системного сужения налоговой базы вследствие сокращения объемов отечественного и иностранного бизнеса и инвестиций;

3) риск ухода налогоплательщиков «в тень»;

4) риск снижения конкурентоспособности национальной налоговой системы.

Среди налоговых рисков налогоплательщиков с учетом специфики негативных последствий для них можно выделить:

1) риск снижения объемов финансовых ресурсов и имущественного потенциала вследствие финансовых потерь (дополнительные платежи в бюджет, включая штрафные санкции);

2) риск сокращение бизнеса, в частности вследствие повышения налоговой нагрузки или потери деловой репутации и обусловленного этим отказа контрагентов от деловых связей;

3) риск возникновения негативных результатов контрольных и обеспечительных действий налоговых органов в отношении налогоплательщика (выездных налоговых проверок, ареста имущества, ограничения операций по счетам и др.);

4) риск ликвидации отдельного направления бизнеса или банкротство организации в целом.

Так как риск в бизнесе имеет вполне самостоятельное теоретическое и прикладное значение как важная составная часть теории и практики управления, особенно если учесть малоизученность этой области научного знания. В современных условиях глобализации рынков и операций вопросы управления рисками стали одними из основных не только для компаний, занятых в финансово-инвестиционной деятельности, но торговых и производственных фирм. Всю эволюцию управленческих парадигм, преобразующих бизнес по всему миру, можно систематизировать, положив в основу некую базовую категорию: время, процесс, информация, риски и т.д.

Управлять налоговыми рисками – значит прогнозировать наступление положительного или отрицательного результата и заранее принимать меры к снижению степени риска. В связи с тем, что налоговый риск определяется вероятностными показателями, характеризующими возможные финансовые потери (возможный дополнительный доход), возникает необходимость разработки специальных процедур и методик оценки и прогнозирования развития различных ситуаций поведения субъектов управления в условиях таких рисков.

В частности к методам управления налоговыми рисками можно отнести:

- получение разъяснений у налоговых органов и Минфина России, а также обжалование разъяснений фискальных органов в суде;
- обжалование нормативных актов, которые создают налоговые риски, в ВАС РФ, ВС РФ или КС РФ;
- получение профессиональных консультаций у специалистов по налогообложению из юридических и консалтинговых компаний;
- проведение специального налогового аудита налоговых рисков, при котором выявляются возможные слабые места в налоговом учете компании с внесением исправлений в налоговый учет и в налоговую декларацию;
- страхование налоговых рисков (слабо развитое в России). Однако при заключении сделок в отношении российских активов через иностранные юрисдикции (например, покупка акций голландской компании, которая владеет акциями российской компании, может осуществляться также через иностранную компанию) такое страхование или распределение ответственности за возможные налоговые доначисления может иметь место;
- возложение ответственности на аудиторскую компанию при необнаружении ею налоговых рисков. В свою очередь, аудиторская компания может застраховать свою ответственность;
- своеобразный метод - переход на специальные режимы налогообложения, например на упрощенную систему налогообложения;

- с определенной долей условности - IPO, которое позволяет российской компании привлечь иностранный капитал и при национализации компании государством, в том числе и методами налогового права, получить большую международно-правовую защищенность от таких действий государства [16].

Следовательно, управление налоговыми рисками предполагает следующие действия:

– формирование политики управления налоговыми рисками;

– формирование подходов к управлению налоговыми рисками;

– характеристика налоговых рисков;

– идентификация отдельных видов налоговых рисков;

– оценка информации, необходимой для определения уровня налоговых рисков;

– определение факторов, влияющих на налоговые риски;

– установление предельно допустимого уровня налоговых рисков;

– определение размера возможных финансовых потерь по отдельным видам налоговых рисков;

– выбор и использование внутренних механизмов нейтрализации негативных последствий отдельных видов налоговых рисков;

– оценка результативности нейтрализации налоговых рисков;

– организация мониторинга налоговых рисков;

– оценка результативности мониторинга налоговых рисков.

В рамках государственного налогового менеджмента его субъекты должны выбирать такую стратегию налогового управления, которая позволит уменьшить налоговые риски. Располагая информацией о возможном налоговом риске органы налогового управления должны принимать меры по более эффективному управлению налоговыми потоками.

Для проведения качественной оценки используется ранжирование по следующим группам: «*remote*» – отдаленный (степень риска от 1 до 5), «*possibl*e» – возможный (степень риска от 6 до 14), «*probabl*e» – вероятный (степень риска от 15 до 25). После чего определяется интегральная оценка риска:

$$I_{or} = C_r \cdot F_o \cdot V_r ,$$

где I_{or} - интегральная оценка риска;

C_r - степень риска;

F_o - финансовая оценка риска

V_r - величина риска.

Так как налоговый риск - это объективная реальность, с которой сталкивается каждый субъект экономических и правовых отношений. А, следовательно, этот риск несет вполне осязаемый и материальный финансовый результат в виде дохода или убытка, который необходимо оценивать. Понимание сути риска и причин его возникновения позволит выработать методику управления рисками и тем самым минимизировать вероятные экономические потери.

На сегодняшний день для оценки величины налогового риска бюджета используют статистические показатели: математическое ожидаемое исполнение налогового бюджета, стандартное отклонение исполнения налогового бюджета [9].

Ожидаемое исполнение налогового бюджета определяется по формуле:

$$EB = \sum_{i=1}^{n} B_i \cdot P_i \cdot 100\%,$$

где EB - ожидаемое исполнение налогового бюджета;

B_i – i-е исполнение налогового бюджета;

P_i – вероятное отклонение i-го исполнения налогового бюджета;

n – общее число возможных вариантов исполнения налогового бюджета.

Ожидаемое исполнение налогового бюджета – это средневзвешенная величина возможных значений исполнения налогового бюджета, где весовыми коэффициентами являются вероятности их наступления.

Стандартное отклонение исполнения налогового бюджета измеряет разброс величин. Чем больше стандартное отклонение исполнения налогового бюджета, тем больше его изменчивость, и выше налоговый риск.

$$\sigma = \sqrt{\sum_{i=1}^{n} \left(B_i - B_f\right)^2 \cdot P_i},$$

где σ - стандартное отклонение исполнения налогового бюджета;

B_i – i-е исполнение налогового бюджета;

B_f – наиболее вероятное отклонение;

n – общее число возможных вариантов исполнения налогового бюджета.

Квадрат стандартного отклонение исполнения налогового бюджета σ^2 называют дисперсией распределения исполнения бюджета по налогам.

Общей мерой риска служит размах вариации показателя исполнения бюджета по налогам:

$$R = B_0 + B_p,$$

где B_0 - налоговый бюджет по оптимистической оценке;

B_p – налоговый бюджет по пессимистической оценке.

В случае, если значение стандартного отклонения может быть недостаточным при сравнении рисков или неопределенностей, поскольку не учитывает величину риска, приходящегося на единицу ожидаемого исполнения бюджета по налогам, то с целью определения относительного риска бюджета рассматривается коэффициент вариации (CV – *coefficient of variation*), который является мерой относительной дисперсии (риска), приходящегося на единицу ожидаемого исполнения налогового бюджета:

$$CV = \frac{\sigma}{B_f} \cdot 100\%,$$

где σ - стандартное отклонение исполнения налогового бюджета;

B_f – вероятностное исполнение налогового бюджета.

Чем больше CV, тем больше относительный риск исполнения бюджета по налогам.

В заключении можно сделать вывод, что при выявлении налоговых рисков необходимо соблюдать баланс основных принципов налоговой политики:

- соблюдение осторожности суждений о требованиях налогового законодательства;
- взвешенный подход к налоговым рискам, которые могут возникнуть при решении вопросов, недостаточно освещенных в действующем законодательстве;
- достаточная степень профессионального консерватизма в отношении налогообложения операций и сделок при неоднозначном толковании действующего законодательства;
- оптимизация налогообложения, т.е. разработка комплекса мер, направленных в рамках действующего законодательства на оптимизацию уплачиваемых налогов и снижение налоговых рисков, предполагающих баланс уровня налоговой нагрузки и удержание налоговых рисков в допустимых пределах.

Высокий уровень налоговых рисков может быть кардинально снижен только при реальном восстановлении в России демократических институтов: в полном смысле свободных выборов с настоящей политической конкуренцией партий, свободой СМИ, общественной критикой власти и политической ответственностью чиновников различных уровней за ту реальную налоговую политику, которая имеет место в современной России.

Источники

1. Александров И. М. Налоговые системы России и зарубежных стран / И. М. Александров. -М.: Бетарор-Пресс, 2002. 192 с.

2. Барулин С. В. Теория и история налогообложения / С. В. Барулин. - М.: Экономисту 2006. 319 с.

3. Брызгалин А. В. Налоговые риски: осведомлен значит вооружен // Налоговые споры. - 2009. - № 4. - С. 12.

4. Гончаренко Л. И. Налоговые риски: теоретический взгляд на содержание понятия и факторы возникновения // Налоги и налогообложение. 2009. - № 1. - С. 17.

5. Демчук И.Н. Налоговый риск: сущность и содержание понятия и факторы возникновения // Вестн. Том. гос. ун-та. Экономика. 2010. №1(9). С.10-15.

6. Евстигнеев Е. Н. Налоги и налогообложение: учеб. пособие/ Е. Н. Евстигнеев. СПб.: Питер, 2006. - 282 с.

7. Козенкова Т.А. Налоговое планирование на предприятии. М.: АиН, 1999. С. 15

8. Липатова И.В. Налоговое планирование: принципы, методы, правовые вопросы //Финансы. 2003. № 7

9. Лукаш Ю.А. Оптимизация налогов. Методы и схемы. М.: ГроссМедиа, 2005.

10. Пинская М. Р. Налоговый риск: сущность и проявление // Финансы. 2009. -№ 2.-С. 44.

11. Тихонов Д. Н. Налоговое планирование и минимизация налоговых рисков / Д. Н. Тихонов, Л. Г. Липник. М. : Альпина Бизнес Букс, 2004. - 256 с.

12. Филин С. А. Финансовый риск и его составляющие для обеспечения и эффективного управления финансовыми рисками при принятии финансовых управленческих решений/ С. А. Филин// Финансы и кредит. 2002. - № 3. -С. 21-31; №4.-С. 9-23.

13. Цыркунова Г. А. Налоговые риски: сущность и классификация / Г. А. Цыркунова, М. И. Мигунова // Финансы и кредит. 2005. - № 33. - С. 48-52.

14. Черник И. Д. Вопросы досудебного урегулирования налоговых споров // Финансовый вестник : финансы, налоги, страхование, бухгалтерский учет. 2011. - № 4. - С. 40 - 44.

15. Щекин Д. М. Налоговые риски и тенденции развития налогового права / Д. М. Щекин. М. : Статут, 2007. - 112 с.

16. http://www.lenta.ru/articles/2014/07/01/ipo/

Sokolitsyn A.S., Ivanov M.V., Sokolitsyna N.A.

Соколицын Александр Сергеевич - доктор экономических наук, профессор, заместитель заведующего каф. «Управление в социально-экономических системах» Инженерно-экономического института ФГБОУ ВПО «Санкт-Петербургский государственный политехнический университет»;

Иванов Максим Владимирович – кандидат экономических наук, доцент каф. «Управление в социально-экономических системах» Инженерно-экономического института ФГБОУ ВПО «Санкт-Петербургский государственный политехнический университет», директор отделения «Государственное муниципальное управление» Инженерно-экономического института ФГБОУ ВПО «Санкт-Петербургский государственный политехнический университет»;

Соколицына Наталья Александровна – кандидат экономических наук, ведущий специалист отдела управления инвестиционными проектами Департамента стратегического планирования и развития имущественного комплекса ФГБОУ ВПО «Санкт-Петербургский государственный политехнический университет».

MODELING COORDINATING ECONOMICAL INTERESTS OF THE ENTERPRISES IN A HORYZONTALLY INTEGRATED DIVERSIFIED INDUSTRIAL FIRM

In modern economical situation Russian industry needs large branch structure perestroika for maximal increasing production effectiveness. Because of their special role, industrial enterprises are an important element in the national economy system, which must make long-term, climbing impact on dynamical economy changes. Therefore for the horizontally integrated and diversified industrial corporations we consider models of considering firm economical interests and mechanisms of its realizing with optimal innovation planning in decentralized and centralized finance distribution both without and with mother company's resources. Therefore its' necessary to get more knowledge on industrial enterprise behavior variants, connected with improving management with choosing directions and mechanisms of increasing effectiveness of functioning and development.

In the considered industrial firm, the enterprises are technologically independent and competing in financial market /2-4, 6/. The resources sources for industrial firms are:

- centralized firm resources, formed by the enterprises;
- financial firms' resources;
- Western investors' money got in joint projects.

Usually the financial resources are enough neither for strategically development nor for operative activity. Besides that, the mother companies of industrial corporations realize investment policy of enterprises' joint activity. For that they concentrate resources and invest in new projects and reconstructing and modernizing enterprises. Because of finance deficit, mother company choose priority investment programs for financing and encoring getting investments from other sources.

Choosing the firm priority innovation programs, i. e. the plan of the production technical development and organizing, is a difficult problem.

There are the following variants of financing this innovation plan.

In the first variant, the enterprises give some money for firm innovations and use the other money for its own innovations. In this case some innovations will be ineffective for firm's development and functioning, because the enterprise cannot access system effect itself. Therefore, total and partial decentralizing financing innovation development diminishes the production effectiveness.

In the second variant, innovations are financed in one firm's technical development plan (as a part of annual plan or business-plan), structured as an optimal or approximately optimal plan of technical innovations. Some innovations, sufficient for all firm, for example, environment saving, are in the plan. These innovations are financed by all enterprises with giving a part of profit into the centralized firm development found.

For other innovations in the plan, let's calculate marginal effect on the thousand rubles of costs in the worst or average variant. Each innovation is financed by that enterprise for him it's most sufficient. If this enterprise hasn't enough money, the costs are paid from the firm's centralized found. All enterprises, giving money into the centralized found, get interests at rate, calculated for the worst or average innovation in the plan.

Third variant is following: the enterprises give all their development founds into the centralized found and get interests at firm average rate.

There can be several sources for the firm's centralized found.

First variant. The centralized found is formed from the enterprises' resources. The interests coordinating mechanism has the following structure.

Stage 1. Each enterprise forms the innovations list on the plan period. For each innovation let's calculate annual costs, profits and return on costs. Besides that, the enterprise calculates its own innovation budget. With this information each enterprise forms his optimal plan.

Stage 2. Optimal plan is formed by the following model

$$f(y) = \sum_{j=1}^{n} \Pi_j y_j \to \max; \quad (1)$$

$$\sum_{j=1}^{n} C_j y_j \le C; \quad (2)$$

$$y_j = \{1,0\}, \quad (3)$$

where $П_j$ is plan annual profit of j innovation; C_j is plan annual costs of j innovation; C is enterprise's plan innovation budget; y_j is the figure, meaning existing j innovation in enterprise's innovation plan (y_j=1 means planned innovation, y_j=0 – not planned).

(1) – (3) model gives the optimal innovation plan.

Results of stage 2 are given to the mother company.

Stage 3. Mother company forms the innovation plan, optimal for the all firm.

It's made with the following model

$$f(x) = \sum_{i=1}^{m}\sum_{j=1}^{n} П_{ij}x_{ij} \rightarrow \max; \tag{4}$$

$$\sum_{i=1}^{m}\sum_{j=1}^{n} C_{ij}x_{ij} \leq K; \tag{5}$$

$$x_{ij} = \{1,0\}, \tag{6}$$

where $П_{ij}$ is plan annual profit of i enterprise from j innovation; C_{ij} is plan annual costs of i enterprise on j innovation; K is total firm budget; x_{ij} is the figure, meaning existing j innovation in i enterprise's innovation plan (x_{ij}=1 means planned innovation, x_{ij}=0 – not planned).

Total firm budget is the summa of enterprises' budgets, i. e.

$$K = \sum_{i=1}^{m} C_i,$$

where C_i is i enterprise's plan innovation budget.

Optimal plan from (4) – (6) model isn't the summa of enterprises' optimal plans from stage 2.

The difference is that the total profit in (4) – (6) model is more then summa of enterprises' profits in (1) – (3) model. It's the firm system effect.

Stage 4. According to the (4) – (6) model optimal plan, the mother company forms enterprises' innovation plans. It's formed according to $x^*_{ij} = 1$ and isn't equal to (1) – (3) model optimal plans. Also let's calculate the enterprises' costs on the firm innovation plan, i. e.

$$C^*_i = \sum_{j=1}^{n} C_{ij}x^*_{ij}.$$

Stage 5. It's the central stage of coordinating interests between the enterprises and the mother company. It consists the following calculations.

1. Calculating enterprises' profits with $y^*_j(j = \overline{1,n})$, named $П_1$. This figure is named profit in decentralized resources usage.

2. Calculating enterprises' profits with x^*_{ij}, named $П_2$. This figure is named profit in centralized resources usage.

3. Calculating return on costs in decentralized and centralized resources usage with the formulas:

$$\Pi_{cp1} = \sum_{i=1}^{m}\sum_{j=1}^{n}\Pi_{ij}y_{ij}^{*} / \sum_{i=1}^{m}\sum_{j=1}^{n}C_{ij}y_{ij}^{*},$$

$$\Pi_{cp2} = \sum_{i=1}^{m}\sum_{j=1}^{n}\Pi_{ij}x_{ij}^{*} / \sum_{i=1}^{m}\sum_{j=1}^{n}C_{ij}x_{ij}^{*}.$$

Evidently, $\Pi_{cp2} \geq \Pi_{cp1}$.

4. Calculating additional profit from money centralization and optimal distribution, i. e. the system effect

$\Delta\Pi = \Pi_2 - \Pi_1$.

Money limit leads to impossibility of realizing all suggested innovations. Therefore the system effect $\Delta\Pi > 0$. forever

5. Calculating money, given from the enterprises for the firm interests, named

$$\delta_i = C_i - \sum_{j=1}^{n} C_{ij}y_{ij}^{*}.$$

According to these figures, let's calculate total budget (δ)

$$\delta = \sum_{i=1}^{m}\delta_i.$$

6. Calculating return on costs of the centralized found with the formula

$\Delta\Pi_{cp} = \Delta\Pi / \delta$.

Evidently, $\Delta\Pi_{cp} \geq \Pi_{cp2} \geq \Pi_{cp1}$.

7. Additional profit from the system effect is distributed between the enterprises.

Enterprise's profit is the summa of profit of its own innovations and profit from money, given to the centralized found. In this case (distributing on added profit) the profit is

$$\overline{\Pi}_i = \sum_{j=1}^{n}\Pi_{ij}y_{ij}^{*} + \Delta\Pi_{cp}\Delta C_i,$$

where ΔC_i is money, unused in decentralized distributing, calculated as

$$\Delta C_i = C_i - \sum_{j=1}^{n} C_{ij}y_{ij}^{*}.$$

Money, given from the enterprises to the centralized found and got from it, is

$$\beta_i = \sum_{j=1}^{n} C_{ij}x_{ij}^{*} - C_i,$$

($\beta_i > 0$, means the getting money from the centralized found, $\beta_i < 0$ – giving the money).

Second variant. The centralized found includes resources of enterprises and the mother company.

With the mother company's money, the optimal plan in centralized resources usage is made with the following model

$$f(x)=\sum_{i=1}^{m}\sum_{j=1}^{n}\Pi_{ij}x_{ij}\rightarrow \max; \qquad (7)$$

$$\sum_{i=1}^{m}\sum_{j=1}^{n}C_{ij}x_{ij}\le C+M; \qquad (8)$$

$$x_{ij}=\{1,0\}. \qquad (9)$$

New names: M is money, spent by the mother company on the enterprises' innovations; r is admitted return on costs (rate of return on capital).

Using the mother company's money increases the innovation capability. It leads to increasing of total annual profits; part of them is for the mother company.

Profits of enterprises and the mother company are calculated on added profit with the formulas:

$$\overline{\Pi}_i=\sum_{j=1}^{n}\Pi_{ij}y_{ij}^{*}+\frac{\Delta\Pi(C_i-\sum_{j=1}^{n}C_{ij}y_{ij}^{*})}{M+\sum_{i=1}^{m}C_i-\sum_{i=1}^{m}\sum_{j=1}^{n}C_{ij}y_{ij}^{*}};$$

$$\Pi_{цк}=\frac{M\Delta\Pi}{M+\sum_{i=1}^{m}C_i-\sum_{i=1}^{m}\sum_{j=1}^{n}C_{ij}y_{ij}^{*}},$$

where $\Pi_{цк}$ is the mother company profit.

Thus, suggested interests coordination mechanisms for horizontally integrated firms are based on innovation plans optimization in decentralized and centralized resources usage. In decentralized resources usage optimization model describes each enterprise's production and financial activity isolated. In centralized resources usage it optimizes production and financial activity of whole corporation with the roles of each enterprises and the mother company, which sufficiently stimulates climbing its effectiveness.

LITERATURE

1. Corporative management / I. I. Mazur, V. D. Shapiro – M.: Omega-L, 2007.

2. Gluhov V.V., Mednikov M.D., Korobko S.B. Mathematical methods and models for management: Supplementary file for high school. Ed. 2nd, corr., add. – SPb.: Lane, 2007. – 528 p.

3. Mednikov M.D., Dombrovsky A.V. Anti-crisis management models. - SPb.: SPbSTU press, 2008. - 122 p.

4. Sokolitsyn A. S., Ivanov M. V., Bogomolov Yu. A. Industrial enterprises diversification management is a most important mechanism of social-economical systems development. – SPb.: Polytechnic University press, 2009. – 138 p.

5. Corporation structure and strategy/ I. B. Gurkov – M.: Business, 2006.

6. Effective firm strategies: Supp. file. /Ed. By A.P. Gradov. – SPb.: Special literature, 2003. – 959 p.

Mednikov M.D., Sokolitsyna N.A.

Медников Михаил Дмитриевич – доктор экономических наук, профессор каф. «Мировая и региональная экономика» Инженерно-экономического института ФГБОУ ВПО «Санкт-Петербургский государственный университет».

Соколицына Наталья Александровна – кандидат экономических наук, ведущий специалист отдела управления инвестиционными проектами Департамента стратегического планирования и развития имущественного комплекса ФГБОУ ВПО «Санкт - Петербургский государственный политехнический университет».

MODELING INTERESTS COORDINATION IN A VERTICALLY INTEGRATED FIRM

In modern economical situation, its' necessary to get more knowledge on industrial enterprise behavior variants, connected with improving management with choosing directions and mechanisms of increasing effectiveness of functioning and development.

In vertically integrated firm effectiveness of each enterprise and all firm depends on functioning other enterprises, because they are in one technological chain /2-4,6/. The other specialty is several levels of technical development and production capacities of several enterprises in one firm. Usually the firm needs equaling technical (production) capacities of storing, manufacturing and assembling enterprises. Improving loser enterprises to middle and best ones is made by the innovations, requiring sufficient money, usually absenting in this enterprises. Therefore, increasing technical level of storing and manufacturing enterprises usually uses money of assembling enterprises and the mother company. In this case there is a very important problem of determining each enterprises' role in corporative result for profit redistribution between the enterprises and the mother company, stimulating its effective business. Therefore, it's the problem of coordinating interests of enterprises and the mother company in financial market. Elaborated mechanism of this coordination uses the following two economically mathematical models.

The first model describes each enterprise's production and financial activity isolated, i. e. in decentralized resources usage. This model is different of previous analogs by taking into account technological links, sufficiently determining the enterprises' criteria aims. For storing and manufacturing enterprises it's technical level equaling. Criteria aims of assembling enterprises can be related with other interests, for example, reducing assembling costs, immature product. Technical level equaling of storing and manufacturing enterprises is usually made by the innovations, providing climb of production capacities and quality.

Coordinating interests of storing and manufacturing enterprises in decentralized resources usage uses the following economically mathematical models.

The first model describes each enterprise's production and financial activity isolated in decentralized resources usage and has the following shape:

$$f(y) = \sum_{j=1}^{n} P_j y_j \to \max; \qquad (1)$$

$$\sum_{j=1}^{n} C_j y_j \le C; \qquad (2)$$

$$P_ф + \sum_{j=1}^{n} P_j y_j \le P_п; \qquad (3)$$

$$\sum_{j=1}^{n} П_j y_j / \sum_{j=1}^{n} C_j y_j \ge r; \qquad (4)$$

$$y_j = \{1,0\}, \qquad (5)$$

where y_j is the figure, meaning existing j innovation in enterprise's innovation plan (y_j=1 means planned innovation, y_j=0 – not planned); C_j is plan annual costs of j innovation; C is enterprise's plan innovation budget; P_j is plan production capacity growth from j innovation, shown through the mature corporative product; $P_ф$ is fact production capacity, shown through the mature corporative product, at the begin of plan period; $P_п$ is limit production capacity, shown through the mature corporative product, at the and of plan period (it's not obligate limitation); r is admitted return on costs (rate of return on capital), determined by bank rate or average branch rate of return on capital.

Economical and organizational mean of the criteria and limitations are evident and need no additional comments. This sum is done in each enterprise isolated.

The second model (central) describes enterprise's production and financial activity in centralized resources usage and has the following shape:

$$f(x) = \min_{1 \le i \le m} (P_i + \sum_{j=1}^{n_i} P_{ij} x_{ij}) \to \max; \qquad (6)$$

$$\sum_{i=1}^{m} \sum_{j=1}^{n_i} C_{ij} x_{ij} \le C + M; \qquad (7)$$

$$\sum_{i=1}^{m} \sum_{j=1}^{n_i} (П_{ij} x_{ij}) / \sum_{i=1}^{m} \sum_{j=1}^{n_i} C_{ij} x_{ij} \ge r; \qquad (8)$$

$$x_{ij} = \{1,0\}, \qquad (9)$$

where C_{ij} is plan annual costs of i enterprise on j innovation; C is plan enterprises' innovation budget; M is money, spent by the mother company on the enterprises' innovations; $П_{ij}$ is plan annual profit of i enterprise from j innovation; P_{ij} is plan production capacity growth of i enterprise from j innovation, shown through the mature corporative product; P_i is fact production capacity of i enterprise, shown through the mature corporative product, at the begin of plan period; r is admitted return on costs (rate of return on capital).

Goal function (6) provides continuous equaling production capacities of all enterprises. The model is realized step-by-step according to the following block-scheme of determining optimal enterprise plans in centralized resources usage.

1 step. Determining optimal plan for each enterprise $(i=\overline{1,m})$ with the following model

$$f(x) = P_i + \sum_{j=1}^{n_i} P_{ij} y_{ij} \to \max; \tag{10}$$

$$\sum_{i=1}^{m}\sum_{j=1}^{n_i} C_{ij} x_{ij} \le C + M; \quad i=\overline{1,m}; \tag{11}$$

$$\sum_{i=1}^{m}\sum_{j=1}^{n_i} \Pi_{ij} C_{ij} x_{ij} / \sum_{i=1}^{m}\sum_{j=1}^{n_i} C_{ij} x_{ij} \ge r, \; i=\overline{1,m}; \tag{12}$$

$$x_{ij} = \{0,1\}, \quad i=\overline{1,m}. \tag{13}$$

2 step. Results of (1) – (4) model allow choosing enterprise i*, corresponding to the condition

$$f(x_{i^*}) = \min_{1 \le i^* \le m} (P_i + \sum_{j=1}^{n_i} P_{ij} x_{ij}) \to \max; \tag{14}$$

3 step. For this enterprise let's calculate costs $\sum_{j=1}^{n_{i^*}} C_{i^*j} \, x_{i^*j}$ and subtract it from C+M, i. e. calculate total budget for all enterprises excluding i*

$$C' = C + M - \sum_{j=1}^{n_{i^*}} C_{i^*j} \, x_{i^*j} \tag{15}$$

4 step. For these enterprises let's realize profit maximization model of the following shape

$$f(x) = \sum_{i=1}^{m}\sum_{j=1}^{n_i} \Pi_{ij} \, x_{ij} \to \max; \tag{16}$$

$$\sum_{i=1}^{m}\sum_{j=1}^{n_i} C_{ij} \, x_{ij} \le C + M - \sum_{j=1}^{n_{i^*}} C_{i^*j} \, x_{i^*j} \tag{17}$$

$$\sum_{i=1}^{m}\sum_{j=1}^{n_i} \Pi_{ij} \, x_{ij} / \sum_{i=1}^{m}\sum_{j=1}^{n_i} C_{ij} x_{ij} \ge r \tag{18}$$

$$x_{ij} = \{0,1\} \tag{19}$$

5 step. Writing the results into corresponding tables.

Thus, for vertically integrated industrial corporations there are methodological principles of enterprises interests coordination with approval coordination mechanisms. We have considered mechanisms of making optimal innovation plans in decentralized and centralized resources usage with the mother company's money. We have shown, that financing innovations is more effective in centralized resources usage by the system effect – profit increasing by money centralization and optimal redistribution between the enterprises.

LITERATURE

1. Corporative management / I. I. Mazur, V. D. Shapiro – M.: Omega-L, 2007.

2. Gluhov V.V., Mednikov M.D., Korobko S.B. Mathematical methods and models for management: Supplementary file for high school. Ed. 2nd, corr., add. – SPb.: Lane, 2007. – 528 p.

3. Mednikov M.D., Dombrovsky A.V. Anti-crisis management models. - SPb.: SPbSTU press, 2008. - 122 p.

4. Sokolitsyn A. S., Ivanov M. V., Bogomolov Yu. A. Industrial enterprises diversification management is a most important mechanism of social-economical systems development. – SPb.: Polytechnic University press, 2009. – 138 p.

5. Corporation structure and strategy/ I. B. Gurkov – M.: Business, 2006.

6. Effective firm strategies: Supp. file. /Ed. By A.P. Gradov. – SPb.: Special literature, 2003. – 959 p.

Рыбалко А.Н.

аспирант Сургутский Государственный Университет
e-mail: nastya-surgut@yandex.ru

СОЗДАНИЕ И РАЗВИТИЕ ОСОБЫХ ЭКОНОМИЧЕСКИХ ЗОН КАК ОДИН ИЗ КРИТЕРИЕВ ИНВЕСТИЦИОННОЙ ПРИВЛЕКАТЕЛЬНОСТИ ГОСУДАРСТВА

Инвестиционная политика отдельного государства осуществляется в рамках национальной внешнеэкономической стратегии. Ее специфика зависит как от содержания и целей преобладающего направления внешнеторговой политики — импортной или экспортной политики, так и от соотношения между тенденциями внешнеторговой политики — между протекционизмом и либерализацией.

В XX в. после второй мировой войны устранение многих препятствий на пути свободного обмена способствовало экономическому и социальному развитию большинства стран мира, и прежде всего тех, которые дальше других пошли по пути либерализации внешней торговли (создание зон свободной торговли, таможенных союзов, региональных рынков). Напротив, страны, вставшие на путь автаркии, защиты своей экономики от влияния иностранной конкуренции, вынуждены были со временем изменить свой курс и провести более или менее глубокие реформы внешнеэкономических связей, направленные на освобождение внешней торговли от чрезмерного государственного вмешательства[12].

В настоящее время следует различать принцип свободной торговли и принцип справедливой торговли. По принципу свободной торговли государство проводит политику, противоположную политике протекционизма, т.е. рынок открыт для притока иностранных товаров, а также иностранного капитала в страну. Однако, данная политика и бесконтрольный приток иностранных товаров, особенно по более низкой цене, т.е. товаров, составляющих конкуренцию национальным товарам, отступающих либо по качеству, либо цене, либо по двум этим критериям одновременно, что непременно может вызвать подрыв национального производства и национальной экономики в целом. Политика справедливой торговли означает, что государство посредством мер таможенного регулирования, установления квот, тарифов, а также введением законодательных ограничений поддерживает нужный стране «баланс» между количеством ввезённой и произведённой на территории страны продукции. Посредством этих мер достигается так называемая «золотая середина», и рынок страны не страдает от ввоза и переизбытка иностранных товаров. Но данная позиция рассмотрена со стороны производителя, как комплекс этих мер влияет на рынок товаров и услуг отдельной страны.

С позиции покупателя наблюдается обратная тенденция: ограничение ввоза иностранных товаров, стимулирующих фирм-производителей страны создавать продукцию надлежащего качества по оптимальным ценам, приводит к усилению монополий и отсутствию конкуренции, в результате чего покупатель вынужден покупать товары определённого качества (иногда уступающего зарубежным аналогам) по более высоким ценам. Протекционизм в долгосрочном плане подрывает основы национального производства, поскольку ослабляет давление со стороны мирового рынка, необходимое для развития предпринимательской инициативы. Над стремлением к прогрессу, инновациям верх берут рутина, нежелание расставаться с приобретенными привилегиями и полученными доходами. Также протекционизм порождает риск цепной реакции, поскольку после защиты одних отраслей от неблагоприятных воздействий конкурентной среды рынка, вскоре потребуется защита других.

Доминирующим элементом проводимой инвестиционной политики РФ являются либерализация и поощрение инвестиций. Тем не менее, по мере нарастания в последние годы числа ограничительных инвестиционных мер и административных процедур, значительно повысился риск инвестиционного протекционизма [10].

Наиболее актуальной является политика в области прямых иностранных инвестиций (далее – ПИИ), которая становится все более взаимосвязанной с политикой промышленного развития на национальном и международном уровнях [10]. Ключевое значение имеет нахождение «золотой середины» между укреплением отечественного производственного потенциала, с одной стороны, и недопущением инвестиционного и торгового протекционизма – с другой, а также укрепление международной координации и сотрудничества.

На саммите G20 Президент России В.В.Путин призвал «честно договориться о протекционизме» [6]. В настоящее время в России проводится политика свободной торговли, что связано с выходом России на международный рынок, сняты границы и ограничения торговли, однако, по некоторым отраслям и сегментам рынка, например, автомобильного рынка, наблюдается противоположная тенденция – защита отечественного товаропроизводителя, что связано с установлением квот и повышением таможенных пошлин на ввозимые автомобили. Данная политика нашла отражение в том, что многим концернам стало выгоднее производить свои товары непосредственно на территории государства, что, непременно, даёт положительные и выгодные последствия, как для товаропроизводителя, так и для страны, на территории которой это осуществляется, а также для потребителей. Это создает благоприятный инвестиционный климат в стране, новые рабочие места ввиду открытия новых заводов, а также снижает стоимость производимой продукции ввиду снижения затрат на доставку её и отдельных запчастей. Однако, главный минус – это принцип «домино», согласно которому, в случае кризиса или падения производства в одной стране, по цепочке тенденция повлияет и на страны-партнёры.

Мировая практика показывает, что наиболее успешно иностранный бизнес разворачивается в специальных (свободных, особых) экономических зонах (далее – СЭЗ). СЭЗ — части национальной территории, на которой в соответствии с законодательством действуют особые по сравнению с основной территорией условия ведения хозяйственной деятельности.

В современной истории свободные экономические зоны появились в США в ходе преодоления последствий Великой депрессии в качестве специальных таможенных зон для автомобильных компаний Детройта.

Мировой опыт позволяет выделить два варианта формирования свободных зон:

· вариант «сверху»: образование зоны происходит по инициативе центральных властей и в рамках государственной программы (как, например, в Южной Корее);

· вариант «снизу»: создание СЭЗ в порядке рыночной самоорганизации (Доминиканская республика, Польша).

Более динамично развивается второй вариант, в том числе при смешанном частно-государственном финансировании. Предложения об учреждении свободной экономической зоны направляются в специально уполномоченный государственный федеральный или региональный орган, который после принятия решения об учреждении зоны включается в работу по формированию условий ее создания.

Существуют некоторые особенности формирования СЭЗ в разных странах. В одних странах свободные зоны создаются для обеспечения частным бизнесом экономического подъема депрессивных территорий или поощрения развития определенных отраслей экономики.

Рассмотрим складывание свободной экономической зоны сервисного типа в Лас-Вегасе, Невада, США, который стал бурно развиваться в 30-е годы, когда Федеральное правительство стало ограничивать игорные зоны в стране, а правительство штата издало либеральные законы, позволяющие размещать казино в Лас-Вегасе. Средства, получаемые от налогов на игорный бизнес, стали инвестироваться в государственные образовательные учреждения и другие социальные программы штата. В городе среди населения старше 25 лет выпускники высшей школы составляют 81,3% населения, а имеющие дипломы бакалавра — 21,3%, что является одним из самых высоких уровней в стране [1].

В других странах на первый план выходят цели привлечения в страну иностранного бизнеса в тех отраслях экономики, которые либо отсутствуют, либо не конкурентоспособны на мировых рынках, в том числе развитие экспортного производства в зонах-анклавах, обычно слабосвязанных с экономикой страны (например, Россия, Калининградская область).

Эволюция развития, пройдя длительный исторический путь, породила множество типов СЭЗ. В то время как зоны свободной торговли и промышленно-производственные зоны получили наибольшее развитие преимущественно в развивающихся странах, в промышленно развитых странах все большее распространение имеют технико-внедренческие зоны в форме технопарков, научных зон, биополисов и т.п.

Рассмотрим опыт научно-промышленного территориального комплекса (так называемый Стэнфордского научно-исследовательского парка) в Силиконовой долине, Калифорния, США. Силиконовая долина — третий по величине технологический центр в США (по числу занятых в сфере высоких технологий — 225 300 рабочих мест) после Нью-Йорка и Вашингтона (по другим данным — более 386 000 специалистов IT-отрасли) [2]. Силиконовую долину также называют корпорацией, в состав которой входят Стенфордский университет и корпорации IT-сектора. Значение данного научно-исследовательского парка-корпорации заключается в использовании синергетического эффекта взаимодействия научного центра — университета, который выступает поставщиком подготовленных специалистов и разработчиком решений для компаний, и самих компаний, которые, кроме прочего, финансируют исследования студентов, аспирантов и ученых университета по интересной для них проблематике или являются производственной базой реализации научных открытий. Этот опыт стал матрицей российского проекта «Сколково». Однако, на сегодняшний день, Президент России Владимир Путин хочет закрыть подмосковный инноград Сколково, который заменит созданный Фонд перспективных исследований, во многом аналогичный американскому оборонно-техническому агентству DARPA и с аналогичным направлением деятельности.

В России особая экономическая зона (ОЭЗ)— определяемая Правительством Российской Федерации часть территории Российской Федерации, на которой действует особый режим осуществления предпринимательской деятельности [22].

В настоящее время в России существует 28 особых экономических зон четырех типов [14]:

· промышленно-производственные;

· технико-внедренческие;

· туристско-рекреационные;

· портовые.

Отмечена тенденция в значительном увеличении количества иностранных инвесторов в ОЭЗ России [15].

Рассматривая ключевые показатели функционирования ОЭЗ России, отметим за 2006-2013 гг. тенденцию к значительному увеличению объема инвестиций в ОЭЗ России как из федеральных источников, так и инвесторами-резидентами (российскими и иностранными), причем объем поступлений от инвесторов превышает объем поступлений из федеральных источников, значительный рост отмечен в 2010-2013 гг. (см. Рис.1), объем инвестиций в 2013 г. (по сравнению с 2010г.) увеличился на 46 635 млн.руб, или 40%, что говорит о повышении инвестиционной привлекательности объектов инвестирования и возрастающем количестве инвесторов, как отечественных, так и зарубежных в ОЭЗ России, и в 2013 г. их насчитывалось свыше 300. Рассматривая по видам ОЭЗ, к 2013г. наибольшее число инвесторов сосредоточено в технико-внедренческой зоне – 214, в промышленно-производственной – 71, туристско-рекреационной зоне – 39, и в портовой – 5 [15].

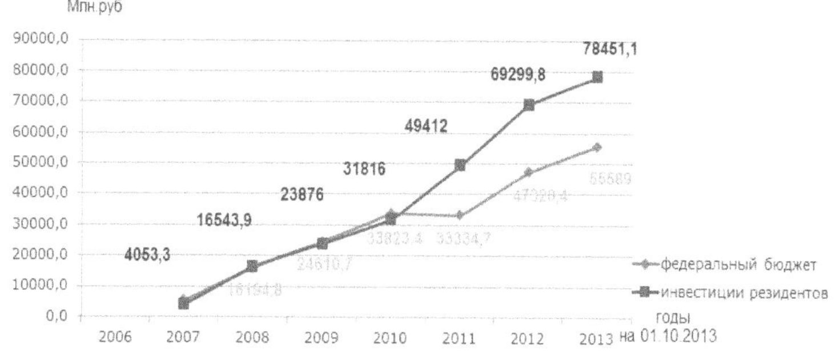

Рисунок 1. Инвестиции в особые экономические зоны России

Ист.: [15]

В технико-внедренческих ОЭЗ России (Московская и Томская области) отметим значительное преобладание финансирования из федерального бюджета над финансированием резидентов, а в ОЭЗ г.Москва и г.Санкт-Петербург – финасирование из федерального бюжджета ежегодное и стабильное, однако объемы, вносимые инвесторами-резидентами значительно превышает суммы, перечисляемые из федерального бюджета [15].

В промышленно-производственные ОЭЗ (Республика Татарстан, Липецкая область) значительное преобладание финансирования со стороны инвесторов-резидентов по сравнению с финансированием из федерального бюджета [15].

Рассмотрим российский опыт особых экономических зон на примере туристко-рекреационных экономических зон, поскольку они представляют наибольший инвестиционный интерес и актуальность в связи с проводимой политикой государства, выходом России на международную арену, вступлением в ВТО и проведением Олимпиады Сочи-2014.

В сентябре 2010г. Правительство РФ досрочно ликвидировало особую экономическую зону туристско-рекреационного типа на территории Анапы, Сочи, Геленджика и Туапсе, т.к. за три года ее существования не было заключено ни одного инвестиционного контракта [11].

Однако, данный регион юга России привлекает особый интерес, и 14 октября 2010 г. Постановлением Правительства Российской Федерации образован новый Туристический кластер в Северо-Кавказском федеральном округе, Краснодарском крае и Республике Адыгея. И в соответствии с государственной программой развития до 2025 года, бюджетные ассигнования федерального бюджета в 2013–2020 годах составляют 234,9 млрд. рублей [13].

Также остается актуальным и открытым вопрос об образовании ОЭЗ на территории Сочи, где будет проходить Олимпиада-2014, либо в одном из кластеров – Красная Поляна [17].

Рассмотрим подробнее заинтересованность инвесторов и финансовые потоки, проводимые в связи с проведением Олимпиады Сочи-2014.

Олимпиада-2014 пройдет в двух локациях - горном и прибрежном кластерах. Прибрежный кластер – это «Олимпийский парк» - город, расположенный на 265 га Имеритинской низменности. В Таблице 1 приведены данные о спортивных объектах и их стоимость [20].

Таблица 1

Спортивные объекты Олимпиады Сочи-2014

Наименование объекта	**Стоимость объекта**	**Ответственный исполнитель**
Горный кластер		
Олимпийский стадион "Фишт"	$778 млн.	Государственная Корпорация «Олимпстрой»
Большой Ледовый дворец «Большой»	$300 млн.	Государственная Корпорация «Олимпстрой»
Ледовая Арена «Шайба»	$35,5 млн.	Государственная Корпорация «Олимпстрой»
Керлинговый Центр «Ледяной куб»	$55 млн.	ООО «Инвестиционно-строительная компания «Славобласть»

Конькобежный центр "Адлер-Арена"	$33 млн.	ОАО «Центр передачи технологий строительного комплекса Краснодарского края «Омега»
Дворец Зимнего Спорта «Айсберг»	$75 млн.	Государственная Корпорация «Олимпстрой»
Прибрежный кластер		
Комплекс соревнований по лыжным гонкам и биатлону "Лаура"	$15 млн	ОАО Газпром
Экстрим-парк "Роза Хутор"	$400 млн	ООО «Компания по девелопменту горнолыжного комплекса Роза Хутор
Центр санного спорта "Санки"	$130 млн	Государственная корпорация Олимпстрой
Комплекс для прыжков с трамплинов "Русские Горки"	$245 млн	ОАО Красная Поляна
Всего:	$2066,5млн	

Ист.: составлено автором на основании [20; 13]

Общие расходы на олимпиаду в Сочи составят 1526 млрд рублей – по объему расходов это самая дорогая Олимпиада за всю историю проведения игр [23].

В Таблице 2 представлены расходы на Олимпиады с 2004 г [4].

Таблица 2

Олимпийские расходы и перерасходы на олимпиады с 1988 по 2014 год

Год	Номер	Город (Страна)	Смета, $ млрд.	Реальность, $ млрд.
2004	XXVIII летние	Афины (Греция)	4,65	13,50
2006	XX зимние	Турин (Италия)	2,40	4,37
2008	XXIX летние	Пекин (Китай)	16,30	43,19
2010	XXI зимние	Ванкув ер (Канада)	2,88	6,08
2012	XXX летние	Лондон (Англия)	3,93	15,39
2014	XXII зимние	Сочи (Россия)	13,10	50,90

Ист.: [4]

По данным на 1 января 2013 года, на подготовку к играм 2014 года в Сочи уже вложено 1,136 трлн. рублей. Из этих средств вложения инвесторов составят 737 млрд. рублей (64,87% общего объема вложений в 1,136 трлн.руб), вложения Олимпстроя – 111,7 млрд рублей (9,83%), Администрация Краснодарского края и Сочи - 77,7 млрд рублей (6,84%), федеральные органы исполнительной власти – 209,7 млрд рублей (18,45%) [7].

В начале осени 2013 года Президентом России Владимиром Путиным был озвучен общий бюджет, отведенный на строительство всех олимпийских объектов и проведение Олимпийских и Паралимпийских игр 2014 в Сочи в 214 млрд. рублей (без стоимости инфраструктуры). Эта сумма складывается из бюджетов на строительство олимпийских объектов и непосредственное проведение Игр. По словам Президента России Владимира Путина: «100 миллиардов рублей из этих денег составляет чисто государственное финансирование, а 114 миллиардов будут выделены за счет инвесторов» [18]. Сумма в 214 млрд.руб. (на возведение объектов) и составляет 20% от общего планируемого объема вложенных средств. Остальные 80% всех средств – вложение в инфраструктуру Сочи.

Прогнозный объем финансирования строительства олимпийских объектов и создания в Сочи необходимой инфраструктуры составляет 1,526 триллиона рублей (примерно 51 миллиард долларов). В том числе на госкорпорацию "Олимпстрой" приходится 174,9 миллиарда рублей, инвесторов - 1,005 триллиона рублей, администрацию Краснодарского края и Сочи - 109 миллиардов рублей, на федеральные органы власти - 237 миллиардов рублей [23].

Таким образом, инвесторы составляют наибольший удельный вес в структуре финансирования Олимпиады.

Рассмотрим подробнее основных инвесторов и их вклад в проведение Олимпиады:

1. Государственные корпорации [23]:

- ОАО РЖД (260 млрд.руб.),
- ОАО Газпром (180 млрд.руб.),
- ОАО Сбербанк России (40 млрд. руб.),
- ОАО ФСК ЕЭС (20,8 млрд.руб),
- Нефтяная Компания Роснефть (5 млрд.руб);

2. Частные холдинг-инвесторы:

- Базовый Элемент (90 млрд. руб) [24],
- Интеррос (68,6 млрд.руб.) [23],
- УГМК Холдинг (3,5 млрд.руб – комплекс «Шайба») [23],
- Лукойл (не озвучено);

3. Партнеры:

- Всемирные: Coca-Cola, Atos S.A., Dow Chemical, General Electric, McDonald`s, Omega, Panasonic, Procter&Gamble, Samsung, VISA;
- Национальные: Аэрофлот, Bosco, Мегафон, Российские железные дороги, Роснефть, Ростелеком, Сбербанк, Volkswagen Group Rus;
- Партнёры: Ингосстрах, PricewaterhouseCoopers, Спортлото.

4. Официальные поставщики:

- Адамас, Power Technologies, Education First, EXECT Business Training, Издательский дом «Коммерсантъ», Пивоваренная компания «Балтика», Avaya.

Крупнейшим кредитором подготовки к Олимпийским играм в Сочи является государственная корпорация «Внешэкономбанк». Всего госкорпорация выдала олимпийских кредитов на 240 млрд руб [23].

Опыт проведения предыдущих Олимпиад показывает, что контракты с национальными спонсорами – основной источник доходов для оргкомитетов Олимпиад. Рекорд для зимних Олимпиад принадлежит Играм в Солт-Лейк-Сити, доход от продажи билетов составил $154 млн [16].

По данным глобальной сети агентств Havas Sports-and-Entertainment Group (HSE), полученным в результате анализа итогов лондонской Олимпиады 2012г., имидж компаний – олимпийских спонсоров в среднем улучшается на 25-50%. Усиление позитивного отношения к бренду часто трансформируется в значительно более высокую вероятность покупки [16].

По опыту оргкомитета в Ванкувере, заработок на проведении Олимпиады составил примерно 1 млрд.долларов. При этом, Олимпиада в Ванкувере была посткризисной. Таким образом, Сочи может рассчитывать на более высокую выручку: по мнению экспертов, она может составить до $ 2 млрд [16].

Подводя итог, отметим, что решение о проведении Олимпиады именно на юге России, принятое в Гватемале, где прошла 119-я сессия Международного олимпийского комитета (МОК) в 2007г., ставило целью развивать этот регион. Теперь, благодаря совместным усилиям, на юге появился новый кластер. По мнению Олега Дерипаско, одного из инвесторов Олимпиады Сочи-2014 (Частный Холдинг «Базовый Элемент»), принявшему участие в бизнес-ланче Всемирного экономического форума в Давосе, посвященном развитию Сибири, ей необходим не менее масштабный проект для полноценного развития, и предложил переместить столицу России в Сибирь [9].

Согласно обзору глобальных рисков Банка России, ЦБ ожидает улучшение платежного баланса в первой половине 2014 года. Приток туристов во время Олимпиады в Сочи поможет укрепить рубль и улучшить платежный баланс. По мнениям аналитиков, традиционно при большом притоке туристов возникает всплеск потребления, и это в основном будет способствовать притоку валюты и росту спроса на услуги, что должно оказать некоторое позитивное влияние на рубль [19].

Президент России Владимир Путин отметил, что для различных отраслей российской экономики выгодна разная динамика: ориентированные на экспорт производства заинтересованы в ослаблении рубля, работающие на внутренний рынок - в укреплении [21]. Поэтому трудно сказать, что для той или иной страны протекционизм всегда вреден, а свобода торговли всегда выгодна, или наоборот. В. Парето советует ставить проблему иначе: «Зная все экономические и социальные условия данной страны в данный момент, следует уяснить, что для этой страны и в этот момент больше подходит — свобода торговли или протекционизм».

Список литературы:

1. Census Data (Official City of Las Vegas Web-site) - [Электронный ресурс] – Режим доступа – URL: http://www.lasvegasnevada.gov/FactsStatistics/census_data.htm (дата обращения 07.2013)
2. History – Part 3 (The Rise of Silicon Valley): Standford University - [Электронный ресурс] – Режим доступа – URL:

http://www.stanford.edu/about/history/history_ch3.html (дата обращения - 09.2013)

3. Lenta.ru: Экономика: Расходы «Газпрома» на Олимпиаду в Сочи вырастут до 180 миллиардов рублей - [Электронный ресурс] – Режим доступа – URL: http://lenta.ru/news/2012/01/12/sochi (дата обращения - 01.2014)
4. XXII Зимние Олимпийские игры в Сочи: триумф иди провал России? - [Электронный ресурс] – Режим доступа – URL: http://www.chaso.ru/magazine/2013-03/xxii_zimnie_olimpiyskie_igry_v_sochi_triumf_ili_proval_rossii/ (дата обращения - 01.2014)
5. ВЕДОМОСТИ – ВЭБ подсчитал плохие кредиты на Олимпиаду - [Электронный ресурс] – Режим доступа – URL: http://www.vedomosti.ru/finance/news/19268581/olimpiada-trebuet-restrukturizacii#ixzz2rEKV8Hxl (дата обращения - 01.2014)
6. ВестиRU: Путин призвал честно договориться о протекционизме во время кризисов 18.06.2012 -[Электронный ресурс] – Режим доступа – URL:http://www.vesti.ru/doc.html?id=823867&tid=98234 (дата обращения 06.2013)
7. ВЗГЛЯД/ Россия выделилась - [Электронный ресурс] – Режим доступа – URL: http://www.vz.ru/economy/2013/2/1/618531.html (дата обращения - 11.2013)
8. ГК Олимпстрой: Финансовая информация - [Электронный ресурс] – Режим доступа – URL: http://www.sc-os.ru/ru/about/financial/index.php?&from3_101=2 (дата обращения - 01.2014)
9. Дерипаско предлагает перенести столицу России в Сибирь - [Электронный ресурс] – Режим доступа – URL: http://news.mail.ru/politics/16621663/?frommail=1 (дата обращения - 01.2014)
10. Доклад о мировых инвестициях 2011 года – investments2011 - [Электронный ресурс] – Режим доступа – URL: http://www.un.org/ru/development/surveys/docs/investments2011.pdf (дата обращения 01.2014)
11. За три года существования ОЭЗ в Краснодарском крае не нашлось ни одного инвестора, пожелавшего вложиться в туриндустрию – Газета.RU Финансы - [Электронный ресурс] – Режим доступа – URL:

http://www.gazeta.ru/financial/2010/09/29/3424214.shtml (дата обращения - 12.2013)

12. Ивашковский С.Н. Свободная торговля или протекционизм? Элитариум: Центр дистанционного образования -[Электронный ресурс] – Режим доступа – URL: http://www.elitarium.ru/2010/04/13/svobodnaja_torgovlja_ili_protekcionizm.html (дата обращения 06.2013)
13. Интернет-портал Правительства Российской Федерации - [Электронный ресурс] – Режим доступа – URL: http://special.government.ru/docs/3362 (дата обращения - 01.2014)
14. Министерство экономического развития Российской Федерации – Особые экономические зоны - [Электронный ресурс] – Режим доступа – URL: http://www.economy.gov.ru/wps/wcm/connect/economylib4/mer/activity/sections/sez/main/ (дата обращения - 09.2013)
15. Министерство экономического развития Российской Федерации – Особые экономические зоны (Презентация для инвесторов)- [Электронный ресурс] – Режим доступа – URL: http://www.economy.gov.ru/wps/wcm/connect/economylib4/mer/activity/sections/sez/main/ (дата обращения - 09.2013)
16. На какие деньги строят Олимпиаду-2014- [Электронный ресурс] – Режим доступа – URL: http://www.yaplakal.com/forum3/topic703471.html (дата обращения - 01.2014)
17. Особая экономическая зона в Сочи – НИА ФЕДЕРАЦИЯ - [Электронный ресурс] – Режим доступа – URL: http://www.nia-rf.ru/news/economy/1701 (дата обращения - 12.2013)
18. Путин дал интервью агентству «Ассошиэйтед Пресс» и Первому каналу – Российская газета - [Электронный ресурс] – Режим доступа – URL: http://www.rg.ru/2013/09/04/intervue.html (дата обращения - 01.2014)
19. Рубль выиграет на Олимпиаде в Сочи - [Электронный ресурс] – Режим доступа – URL: http://1prime.ru/Forex/20140120/775719114.html (дата обращения - 01.2014)
20. Сочи-2014: Главные объекты: Стоимость и характеристика, параметры объектов, транспортная карта автодорог - [Электронный

ресурс] – Режим доступа – URL: http://sakura.bloglit.ru/2014/01/09/sochi-2014-glavnye-obekty-stoimost-i-xaraktiristika-parametry-obektov-transportnaya-karta-avtodorog/ (дата обращения - 01.2014)

21. Улюкаев считает ослабление рубля в 2014 году более вероятным, чем укрепление - [Электронный ресурс] – Режим доступа – URL: http://1prime.ru/News/20140122/775894282.html (дата обращения - 01.2014)
22. Федеральный закон от 03.06.2006 N 76-ФЗ (ред. от 23.07.2013) "О внесении изменений в Федеральный закон "Об особых экономических зонах в Российской Федерации"- [Электронный ресурс] – Режим доступа – URL: http://www.consultant.ru/document/cons_doc_LAW_149787/ (дата обращения - 01.2014)
23. Финансирование олимпийских объектов в Сочи и основные инвесторы «Сочи-2014» - [Электронный ресурс] – Режим доступа – URL: http://sochi2014.rsport.ru/sochi2014_analytics/20130226/647701294.html (дата обращения - 01.2014)
24. Ъ-Газета – «Олимпстрой» лег под «Шайбу» - [Электронный ресурс] – Режим доступа – URL: http://www.kommersant.ru/doc/2122435/ (дата обращения - 01.2014)

Ткачев Н.В.
ФГАОУ ВПО Сибирский федеральный университет Институт управления бизнес-процессами и экономики, студент
Семыкина Л.В.
ФГАОУ ВПО Сибирский федеральный университет Институт управления бизнес-процессами и экономики, студент
Дулепова В.Б.
ФГАОУ ВПО Сибирский федеральный университет Институт управления бизнес-процессами и экономики. Доцент, кафедра «Теоретические основы экономики», кандидат экономических наук, доцент
Сибирский Федеральный Университет. Институт управления Бизнес-процессами и Экономики

ИНВЕСТИРОВАНИЕ СТАДИЙ ВЕНЧУРНОГО ПРЕДПРИНИМАТЕЛЬСТВА: РОССИЙСКИЕ ОСОБЕННОСТИ

Развитие венчурного предпринимательства в России является одним из приоритетных направлений государственной инновационной политики , необходимым условием активизации инновационной деятельности и повышения конкурентоспособности российской экономики.

.Венчурное предпринимательство происходит от английского слова "venture" - рискованное предприятие или начинание. По нашему мнению под венчурным предпринимательством стоит понимать предпринимательство , сопряженное с повышенным коммерческим риском в силу того ,что оно реализуется в инновационных сферах , в высокотехнологичных отраслях.

Практика венчурного предпринимательства в разных странах показала что, венчурное предприятие переживает различные стадии развития. Существует 5 основных стадий (этапов), иногда первую их них делят еще на две:

- посевная стадия (семенная);
- начальная стадия (стартап);
- ранняя стадия;
- стадия расширения ;
- реструктуризация;
- поздняя стадия.

Финансирование молодых венчурных предприятий осуществляется, как правило, поэтапно, причем разные этапы финансируются разными венчурными инвесторами. [2]

При анализе объемов инвестиций по стадиям данную классификацию разделяют на два более крупных этапа. Первый – это ранняя стадия, к которой относят «посевную», «начальную» и «раннюю» стадии развития компании, на которых необходимы средства для становления компании. Второй – это поздняя стадия, к которой относят стадии «реструктуризации», «расширения» и «позднюю стадию», на которых требуются средства для расширения объемов производства и сбыта.

Рассмотрим динамику финансирования различных стадий венчурных предприятий на опыте зарубежных стран (график 1):

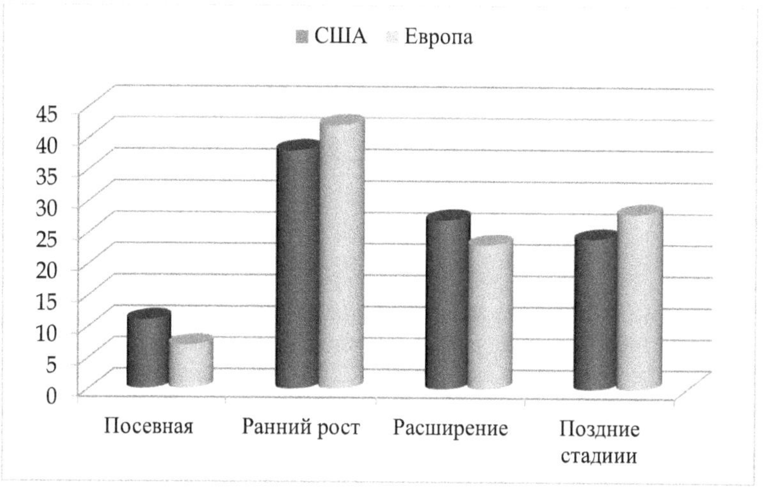

График 1. Динамика финансирования зарубежных стран

Так, например в 2011 г на посевную стадию в США было направленно 11% инвестиций, на стадию раннего роста -38% на стадию расширения 27% и на позднюю стадию- 24%.Таким образом, на посевную и раннюю стадии развития венчурного предприятия приходиться около половины венчурного капитала.

В Европе в 2011г 48% процентов венчурного капитала приходилось на посевную и раннюю стадии, 52% на стадии расширение и позднюю стадии. В отличии от США в Европе значительно меньше объемы венчурных инвестиций приходятся на посевную стадию – 7%, США – 11%. При этом на ранней стадии европейские венчурные инвестиции на 3% превышают объемы финансирования США.

В России распределение инвестиций кардинально отличается от мировых трендов венчурной индустрии. Рассмотрим распределение венчурного капитала по основным стадиям развития венчурных предприятий.(график 2) :[3]

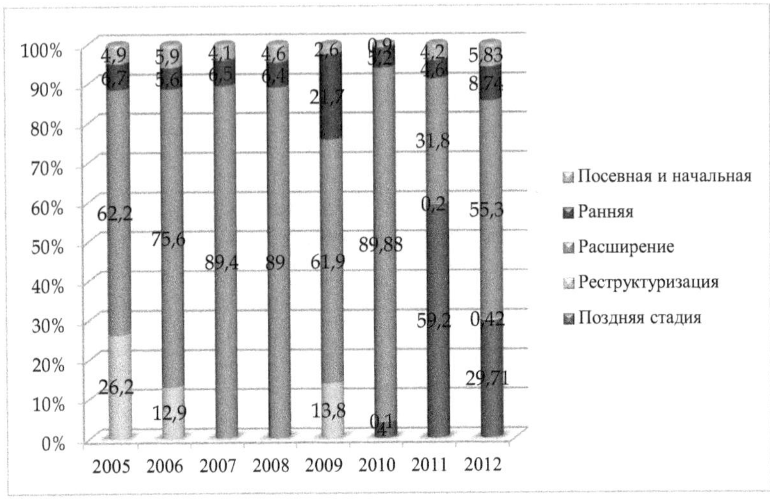

График 2. Основные стадии развития венчурных предприятий

Как видно из данных, финансированию посевной и начальной стадии уделяется меньше всего внимания, хотя именно на данных стадиях оно особо необходимо и актуально. К 2011 году уменьшились процентные показатели, характеризующие инвестиции в предприятия на посевной и начальной стадии. Так к 2011 году на эти стадии затрачивается всего 4,19% всех инвестиций, что на 0,42% меньше чем в докризисном 2008 году.

На стадии раннего инвестирования инновационных проектов так же видно уменьшение количества инвестиций. В 2011 году они составляют 4,64%, а в 2008 6,38%, то есть к 2011 году инвестиции на ранней стадии уменьшились на 1,74%.

Наибольшие количество инвестиций в 2011 году приходиться на поздние стадии – 59,16% и стадию расширения- 31,79%. Стоит отметить, что до 2010 года инвестиции в инновационные предприятия на данных стадиях были незначительны, т.к. механизм финансирования работал не так слаженно, и большинство инвестируемых фирм были еще слишком молоды.

И так к 2011 году венчурное предпринимательство оправилось от кризиса 2008 года, приток инвестиций в 2011 году -(3082,76 млрд.долл.) увеличился почти в два раза в сравнении с докризисным 2008(1472,41 млрд.долл.)

Отдельное внимание следует уделить динамике инвестирования с 2011-2012гг. Увеличение инвестиций отмечается почти на всех стадиях развития предприятия, кроме поздних стадий. Мы можем наблюдать прирост инвестиций на 1,64 % на посевной и начальной стадии, около 4,1% на стадии раннего развития и 23,51% на стадии расширение. В свою очередь процент инвестиций на поздней стадии уменьшился на29,4%.Эксперты отмечают, что более ранний выход из капитала позволяет венчурным фондам возвратить средства инвесторам, создать положительную историю и организовать новые фонды. [4]

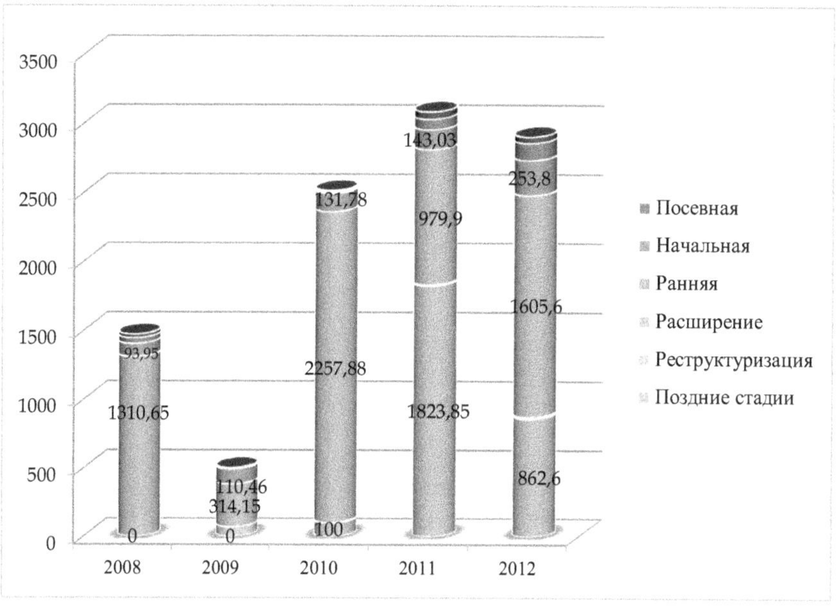

График 3. Приток инвестиций с 2008 по 2012 г.

Из этого графика видно, что к 2011 году венчурное предпринимательство оправилось от кризиса 2008 года, приток инвестиций в 2011 году -(3082,76 млрд.долл.) увеличился почти в два раза в сравнении с докризисным 2008(1472,41 млрд.долл.)

Как следствие данных изменений, количество общих инвестиций во все стадии развития уменьшилось с 3082,76 млн.долл. в 2011году, до 2903,4млн.долл. в 2012 году. Данный спад эксперты объясняют сложностями, возникающими при выходе из капитала. Так же эксперты отмечают, что данный спад можно считатьрезультатом снижения в 2011 году числа венчурных фондов на 13% с 323 до 280, а также их стоимости на 31% до 29 млрд .долл.

К причинам кардинальных различий инвестирования венчурного предпринимательства по стадиям в Российской экономике и в экономике зарубежных стран можно отнести, последствие мирового финансового кризиса. Инвесторы продолжают остерегаться финансировать ранние стадии инновационных проектов. Предпочитая им не такие доходные, но зато менее рискованные стадии развития венчурных предприятий.Еще одна важная причина это низкая готовность инновационных компания и проектов к взаимодействию с профессиональными инвесторами и фондами ранней стадии, недостаточная квалификация менеджмента предприятий.

Так же стоит учесть слабость инфраструктуры венчурного предпринимательства, низкую ликвидность венчурных инвестиций, отсутствие экономических стимулов для привлечения венчурных инвестиций в рисковые предприятия. В России до сих пор нет четко сформулированных законов относительно венчурного предпринимательства, лишь отдельные нормативные акты прямо или косвенно регулирующие его.

Список литературы:

1. Родионов.И.И. Венчурный капитал и прямые инвестиции в инновационной экономике: [курс лекций]/ Москва, Российская ассоциация прямого и венчурного инвестирования, Роснано, Тренинг центр «РАВИ», 2011, -76с

2. Стадии развития инновационной венчурной компании, этапы венчурного инвестирования // Прогрессивный менеджмент [Электронный ресурс],URL :http://www.progressive-management.com.ua. (дата обращения 28.05.2013)

3. Обзор рынка. Прямые и венчурные инвестиции в России 2011. [Электронныйресурс] ,URL:http://www.rvca.ru/upload/files/lib/RVCA_yearbook_2012_Russian_PE_and_VC_market_review_2011_rus.pdf (датаобращения 27.05.2013)

4. Аналитика РВК. Обзор первых двух кварталов 2012 года, URL: http://www.rusventure.ru/ru/programm/analytics/docs/MoneyTree_9months2012_rus_web.pdf

Корчагина Т.В.
к.э.н., доцент кафедры социологии и педагогики Самарского государственного экономического университета, korchaginatv56@mail.ru
Коновалова И.А.
старший преподаватель кафедры социологии и педагогики Самарского государственного экономического университета, kia@sseu.ru

ЭКОНОМИКА ЗНАНИЙ И КАЧЕСТВО ЖИЗНИ НАСЕЛЕНИЯ В 21 ВЕКЕ

Основным источником роста экономики в развитых странах сегодня служит производство знаний и высоких технологий. Экономика знаний - высший этап развития инновационной экономики и следующий этап развития экономики и общества передовых стран мира.

В наибольшей степени развитие экономики знаний характерно для США, Германии, Великобритании, Республики Корея и Японии.

Основным фактором смены типов экономик и обществ был и остается человеческий капитал (накопленные знания, интеллект, инновации, профессионалы). Основной долей мирового человеческого капитала обладают развитые страны мира. Причем большую часть инвестиций эти страны осуществляют именно в человеческий капитал. Это дает им преимущество в интеллектуальном и технологическом развитии, в опережающем росте качества жизни населения.

Человеческий капитал в развитых странах стал главным производительным фактором в создании новейших технологий, развитии производств, повышении их эффективности, опережающем развитии науки, культуры, здравоохранения, безопасности, социальной сферы. Из Докладов ООН о развитии человека следует, что удельный вес человеческого капитала в таких высоко развитых странах, как США, Финляндия, Германия, Япония, Швейцария и др., составляют до 80% их национального богатства.

Ведущие страны мира создали близкие к оптимальным условия для быстрого и эффективного воплощения идей ученых в конкретные товары и продукты. Именно фундаментальные исследования, повышенные инвестиции в человеческий капитал и порождаемые ими новые прорывные технологии обеспечивают ведущим странам мира их лидерство[1].

К середине 80-х годов XX века СССР исчерпал возможности собственно индустриального развития в рамках командно-административной системы. Но эффективную индустриальную экономику создать так и не удалось. Производительность труда в Советском Союзе была в значительно ниже, чем в развитых странах. Не выросла она в России и в настоящем времени. Вызовы постиндустриализма оказались для неповоротливой социалистической экономики не по плечу. Частично с этим был связан системный кризис советского общества, спровоцировавший распад социалистической системы и СССР. Эффективность производств и экономики России в настоящее время осталась на уровне СССР. Российский человеческий капитал является недостаточно качественным.

В инфраструктуру экономики знаний входят следующие основные составляющие: эффективные государственные институты, реализующие высокое качество жизни; высококачественное образование; эффективная фундаментальная наука; эффективный научно-технический венчурный бизнес; высококачественный человеческий капитал в его широком определении; производство знаний и высоких технологий, информационное общество или общество знаний; инфраструктура реализации и трансфера идей и др. Для экономики знаний характерны высокий индекс экономической свободы, развитые гражданское общество и демократия, общество знаний.

России еще только предстоит постепенно создавать эффективную индустриальную экономику. Процесс индустриализации России, процесс создания эффективной экономики в РФ не завершен. К тому же, утрачены достигнутые в прошлом высокие в мире позиции в науке, образовании, медицине, безопасности и т.д. Деградировали все составляющие человеческого капитала за последние 20 лет. И это существенно затрудняет развитие России и диверсификацию ее экономики, создание эффективных производств с высокой добавленной стоимостью[3].

Термин «человеческий капитал» тесно связано с другим - «качество жизни». Качество жизни - понятие, используемое в социологии, экономике, политике, медицине и некоторых других областях, обозначающее оценку некоторого набора условий и характеристик жизни человека, обычно основанную на его собственной степени удовлетворённости этими условиями и характеристиками[2]. Оно является более широким, чем материальная обеспеченность (уровень жизни), и включает также такие объективные и субъективные факторы, как состояние здоровья, продолжительность жизни, условия окружающей среды, питание, бытовой комфорт, социальное окружение, удовлетворённость культурных и духовных потребностей, психологический комфорт и т. п.

Качество жизни может зависеть от состояния здоровья, коммуникаций в социуме, психологического и социального статуса, свободы деятельности и выбора, от стрессов и чрезмерной озабоченности, организованности досуга, уровня образования, доступа к культурному наследию, социальному, психологическому и профессиональному самоутверждению, психотипа и адекватности коммуникаций и взаимоотношений.

Переход к постиндустриальному обществу сопровождается всё бóльшим вниманием к нематериальным аспектам качества жизни при обеспеченности таковыми. В то же время многие не могут конкурировать на должном уровне по разным причинам, что даёт сдвиг социума в сторону сословного общества.

Исследования качества жизни проводятся во многих разделах медицины, в частности в паллиативной медицине, кардиологии, трансплантологии, онкологии, хирургии, психиатрии, эндокринологии, геронтологии, неврологии и других. К основным направлениям таких исследований относятся стандартизация методов лечения, экспертиза новых методов лечения и лекарственных средств, разработка прогностических моделей течения болезней, экономическое обоснование методов лечения. В XIX веке немецкий статистик Эрнест Энгель обнаружил закономерность: с ростом личных доходов удельный вес расходов на питание снижается, доля расходов на одежду, жилище и коммунальные услуги меняется незначительно, а доля расходов на удовлетворение культурных и иных нематериальных нужд заметно возрастает. Эта зависимость получила название «закона Энгеля».

Различные жизненные блага обладают неодинаковой ценностью, вследствие чего потребности людей существенно дифференцируются по своим масштабам. Быстрее всего человечество достигает удовлетворения своих потребностей в продовольствии, в результате при росте доходов доля затрат на питание начинает снижаться первой. Затем наступает очередь затрат на одежду и обувь, хотя здесь процесс «насыщения» идет медленнее из-за постоянно меняющейся моды.

Возможно, что именно процесс «насыщения продовольствием» начинается в цивилизованных странах. Болезни цивилизации, связанные с гиподинамией и перееданием начинают лечить правильно: движением и диетами, а не фармацевтическими препаратами. Одной из самых популярных и результативных оздоровительных программ является программа Метаболик баланс, созданная в Германии и признанная во многих странах Мира. Применение правильного питания и тренировочной системы позволяет компенсировать метаболический синдром (повышенное давление, ожирение, высокий уровень холестерина, сахара) без лекарств и значительно повысить качество жизни пациентов. Применение метода существенно снижает затраты государства на поддержание здоровья и способствует формированию самосознания.

Таким образом, ось развития: экономика-питание-образ жизни-самосознание-качество жизни может стать примером малозатратных и высокоэффективных технологий продвижения экономики знаний в обществе.

Список использованной литературы

1. Корчагина Т.В.Развитие стратегии формирования человеческого потенциала как фактор конкурентоспособности регионов. Самара: Самарский гос. ун-т путей сообщения.2010. № 3 (21). С. 81-87.

2. Качество жизни. Новая философская энциклопедия: В 4 т. М.: Мысль. Под редакцией В.С. Стёпина. 2001.

3. Коновалова И.А. Проблемы инновационного пути развития российской экономики // Материалы межд. науч.-практ. конф. 10-12 октября 2006. Ч.2. Самара: 2006. С.272-275.

Головко И.И.

кандидат юридических наук, доцент кафедры прокурорского надзора и участия прокурора в рассмотрении уголовных, гражданских и арбитражных дел Санкт-Петербургского юридического института (филиала) Академии Генеральной прокуратуры Российской Федерации

О ВЗАИМОСВЯЗИ УЧАСТИЯ ПРОКУРОРА В ПРАВОТВОРЧЕСТВЕ И В ГРАЖДАНСКОМ СУДОПРОИЗВОДСТВЕ

В настоящее время пополнение базы нормативных правовых актов проходит активно на всех уровнях публично-правовых образований России.

Значительный объем работы в сфере правотворчества, показывает количество законопроектов, внесенных в Государственную Думу Российской Федерации: в 2010 году в весеннюю сессию - 654, в осеннюю сессию – 387; в 2011 году – 705 и 296, в 2012 году – 706 и 491, в 2013 году - 936 и 577 законопроектов [1]. Таким образом, можно говорить об увеличении количества разработанных проектов нормативных правовых актов. Аналогичная тенденция характерна для нормотворчества на региональном и муниципальном уровнях.

В литературе сложилось выделение стадий (этапов) правотворчества, связанных с планированием правотворческой деятельности и выявлением необходимости принятия нормативного правового акта, с подготовкой проекта нормативного правового акта, с рассмотрением проекта и его принятием, с официальным опубликованием принятого нормативного правового акта.

На всех этапах в правотворческой деятельности участвуют прокуроры Российской Федерации. Конституция РФ не наделяет прокурора правом законодательной инициативы, однако согласно ст. 9 Федерального закона «О прокуратуре Российской Федерации» прокурор при выявлении необходимости совершенствования действующих нормативных правовых актов вправе вносить в законодательные органы и органы, обладающие правом законодательной инициативы, соответствующего и нижестоящего уровней предложения об изменении, о дополнении, об отмене или о принятии законов и иных нормативных правовых актов.

Кроме того, в соответствии с Приказом Генерального прокурора России от 17.09.2007 № 144 «О правотворческой деятельности органов прокуратуры и улучшении взаимодействия с законодательными (представительными) и исполнительными органами государственной власти и органами местного самоуправления» прокуроры должны участвовать в подготовке проектов нормативных правовых актов, работе комитетов, комиссий и рабочих групп, осуществлять правовую экспертизу проектов нормативных правовых актов законодательных (представительных) и высших исполнительных органов государственной власти и органов местного самоуправления, давать по ним заключения; использовать в нормотворческой работе материалы прокурорского надзора; осуществлять мониторинг федерального и регионального законодательства, выявлять потребности в правовом регулировании общественных отношений; оказывать муниципальным органам помощь в разработке модельных правовых актов.

Пункты 2, 2.1 Приказа нацеливают прокуроров принимать меры к устранению пробелов и коллизий правового регулирования в рамках предоставленных полномочий.

Согласно Федеральному закону «О прокуратуре Российской Федерации» и процессуальному законодательству прокурор участвует в рассмотрении дел судами в установленных законом случаях.

В силу системного характера прокурорской деятельности, сочетающей надзорные и ненадзорные полномочия на различных направлениях для достижения установленных законом целей, участие прокурора в правотворческой деятельности не может быть не связано с участием в рассмотрении дел судами.

Думается, что на этапе выявления необходимости регулирования отношений правовыми актами и планирования правотворческой работы связь с судопроизводством может быть выражена в следующем. В ходе рассмотрения гражданского дела возможно установление необходимости принятия нормативного правового акта в определенной сфере правоотношений, в последующем информирование об этом уполномоченного субъекта правотворческой деятельности позволит запланировать разработку и принятие нормативного правового акта (либо выявленный факт послужит поводом разработки инициативного проекта правового акта прокуратурой).

К 2010 году в 72 регионах страны прокуроры были наделены правом законодательной инициативы [2, 3-8], вследствие чего ими разрабатываются и направляются на рассмотрение законодательных (представительных) органов государственной власти субъектов России и органов местного самоуправления проекты нормативных правовых актов [3]. Прокуроры в полной мере применяют потенциал права законодательной инициативы, подготавливая проекты нормативных правовых актов по актуальным вопросам, например, в социальной сфере, в сфере бюджетных правоотношений, государственной собственности, защиты прав материнства и детства, несовершеннолетних и др. [3]

В рамках участия в правотворческой деятельности прокурор оценивает законность действий (бездействий) и решений органов государственной власти и местного самоуправления и их должностных лиц, а также законность нормативных правовых актов и их проектов.

В случае длительного непринятия представительным (законодательным) органом субъекта Российской Федерации предусмотренных федеральным законодательством нормативных правовых актов прокуроры должны вносить представления об устранении нарушений закона, предложения об изменении, дополнении, отмене нормативных правовых актов на основании ст. 9 Федерального закона «О прокуратуре Российской Федерации» либо использовать право законодательной инициативы (п. 2.8 Приказа Генерального прокурора Российской Федерации от 02.10.2007 № 155 «Об организации прокурорского надзора за законностью нормативных правовых актов органов государственной власти субъектов Российской Федерации и местного самоуправления»).

Еще один способ решения проблемы бездействия лиц, обладающих правотворческими полномочиями, заключается в признании в судебном порядке его незаконным и обязывании подготовить проект правового акта или рассмотреть его в указанные в решении сроки. Указанными полномочиями по защите прав, свобод и законных интересов неопределенного круга лиц, интересов Российской Федерации, субъектов Российской Федерации, муниципальных образований прокурора наделяет ст. 45 ГПК РФ.

Кроме этого, на основании указанной нормы прокуроры обращаются с заявлением об обязывании рассмотреть на ближайшей сессии Совета разработанный прокурором нормативный правовой акт в рамках реализации права нормотворческой инициативы [4].

Участие прокурора в правотворческой деятельности на этапе подготовки проекта нормативного правового акта, по нашему мнению, напрямую не предполагает взаимосвязи с судопроизводством. Основная роль принадлежит субъектам правотворческой инициативы, которые разрабатывают проекты нормативного правового акта и необходимых документов в качестве обоснования и приложения. Такая же ситуация будет и в том случае, если проект подготавливает прокуратура.

При рассмотрении проекта нормативного правового акта все вопросы разрешаются в рамках деятельности законодательных (представительных) органов власти, в заседаниях которых прокурор вправе принимать участие.

Полагаем, что заявление в суд в результате проверки законности действий (бездействия) уполномоченных лиц направляется в случае отклонения замечаний или предложений прокурора, основанием которых явилось несоответствие проектов нормативных правовых актов федеральному и региональному законодательству, наличие коррупциогенных факторов и нарушение правил юридической техники (п.

6.2 Положения, утвержденного Приказом Генерального прокурора РФ № 144).

Выявление незаконных положений в проекте нормативного правового акта не является поводом для обращения в суд с заявлением об оспаривании этого проекта акта, так как в судебном порядке оспариваются только действующие нормативные правовые акты (ч. 1 ст. 251 ГПК РФ).

Следовательно, прокурор может направить в суд заявление о признании бездействия соответствующего органа или лица по исполнению замечаний прокурора и устранению нарушений незаконным до внесения на рассмотрение законодательного органа проекта нормативного правового акта.

Полагаем, что после внесения проекта правового акта на рассмотрение законодательного органа целесообразно поддержать замечания на проект акта в выступлении на заседании данного органа, озвучить последствия принятия незаконного правового акта.

Принятие нормативного правового акта влечет обязательную проверку его законности прокурором и при выявлении оснований необходимость применить правовые средства прокурорского реагирования.

В случае принятия нормативных правовых актов, противоречащих Конституции Российской Федерации и федеральному законодательству, необходимо приносить протесты; при несогласии органов публичной власти с позицией прокурора либо затягивания вопроса приведения нормативного правового акта в соответствие с законом - обращаться с заявлениями в суд (п. 2.2. Приказа Генерального прокурора Российской Федерации от 02.10.2007 № 155 «Об организации прокурорского надзора за законностью нормативных правовых актов органов государственной власти субъектов Российской Федерации и местного самоуправления»).

В 2008 году прокурорами направлено в суд 8406 заявлений о признании нормативных правовых актов незаконными [5, 6-9].

Кроме этого, на основании ст. 9 Федерального закона «О прокуратуре Российской Федерации», для устранения противоречия принятых нормативных правовых актов нормативным правовым актам, имеющим большую юридическую силу, прокурор вправе обращаться в суд с заявлением об изменении (дополнении) законов и иных нормативных правовых актов.

Правила производства по оспариванию нормативных правовых актов полностью или в части содержатся в главах 23-24 ГПК РФ. Действующее гражданское процессуальное законодательство определяет такие дела как возникающие из публичных правоотношений. Цель обращения прокурора в суд с заявлением – устранение нарушений законов путем признания недействующим нормативного правового акта полностью или в части. Особенности производства по таким делам подробно рассмотрены в литературе [5, 6-9; 6]. Как показывает судебная практика, нормативный правовой акт признается недействующим полностью или в части со дня принятия, со дня вступления в силу, однако более целесообразно - с момента вступления решения в законную силу, поскольку при признании правового акта недействующим с другого момента могут возникнуть вопросы, связанные с действием этого акта до дня принятия судебного решения.

Оценка законности действий уполномоченных органов государственной власти и местного самоуправления проводится не только в рамках подготовки и принятия нормативного правового акта, но при опубликовании принятых актов с целью обеспечения доступности их общественности.

В практике участия прокуроров в правотворческой деятельности отмечаются факты выявления нарушений в результате проведения проверок исполнения законодательства о представлении нормативных правовых актов для включения в соответствующий регистр.

Во исполнение Указа Президента Российской Федерации от 10.08.2000 № 1486 «О дополнительных мерах по обеспечению единства правового пространства Российской Федерации» создан федеральный регистр нормативных правовых актов субъектов Российской Федерации, ведение которого осуществляет Министерство юстиции Российской Федерации. Направление в 7-дневный срок после принятия копий нормативных правовых актов субъектов Российской Федерации, а также официальных изданий, в которых публикуются нормативные правовые акты регионов России в Министерство юстиции Российской Федерации необходимо для включения этих актов в федеральный регистр и проведения правовой экспертизы (п. 2 Указа).

На основании названного Указа Правительством РФ издано Постановление от 29.11.2000 № 904 «Об утверждении Положения о порядке ведения федерального регистра нормативных правовых актов субъектов Российской Федерации», которое определяет порядок ведения федерального регистра нормативных правовых актов субъектов Российской Федерации. Цель ведения федерального регистра - обеспечение контроля за соответствием нормативных правовых актов субъектов Российской Федерации Конституции Российской Федерации и федеральным законам, конституционного права граждан на получение достоверной информации, создания условий для получения информации о нормативных правовых актах субъектов Российской Федерации органами государственной власти, органами местного самоуправления, должностными лицами и организациями (п. 2 Постановления).

Согласно п. 3 Постановления в федеральный регистр включаются конституции (уставы), законы и иные нормативные правовые акты органов законодательной (представительной) власти субъектов Российской

Федерации, нормативные правовые акты высших должностных лиц субъектов Российской Федерации (руководителей высших органов исполнительной власти субъектов Российской Федерации), органов исполнительной власти субъектов Российской Федерации (государственных советов, правительств, кабинетов министров, администраций, мэрий, министерств и иных органов), затрагивающие права, свободы и обязанности человека и гражданина, устанавливающие правовой статус организаций или имеющие межведомственный характер.

Решение вопросов организации ведения регистра муниципальных нормативных правовых актов относится к полномочиям органов государственной власти субъекта Российской Федерации по предметам совместного ведения, осуществляемым данными органами самостоятельно (ч. 2 ст. 26.3 Федерального закона от 06.10.1999 № 184-ФЗ «Об общих принципах организации законодательных (представительных) и исполнительных органов государственной власти субъектов Российской Федерации», ст. 43.1 Федерального закона от 06.10.2003 № 131-ФЗ «Об общих принципах организации местного самоуправления в Российской Федерации»).

Федеральный регистр муниципальных нормативных правовых актов состоит из регистров муниципальных нормативных правовых актов субъектов Российской Федерации, его ведение осуществляется уполномоченным федеральным органом исполнительной власти в порядке, установленном Правительством Российской Федерации (ст. 43.1 Федерального закона от 06.10.2003 № 131-ФЗ «Об общих принципах организации местного самоуправления в Российской Федерации»).

При выявлении фактов неисполнения уполномоченными лицами обязанности по представлению нормативых правовых актов и дополнительных сведений к ним для включения в регистры прокуроры направляют в суд заявления о признании бездействий незаконным.

Кунгурской городской прокуратурой Пермского края в 2012 году выявлены нарушения в деятельности органов местного самоуправления в части несвоевременного и не в полном объеме предоставления сведений для включения их в Регистр муниципальных нормативных правовых актов. В связи с этим в отношении главы сельского поселения Кунгурского муниципального района возбуждено производство по делу об административном правонарушении, предусмотренном статьей 19.7 КоАП РФ. Виновное должностное лицо привлечено к административной ответственности в виде штрафа. Кроме того, в суд направлены 35 исковых заявлений об обязывании органов местного самоуправления направить муниципальные нормативные правовые акты и дополнительные сведения к ним для включения их в Регистр муниципальных нормативных правовых актов, все заявления удовлетворены [7].

Развитие информационных технологий предопределило установление Федеральным законом от 09.02.2009 № 8-ФЗ «Об обеспечении доступа к информации о деятельности государственных органов и органов местного самоуправления» обязанности государственных органов власти и органов местного самоуправления создать сайты в сети «Интернет» для размещения информации, в том числе о нормотворческой деятельности государственного органа, органа местного самоуправления:

-изданные нормативные правовые акты, сведения о внесении в них изменений, признании их утратившими силу, признании их судом недействующими, сведения о государственной регистрации нормативных правовых актов, муниципальных правовых актов;

-тексты проектов законодательных и иных нормативных правовых актов, внесенных в Государственную Думу РФ, законодательные (представительные) органы государственной власти субъектов РФ, тексты проектов муниципальных правовых актов, внесенных в представительные органы муниципальных образований;

-порядок обжалования нормативных правовых актов и иных решений, принятых государственным органом, его территориальными органами, муниципальных правовых актов (пп. а, б, е п. 2 ст. 13 Закона).

В прокурорской практике имеют место факты выявления ненадлежащего исполнения указанных требований, которые устраняются в том числе путем обращения прокурора в суд с заявлением в интересах неопределенного круга лиц.

К примеру, в Хабаровском крае официальные Интернет-сайты, обеспечивающие доступ граждан к информации о деятельности органов местного самоуправления, отсутствовали в 82 из 233 муниципальных образований, в Амурской области – в 83 из 304. Из 48 муниципальных образований в Магаданской области собственные сайты создали только 29. По всем фактам отсутствия сайтов прокуроры в 2013 году внесли более 170 представлений, по результатам рассмотрения которых к дисциплинарной ответственности привлечены 75 должностных лиц. Судами рассмотрены и удовлетворены 48 исковых заявлений прокуроров о возложении на глав муниципальных образований обязанности по созданию официальных Интернет-сайтов. В Республике Саха (Якутия) на официальном Интернет-сайте муниципального образования «Нижилинский наслег» отсутствовали данные о принятых муниципальных правовых актах. В связи с этим по инициативе прокурора Кобяйского района глава муниципального образования привлечен к административной ответственности по ч. 2 ст. 13.27 КоАП РФ в виде штрафа. По представлению прокурора виновные должностные лица местной администрации привлечены к дисциплинарной ответственности [8].

Таким образом, существующая взаимосвязь участия прокурора в правотворческой деятельности и в гражданском процессе позволяет своевременно устранить нарушения закона, обеспечить необходимую эффективность правотворческой деятельности прокуроров.

Литература

[1] Статистические сведения. Официальный сайт Государственной Думы Федерального Собрания Российской Федерации. URL: http://www.duma.gov.ru/legislative/statistics/?type=session&v=autumnal.2013.

[2] Петрова Л.И., Манакова С.Г. Право законодательной инициативы прокурора // Законность. - 2009. - № 12. – С. 3-8.

[3] Ковин В.А. Участие прокуратуры в правотворческой деятельности органов государственной власти и органов местного самоуправления. Доступ из справ.-правовой системы «КонсультантПлюс».

[4] Решение по иску прокурора Лукояновского района Нижегородской области об обязывании органа местного самоуправления рассмотреть вопрос о принятии программы противодействия терроризму, подготовленной им в рамках реализации права законотворческой инициативы (сайт Лукояновского районного суда Нижегородской области) URL: http: // lukoyanovsky.nnov.sudrf.ru/modules.php?name=bsr&op=print_text&cl=1&id=52600381012011121401561000041907.

[5] Концевой А. В. Процессуальные особенности рассмотрения дел, возникающих из публичных правоотношений, с участием прокурора // Арбитражный и гражданский процесс. – 2009. – № 9. - С. 6-9.

[6] Васильчикова Н.А. Участие прокурора в гражданском процессе по отдельным категориям дел: Учеб. пособие. СПб.: Санкт-Петербургский юридический институт (филиал) Академии Генеральной прокуратуры Российской Федерации, 2008.

[7] Кунгурская прокуратура проверила нормотворческую деятельность ОМС. URL: http://kungur-online.ru/?p=12302.

[8] Новости Генеральной прокуратуры Российской Федерации. URL: http://genproc.gov.ru/smi/news/genproc/news-78600/.

Мартынова М.А.
аспирантка кафедры конституционного и административного права, Южно-Уральский государственный университет (национальный исследовательский университет)

ПРИНЦИПЫ МЕЖДУНАРОДНОГО И АНГЛИЙСКОГО АДМИНИСТРАТИВНОГО ПРАВА И ПРОЦЕССА: СРАВНИТЕЛЬНЫЙ АНАЛИЗ

Принципы административного права устанавливают важнейшие закономерности в системе организации и функционирования исполнительной власти и управления. Они обуславливают значимость, законность и социальную ценность отношений, возникающих в системе административно-правового регулирования. Отсутствие правовых принципов административного права влечет за собой появление элементов произвольности, бюрократизма, неорганизованности, беззакония, несправедливости и безнравственности.

Общие принципы международного административного права, основывающиеся на конституционных традициях, служат средством заполнения пробелов в праве и законодательстве, а также средством для интерпретации законов. Такие принципы появились вместе с возникновением международного административного права в результате оценочного сравнения правовых систем судами и включают в себя: принцип управления посредством законов, принцип пропорциональности, юридической обоснованности, защиты оправданных ожиданий, недопущение дискриминации, право на слушание перед вынесением неблагоприятного решения органом государственной власти. Данные принципы способствуют поддержанию сбалансированного и справедливого административного процесса.

Принцип пропорциональности состоит из трех элементов: во-первых, цель должна оправдывать средства (меры); во-вторых, меры должны быть реально необходимыми, то есть у органов власти должен отсутствовать любой другой менее жесткий механизм для достижения данной цели; и, наконец, мера, применяемая к лицу должна быть пропорциональна тем ограничениям, которые она устанавливает.

Принцип защиты оправданных ожиданий применяется в случаях, когда помощь государства была предоставлена на основании незаконных административных актов и поэтому они должны быть отменены.

Особенно возросла уместность процедурных гарантий, разработанных судами. Среди них можно назвать такие: право на слушание (прежде, чем неблагоприятное решение будет принято органом государственной власти), которое также включает в себя право иметь доступ к материалам дела, обязанность давать объяснения, разумный срок разбирательства, конфиденциальность переписки между клиентом и адвокатом и запрет на самооговор.

Большое внимание в международном административном праве уделяется также принципу разумности, за основу которого взята «формула Веднесбери (Wednesbury): если решение не разумно в той степени, что его не принял бы ни один орган государственной власти, действуя разумно – оно и не законно».

Принцип разумности, в свою очередь, неразрывно связан с принципом процессуальной справедливости, который исходит из доктрины не превышения полномочий должностными лицами органов государственной власти. Данная доктрина обосновывает необходимость существования непрерывного контроля над деятельностью и решениями, принимаемыми государственными органами.

Необходимо отметить, что отрасль административного права довольно устойчива по отношению к сравнительному праву. В каждом отдельном государстве правовой статус должностных лиц органов государственной власти, отношения между государственными органами и гражданами, уровень централизации власти и средства управления в большей степени отражают народный менталитет.

Административное право Великобритании призвано: обеспечивать авторитет государственных служащих при осуществлении ими государственной власти, законность действий которых находится в рамках законов, пронизывающих всю парламентарную систему; оправдывать рост расходов общественных фондов; устанавливать пределы властных полномочий государственных служащих; создавать институциональные механизмы для подотчетности государственных служащих; обеспечивать средства для обеспечения компенсаций по индивидуальным жалобам граждан.

Принципы административного права и процесса Великобритании представляют собой высшие ценности и составляют основу отправления государственной власти государственными служащими от имени государства. Среди наиболее важных принципов можно назвать следующие: открытость (прозрачность), справедливость, разумность, беспристрастность, подотчетность, запрет произвола, контроль за усмотрением, логичность (последовательность), эффективность, равенство.

Совет по административной юстиции и трибуналам в Великобритании, упраздненный в августе 2013 года, издал официальный отчет о принципах административного права и процесса: участники процесса и их права должны находиться в центре внимания, к ним необходимо обращаться уважительно в любой ситуации; людям должно быть предоставлено право оспаривать решения и претендовать на компенсацию, используя процедуры, которые соответствуют принципам независимости, открытости и соответствуют определенным задачам; люди должны иметь доступ к информации и должны быть наделены правами по разрешению возникающих проблем настолько быстро и полно, насколько это возможно; принципы должны способствовать вынесению обоснованного, законного и своевременного решения; принципы должны соответствовать самым высоким стандартам поведения, они должны основываться на опыте и постоянно совершенствоваться.

В результате сравнения принципов международного и английского административного права и процесса, становится очевидным, что английское право послужило одной из основ международного административного права и процесса. Больший приоритет отдается правам и интересам личности, а именно – участникам процесса и административных процедур.

Источники:

1. J. Shcwarze, Enlargement, the European Constitution, and administrative law, ICQL VOL 53, October 2004.
2. T. Poole, The reformation of English administrative law. Cambridge Law Journal, 68 (1), March 2009.
3. U. Shceuner, Der Einfluss des franzosishcen Verwaltungsrechts auf die deutsche Rechtsentwicklung, 1963.
4. M. Partington, Introduction to the English legal system, Oxford University Press, 2012.
5. http://www.justice.gov.uk

Ульянова В.В.
кандидат юридических наук, доцент кафедры уголовного права, уголовного процесса и криминалистики Новосибирского государственного университета экономики и управления «НИНХ»

ПРОБЛЕМЫ УГОЛОВНОЙ ОТВЕТСТВЕННОСТИ ИНОСТРАННЫХ ДОЛЖНОСТНЫХ ЛИЦ ЗА ПОЛУЧЕНИЕ ВЗЯТКИ ПО УГОЛОВНОМУ ЗАКОНОДАТЕЛЬСТВУ РОССИИ

В настоящее время рост коррупционных деяний наносит существенный ущерб национальной экономике, политическим и правовым институтам, а также подрывает доверие населения к органам публичной власти, поэтому исследование проблем противодействия коррупции приобретает особую остроту и значимость. Важным элементом решения данных проблем является правовое предупреждение коррупции, в том числе средствами уголовного закона. В связи с этим разработка эффективных уголовно-правовых мер противодействия коррупции является одним из актуальных направлений развития российского уголовного законодательства.

Так, в целях борьбы с подкупом иностранных должностных лиц Федеральным законом от 04 мая 2011 г. № 97-ФЗ «О внесении изменений в Уголовный кодекс Российской Федерации и Кодекс Российской Федерации об административных правонарушениях в связи с совершенствованием государственного управления в области противодействия коррупции» [6] примечание к ст. 290 Уголовного кодекса Российской Федерации (далее по тексту УК РФ) было дополнено п. 2 следующего содержания: «Под иностранным должностным лицом в настоящей статье, статьях 291 и 291.1 настоящего Кодекса понимается любое назначаемое или избираемое лицо, занимающее какую-либо должность в законодательном, исполнительном, административном или судебном органе иностранного государства, и любое лицо, выполняющее какую-либо публичную функцию для иностранного государства, в том числе для публичного ведомства или публичного предприятия; под должностным лицом публичной международной организации понимается международный гражданский служащий или любое лицо, которое уполномочено такой организацией действовать от ее имени».

Таким образом, получение взятки иностранным должностным лицом и должностным лицом публичной международной организации, дача им взятки лично или через посредника, а также посредничество во взяточничестве иностранных должностных лиц и должностных лиц публичной международной организации признаются преступлениями и влекут уголовную ответственность по УК РФ.

Предпосылками внесения в уголовное законодательство указанных изменений стали ратификация Российской Федерации Конвенции Совета Европы об уголовной ответственности за коррупцию 1999 г. [4] и Конвенции Организации Объединенных Наций против коррупции 2003 г. [5] и как следствие принятие на себя обязательств по обеспечению возможности привлечения к уголовной ответственности по российскому уголовному законодательству иностранных публичных должностных лиц и должностных лиц публичных международных организаций за преступления коррупционной направленности.

Сравнительный анализ положений, предусмотренных п. 2 примечаний к ст. 290 УК РФ, и положений Конвенции Совета Европы об уголовной ответственности за коррупцию 1999 г. [2], а также Конвенции ООН против коррупции 2003 г. [3] позволяет сделать вывод, что основное значение для появления вышеуказанных антикоррупционных новелл российского уголовного законодательства имела именно Конвенция ООН против коррупции 2003 г. Различие состоит в том, что в положениях Конвенция ООН против коррупции 2003 г. используется термин «иностранное публичное должностное лицо», тем самым подчеркнут публичный характер функций указанного субъекта, а в УК РФ употребляется термин «иностранное должностное лицо», но при этом нет указания на особенности осуществляемых этим лицом функций, что не позволяет отличить иностранное должностное лицо от иных служащих публичного органа иностранного государства.

Согласно п. «а» ч. 4 ст. 1 Конвенции по борьбе с подкупом иностранных должностных лиц при осуществлении международных коммерческих сделок (Стамбул, 21 ноября 1997 г.) [1], к которой Россия присоединилась 01 февраля 2012 г. [7], термин «иностранное должностное лицо» означает любое лицо, занимающее назначаемую или выборную должность в органе законодательной, исполнительной или судебной власти иностранного государства, любое лицо, отправляющее государственные функции для иностранного государства, в том числе и для государственного органа, предприятия или учреждения, а также любое должностное лицо или представителя международной организации.

В свою очередь, п. 2 примечаний к ст. 290 УК РФ не содержит ни должностного, ни функционального критериев отнесения субъекта к категории иностранного должностного лица, как это предусмотрено в определении национального должностного лица (п. 1 примечаний к ст. 285 УК РФ). При этом употребление законодателем при конструировании дефиниций иностранного должностного лица таких формулировок, как «любое лицо, занимающее какую-либо должность», «любое лицо, выполняющее какую-либо функцию» или «любое лицо, которое уполномочено такой организацией», вряд ли можно признать успешным.

Подобного рода неопределенность законодательных дефиниций данного субъекта преступления может привести к тому, что правоприменители столкнутся с определенными трудностями в процессе оценки действий отдельных категорий лиц как иностранных должностных.

Таким образом, подводя итого вышеизложенному, можно определить, что проблемы применения уголовной ответственности иностранных должностных лиц за получение взятки, в первую очередь, связанны с трудностями оценки действий отдельных категорий лиц как иностранных должностных лиц вследствие неопределенности их законодательной дефиниции.

В качестве мер, направленных на разрешение обозначенных проблем, представляется возможным предложить внести изменения в определения иностранное должностное лицо (п. 2 примечаний к ст. 290 УК РФ), предусмотрев в нем по аналогии с определением должного лица (п. 1 примечаний к ст. 285 УК РФ) функциональный критерий отнесения лиц к указанным субъектам преступления.

Источники:

1. Конвенция по борьбе с подкупом иностранных должностных лиц при осуществлении международных коммерческих сделок (Стамбул, 21 ноября 1997 г.) // Бюллетень международных договоров. 2012. № 7.

2. Конвенция об уголовной ответственности за коррупцию ETS № 173 (Страсбург, 27 января 1999 г.) // Бюллетень международных договоров. 2009. № 9.

3. Конвенция Организации Объединенных Наций против коррупции (принята Генеральной Ассамблеей ООН 31 октября 2003 г.) // Бюллетень международных договоров. 2006. № 10.

4. О ратификации Конвенции об уголовной ответственности за коррупцию: Федеральный закон от 25 июля 2006 г. № 125-ФЗ // Российская газета. 2006. № 164.

5. О ратификации Конвенции Организации Объединенных Наций против коррупции: Федеральный закон от 08 марта 2006 г. № 40-ФЗ // Собрание законодательства Российской Федерации. 2006. № 12. Ст. 1231.

6. О внесении изменений в Уголовный кодекс Российской Федерации и Кодекс Российской Федерации об административных правонарушениях в связи с совершенствованием государственного управления в области противодействия коррупции: Федеральный закон от 04 мая 2011 г. № 97-ФЗ // Российская газета. 2011. № 97.

7. О присоединении Российской Федерации к Конвенции по борьбе с подкупом иностранных должностных лиц при осуществлении международных коммерческих сделок: Федеральный закон от 01 февраля 2012 г. № 3-ФЗ // Российская газета. 2012. № 23.

www.ingramcontent.com/pod-product-compliance
Lightning Source LLC
LaVergne TN
LVHW021946220826
846091LV00015B/4107
* 9 7 8 1 4 9 5 4 3 6 0 6 2 *